细节 决定升职成败

书亦◎编著

重视细节才能成就大事
细节是决定一个人事业成败的关键

天下难事　必做于易
天下大事　必做于细

内蒙古出版集团
内蒙古人民出版社

天下难事，必做于易；天下大事，必做于细。

——老子

人的每一步都会对未来产生深远的影响，细节往往是决定一个人成败的关键因素，关注细节才能成就大事。

——张瑞敏

小事成就大事，细节成就完美。

——戴维·帕卡德

在中国，想做大事的人很多，但愿意把小事做细的人很少；我们不缺少雄韬伟略的战略家，缺少的是精益求精的执行者；决不缺少各类管理规章制度，缺少的是对规章条款不折不扣的执行。我们必须改变心浮气躁、浅尝辄止的毛病，提倡注重细节、把小事做细。

——卢瑞华

图书在版编目(CIP)数据

细节决定升职成败/书亦编著.—呼和浩特:内蒙古人民出版社,2012.12

ISBN 978-7-204-11439-9

Ⅰ.①细… Ⅱ.①书… Ⅲ.①心理交往-通俗读物 Ⅳ.①B848.4-49

中国版本图书馆 CIP 数据核字(2013)第 006007 号

书名　细节决定升职成败

编　　著　书　亦
责任编辑　晓　峰
出版发行　内蒙古出版集团　内蒙古人民出版社
地　　址　呼和浩特市新城区新华大街祥泰大厦
印　　刷　北京旺银永泰印刷有限公司
开　　本　787×1092　1/16
印　　张　16
字　　数　250 千
版　　次　2013 年 1 月第 1 版
印　　次　2013 年 5 月第 1 次印刷
印　　数　1-12000 册
书　　号　ISBN 978-7-204-11439-9/G·3585
定　　价　28.00 元

前言

人加入职场谋求的一个最主要目标就是升职，因为职位代表了薪水、权利和成就感。所以许多人刚步入职场时，都是胸怀大志、满腔激情，想在工作中大展才华，以图实现自己的人生价值。但遗憾的是：大部分的人在一阵激情过后，尤其是碰了一鼻子灰后，便开始否定自己，以致慢慢被周围环境所同化，最后只好随波逐流，过起那种朝九晚五的日子。此后生活平淡无奇，依旧日复一日地工作着，自己也慢慢变得老气横秋，做事拖拉，没有一点儿干劲，业绩也没什么起色，常年在一个职位上雷打不动，看不到职场的前途，每天得过且过，等下班，等发工资……成了一朵顺水漂流的浮萍，茫然行走在职场中。

一段时期过后，蓦然回首，又发现周围已发生了翻天覆地的变化，别人蒸蒸日上，而自己似乎已经失去了自我，展现在面前的将是一个难以面对的现实，让人失落不已。职场中有很多不幸的例子：有些管理者的下属几年后成了自己的上司，当年的同事转眼成了上下级，有些人步步高升，而有些人却一直默默无闻……这不禁让人发出这种感慨：在职场上期盼升职，简直比登天还难！有些人曾经很想通过努力创造业绩，来展现自己的能力，从而得到上司的提拔和重用。但遗憾的是，这一切并不按自己的意愿进展，根本找不到发挥的平台和空间，空有一份豪情和才能，却是英雄无用武之地。

职场上要升到一个较高的职位，确实是一件不容易的事，原因固然是晋升岗位太少，而竞争者太多，造成千军万马挤独木桥的局面。但更为关键的原因是：很多人一直没找到一条正确的升职之路。有些人把升职的失败归因于职场潜规则，归因于办公室斗争，认为自己升不了职，在于同事的排挤和上司的打压。常把自己升职失败归罪于外界因素，而从不在自己身上找原因。其实左右一个人升职成败的是你为人处世的风格，是否注重细节。大家都知道决定升职的两大要素是业绩和人际关系，而这两者又是由你日常工作中所表现出来的细节决定的，因为上司评价一个人，主要就是通过细节来看穿你的本质，你可能能力很强，可能也很愿意做事，也在意人际关系的维护，但由于你平时不经意地表现出的一些让人深感不快的细节行为，而让上司对你的印象大打折扣。

很多时候，一个人在职场上不是被竞争对手打败，而是被自己打败了，被自己工作中所表现出来的一些不良细节打败了，例如不注意形象和礼节、工作拖拉、马虎大意、自私自利……这些陋习在自己看来可能习以为常，不会放在心上，但这些毛病如果渗透到你的工作中去，就会让你的形象和工作蒙上一层阴影。其实，人和人之间的能力差别并不太大，公司里的工作也大多数是一些平常工作，也就是说，很多工作谁都能做，但做出的效果却大不一样，因为这里面体现了一个人的工作态度和个人素养，而这两者恰恰是领导者所关注的。所以，在众多竞争对手参加角逐的晋升斗争中，我们靠什么来获取优势？就是要从细节入手，扎扎实实地提高自身修养，有了良好的修养，我们会更多地吸引领导者的眼球而获得青睐，为今后的晋升打下基础。

对于一名初入职场的新人来说，每天早出晚归，认真和自己的顶头上司直接沟通交流，竭尽所能地完成上司交给的每一件工作。生活忙碌而充实。两个月后当上司决定给你转正的时候，你百感交集，受宠若惊，下班后的第一件事是要把快乐分享给你的同事，同事为你道贺，顺口问了一下你转正后的工资待遇，你没有多想，直接告诉了他。几天后，老板非常不高兴地告诉你，转正的事情延期一个月，并告诉你，不要和同事交流工资待遇是职场人士的基本常识。

你是一个销售经理，每天跑来跑去，为了提升工作业绩费尽口舌，费尽心机，单子没有搞定，业绩没有上去，到头来还要挨老板一顿说教。

你工作能力很强，加班加点完成了公司预期指派的任务。老板对你非常赞赏，并且很欣赏你，决定提拔你，以示对你工作的肯定。可是在公司例行会议上，几个合作部门的经理不同意。一个说你加班就是打游戏，其实那是你偶尔放松的一个方式；另外一个说你老抱怨其他同事配合不力，其实就是有一天你太累了，这个经理和你闲聊，你说了几句同事的问题发泄了一下不满。结果你的老板觉得你在他面前和在别人面前两副面孔，最后连他也不太支持你的晋升，几个小事情，掩盖了对你能力的认可，阻碍了你的发展之路。

职场中有太多这样的故事，经常一个小小的细节，毁了自己长期的努力。我们有时候觉得委屈和冤枉，但有时候又无话可说，只好埋怨自己：当时我要注意到这点就好了，当时我要想到这点就好了.....

的确，对于进入职场的新人来说，你甘心永远做一个小职员吗？你甘心拿着微薄的薪水、看着上司的脸色过一辈子吗？你肯定不会甘心。升职，是每个职场人士最大的心愿，那么，怎样能够在最短的时间内达到升职的目的呢？掌握一套行之有效的“速升秘技”则是职场人士最迫切的需求。

心态决定状态，心胸决定格局，眼界决定境界。本书遴选职场那些人和事，以引人入胜的情节、生动诙谐的文笔，深入发掘他们的卓越品质，精细探寻他们的成功因子，并对诸多细节给出恰当的点评与贴心的建议——旨在激励年轻的你迅速规划职业生涯，早日走上升职的康庄大道。

本书作者结合多年的职场经验，从职场人士的资质、能力、人际关系、自身形象和个人修养等多方面，系统化地阐述了职场升迁之道的细节，全书以经验加案例的形式，生动有趣，又非常有实战性，相信它能成为广大职场人士手中的升职指南！

本书编者

2012 年 11 月

目录 CONTENTS

第一章 历练升职资质，职场晋升不可逾越的关卡/ 1

第二章 学会表现自己，非凡业绩为你晋升添加砝码/ 25

第一章

历练升职资质，职场晋升不可逾越的关卡

在职场中，资质有着更加具体的指向，它与特定的管理环境相关，是指在体力与智力的有机互动中，由工作历练和年资打磨共同创生出来的较高的素质指标。如果缺乏基本的资质而盲目参加升职竞争，无异于南柯一梦，即便登台亮相后也势必会扫兴而归。所以，要想谋求晋升，必须首先要考虑自己的硬件条件，即是否具备起码的资质，这是不可逾越的晋升关卡！

细节→成败

细微处打造自己的资质

对于刚刚踏入社会的新人来说，由于缺乏工作经验，他们往往无法被委以重任。即使他们非常优秀，老板也会将其放到基层去接受锻炼，所以新人的工作职位，大多是平凡的、微小的。而职场新人要改变这种现状，走向一展才华的领导岗位，需要细节上打造自己的资质，能沉得住气，从细微之事做起。

管理学中的“蘑菇理论”认为：将初出茅庐者安排做打杂跑腿的事情，让他受到批评和指责，从人才培养的角度看，有利于他抛却幻想，更加务实，尽快成熟。职场新人也如同“蘑菇”一样，必须忍受环境的阴冷潮湿，最终才能够茁壮成长。如果你把自己只比做一个打工挣钱的石匠，认为你的工作卑微而没有意义，只是一份糊口的差事，你忍受不了这潮湿阴冷的环境，不肯在这个岗位上磨练。于是你蔑视它，从不全心投入，凡事得过且过，那么你的才华和智慧将会被慢慢消磨掉，最终也会和一个石匠一样碌碌无为；随着年龄的增长，能力和经验得不到任何提升，才华和激情也已消磨殆尽。其实，吞噬掉你才华的不是这平凡工作的本身，而是你轻视工作的想法，因为你的敷衍会成为惯性，因为轻视工作而让你丧失掉冲劲和热情。

西方有句古老的谚语说：“湿火柴点不着火。”当你觉得工作枯燥、乏味、平庸的时候，就一定要点燃心里的热情。即使你注定要做一个修房子的石匠，也要对自己的工作充满热情，尽心尽力，就好像贝多芬作曲，米开朗琪罗作画那样投入，倾注全力达到最好的工作表现，让每个人驻足赞叹：“这真是一个了不起的石匠！”

田佳大学毕业后，找的第一份工作是装饰公司的电脑打字员。田佳是个平凡人，也没有好的家庭背景，工作勤奋是她唯一的优点，她在工作上尽心尽力，即使这只是一份大部分人都觉得简单、卑微的打字工作。

打字室和老板的办公室只隔了一块大玻璃，同事李娜容貌出众，上班期间总是妆容齐整，时而起立展示自己的美好身材，时而凝视着大玻璃的那一面，对着大老板放电。田佳却一直处于忙碌中，她工作时也处处为公司打算，连影印纸都不舍得浪费一张，如果不是重要的档案，她会把一张纸两面用。

老板指派李娜做每月的工作报表，李娜做了两个月后，将工作甩给了田佳，田佳不像李娜那样随意地编了几页纸，而是装成了一本小书，清楚地打印、装订好，还搭配了格调不俗的封面。李娜将报表交给老板，老板问："这不是你做的吧?"李娜一时语塞，说出了田佳的名字。老板对勤劳细心的田佳一直都有不错的印象，于是，调她过去当了秘书。

当了秘书的田佳把工作打理得井井有条，接电话、整理档案的杂事从来没有出过错，有时她的几句提醒甚至会让陷入工作困境中的老板茅塞顿开。老板愈来愈器重她，分配的工作也愈来愈有分量。最后，当田佳将一份完美的企划案提交时，老板决定放手让田佳去做，让她担任该项目的负责人。三个月后，田佳的项目完美达成，为公司赚得了三万美金的支票，从此田佳成了老板最得力的助手，五年后，她成了这家公司的副总。

有些工作从表面上看起来也许是索然无味的，但是你要相信：它的确是值得你去做的，值得你全力以赴、尽职尽责、认真地完成。只有你一丝不苟地去完成每一个小任务，才有能力去完成大任务，一步一个脚印地走下去，才能最终获得成功。如果仅仅是为了面包而工作的话，那么工作的价值就真的是太微不足道了。如果你像田佳一样把每一份工作都当作事业来做，那么情况就会大大不同。

从现在起，你就从细微处培养自己的资质吧！先从小事做起：改善自己的精神面貌，走路昂首阔步，为自己创造良好的心态，言行利落简洁，凡事都比别人主动一步，哪怕只是抢先接电话，抢先为客户去冲杯咖啡也可以让你更敏捷，看起来执行力更强。

升职细节

积极主动地去做每一件事，保持快乐的心态，不给人消极怠工的印象。这样把全部的热情投入到工作中，会让你变得意气风发，会让你从平凡的工作中寻求到快乐，从平凡中展现出你的价值。

潜质决定了你能否成才

人往往习惯于妒忌别人的成功，而哀叹上天不给自己机会，似乎一切不平衡在于机遇的不公。其实你能否成功取决于你是否具有成功的潜质。你的潜质比机遇更重要，你能否成功，关键看你是不是一块成才的料。

生活中，人常常有这样的感叹：别人面临一次次的机遇，一帆风顺地走向成功，而自己却每天被一些挫折缠绕，苦不堪言。似乎别人的成功都是靠机遇创造的，而自己的失败归罪于杂事缠绕。其实，每个人面对的环境都差不多，人的成败关键取决于人的潜质。有什么样的潜质，就决定了你拥有什么样的人生。如果你去研究一下成功者的特质的话，你会发现他们与常人大不一样，与之相比，你就会发现为什么他会成功，你会失败。关于人的潜质对人成败的关键作用，我想用一个故事来说明：

一个儿子因生活困苦，向父亲抱怨事事都那么艰难，一个困难刚解决，另一些困难却又出现了。导致自己厌倦抗争和奋斗，开始自暴自弃。作为厨师的父亲没有直接回答他，而是把他带进厨房。父亲先往三个锅里倒入一些水，分别放在旺火上把水烧开。然后他往一个锅里放入鸡蛋，另一个锅里放些胡萝卜，最后一个锅里放入碾成粉末状的咖啡豆，然后继续煮着，也不说什么。

儿子满脸疑惑，不知父亲葫芦里卖什么药。十分钟之后，父亲把火关了，把鸡蛋、胡萝卜分别捞出来，放入两个碗中，然后又把咖啡倒入一个杯子里。之后父亲对儿子说："你看到了什么？""鸡蛋、胡萝卜和咖啡"，儿子淡淡地回答。父亲便让儿子拿一只鸡蛋并打破它。将壳剥掉后，他看到的是个煮熟的硬鸡蛋。用手摸摸胡萝卜，注意到它已经变软了。最后，他让儿子喝咖啡，品尝香浓的咖啡。儿子还是疑惑不解，问道："父亲，你想向我说明些什么？"

父亲这时才解释说，这三样东西处在相同的环境中——煮沸的开水，但其反应各不相同：鸡蛋原本是易碎的，靠那薄薄的外壳来保护着它液体的内脏，但是经沸水一煮，它的内脏却变硬了。胡萝卜入锅之前似乎非常结实，硬邦邦的；但经沸水一煮，却变软、变弱了。而被碾成粉状的咖啡豆则更独特，经沸水一煮，它们反倒化成了水。“你觉得哪个像你呢？”父亲问儿子，“当身处逆境的时候，你该如何反应？你是鸡蛋，胡萝卜，还是咖啡豆？”

职场也是这么奇妙：各种各样的人踏入职场中展开角逐，经过一段时间稳定后，你会发现他们的选择和结局各不一样，有的成了经理，有的甚至自己做了老板，而有的却还在别人手下做马仔。有些人平时看似很有抱负，不甘平凡，但遭遇痛苦和逆境后便开始畏缩，失去了进取心；而有的人看似很平凡，但他却朝一个方向百折不挠地努力，结果他却成功了，让大家跌破眼镜。所以说，看一个人能否成才，不是看他表面上怎么样，而要看他是否具备成功者的潜质。很多人都有这种经历：自己的同学当中，最后在事业上取得成功的并不是学习成绩良好，大家很看好的人，而往往是成绩一般，但头脑灵活，有冲劲儿的人。职场人士面对的环境大抵相同，决定相互间成败的往往就是自己本身的一些特质，例如敏锐的洞察力、坚韧的毅力和果敢等等。

有两个人是大学同学，管理专业毕业后，一起跑到宁波去打工。开始时，两人都显得雄心勃勃，想去做市场销售，以便日后一同创业。于是他俩就应聘到一家旅游鞋厂去当营销代表。对于刚脱离学校，来到一个陌生城市的大学生来说，营销业务的确不是那么容易做：在一个陌生的城市里，又没有营销经验，业务很难开展；而且工资主要靠拿提成，每个月的收入自然非常低微，还要遭受许多白眼；不到半年，其中一个学生就退出了，跳槽做了一家公司的招聘专员；而另一个同学经过一年的磨练，市场越做越熟，第二年月薪就能拿到六千多，两年后就跑回西安自己做中间商，开发销售市场，有了自己的一番事业。

相同的处境，却有不同的收获和结局。人往往都有一些志向，在实践之前常常踌躇满志，但一步入现实中，面对重重困难，人们会有不同的反应，有什么样的潜质，就选择怎么样的道路，最后自然就有相应的结局。这就像稻谷进了剥谷机一样，是稻米的分到稻米一边，是谷壳的分到谷壳一边，清清楚楚。人们之间的差别就在于各自潜质不同，各人看到的层面不同，耐力不同，自然结局就各不一样。

升职细节

在职场这个富有挑战性的战场上，光妒忌别人的成功是没有用的，光面对困难自暴自弃更让你消极堕落，如果你要成功，要成才，首先要练就你的本事，挖掘你的潜质，让自己的视觉更敏锐点、意志更坚强点、行动更果敢点，这样你才能摆脱困境，走向成功。

健康是升职的必备条件

拥有健康并不代表拥有一切，但失去健康就意味着失去一切。能登上世界最高峰的人，必定是体格强壮的人；经得起失败打击的人，必定是意志坚定的人。强健的体魄和坚定的意志相结合，就产生了一个完美、健康的人。很少有人能够彻底明白，体力与事业的关系是怎样重要，怎样密切。人们的每一种能力、每一种精神的充分发挥以及人们的整个生命效率的增加，都有赖于机能的健全和体力的强壮。体力的强壮与否，可以决定一个人的勇气与自信心的有无。而勇气与自信，是成就大事业的必需的条件。

聪明的将军，不肯在军士疲乏、士气不振时，统率他们去应付大敌。他一定要秣马厉兵，充足给养，然后才肯去参加大战。一个活力低微、精神衰弱、心理动摇、意志不坚定、情绪波动的人，不可能成就出了不起的事业。

在人生的战斗中，能否得到胜利，就在于你能否保重身体，能否保持你的身体处于良好的状态。比如一个具有一分本领的体力旺盛的人，可以胜过一个体力衰弱而具有十分本领的人。假如在你的血液中没有火焰的燃烧，在你的身体中没有精力的储存，则你在人生的战斗中，一经打击就会失败。一个人有大志，有坚定的自信，同时又具有足以应付任何困难、抵挡任何变故的旺盛体力，则他一定能够从那些烦闷、忧虑、疑惧等种种精神束缚中解脱出来。

旺盛的体力可以增强人们各部分机能的力量，从而使其效率、成就较之体力衰弱的时候大大增加。强健的体魄，可以使人们在事业上处处得到便利，得到帮助。凡是有志成功、有志上进的人，都应该爱惜、保护体力与精力，而不能有稍许浪费在不必要的地方。有不少有志成大事的人，因没有强壮的体魄为后盾，而导致壮志未酬身先死。然而有另一大批的人，有着强壮的体魄却不知珍重，任意浪费在无意义、无益处的地方，从而损害了珍贵的身体资本。

美国的罗斯福总统曾说：“我是一个软弱多病的孩子。但我后来决意要恢复我的健康，我立志要变为强健无病，并竭尽全力以做到这点。”身心不断地活动，是祛病健身的最好处方。要保持健康，必要的活动是绝对前提。人体中的各部分机体，如不经常活动，就难以保持健康。

工作中一切行动和过程都是生命中调节机制的结果。“空闲”并不是有益身体，而是对身体有害。人们一旦闲下来无所事事，人体机能就减缓活动，疾病大都是在空闲时才发生的。一个在正当事务上忙碌的人，只要不是过度忙碌，他的身体是健康的、安全的。他能避免许多在空闲时可能使他误入歧途的种种诱惑。有一位著名的英国医师曾说：人要长寿，必须要做到除了睡眠时间以外使脑部不断活动。每个人必须于职业、工作之外找一种正当嗜好，职业给他以生活资本，嗜好则给他以生活乐趣，可以使他在愉快、高兴的心情下，活动其精神。

无论我们的理想是什么，对我们来说，都没有什么比生命更珍贵的了。我们都希望生活十分美好。没有人愿意看到自己变老的信号，或者任何衰老的迹象。人们都尽可能地保持年轻、幸福和健康，然而很多人没有注意保持他们的青春和活力，他们在不知不觉中破坏健康的规则和长寿的规则，把生命浪费在愚蠢、不符合自然规律的生活和堕落的习惯中。他们还不明白为什么生命的能量在消逝。滥用能量和浪费精力必定会受到应有的惩罚。只有合理膳食、适量运动、心理平衡的人才会健康，才能长寿！身体是一个人赖以生存和生活的物质基础，离开了这一物质基础，就谈不上从事社会生产活动和改造自然活动，更谈不上取得个人事业上的成功、人生的幸福。人们都是渴望成功和幸福的，他们给自己设定目标，激励自己向着目标努力，这些都无可厚非。但可惜的是，人们在追求心中所想的时候往往忽略了、甚至牺牲了自己最宝贵的财富——健康。生命对于每一个人来说只有一次，一个不懂得珍惜生命的人等于一无所有。

升职细节

人的一生会有许多的追求、许多的憧憬，当然也会有许多的诱惑。追求真理、追求理想、追求刻骨铭心的爱情、追求金钱和名誉地位……但最后你会发现，健康才是你所有美好追求的基础和根本保证。如果没有了健康，生命就不再是一个蓬勃向上和快乐进取的过程，而成了一个痛苦无奈的延续。若如此，又怎能奢谈升职呢？

魅力是升职的成功密码

一个人能否成功，智力只起一小部分作用，还有一大部分取决于你的人格魅力。人格魅力涉及到很多方面，除了智商、情商这些熟知的概念之外，还包括乐商、胆商、逆商等各种能力。

美国心理学家尼尔·戈尔曼把情商分成及时了解自己的情绪变化、驾驭各种不良心情、用积极情绪激励自己、理解他人的情绪反应、在人际交往中察言观色五个方面。社会心理学家甚至发现，一个人能否取得成功，智商只起到20%的作用，剩下的80%则来自情商。

那么职场达人如何锻炼提升自己的情商呢？首先，可以从小学会等待，锻炼自己的耐心和自控能力。比如，别人做事时不要在旁边不停催促、排队时不要插队等。其次，学会控制愤怒等不良情绪，将要火冒三丈时，不妨深呼吸，从1往上数数，数到60次左右时，你会发现心里平静不少。再次，养成做事情有始有终的好习惯，鼓励自己坚持到底，不轻易放弃，从而增强注意力，调动自己的精力和活力。

乐商主要是指一个人让自己获得快乐、为他人创造快乐的能力。生活中，谈笑风生、幽默机智的人不仅能成为大家的关注焦点，还能增加团队的凝聚力，而刻板严肃、不苟言笑则让人敬而远之。因此，乐商能在人际交往中营造一种令人愉悦、轻松有趣的沟通氛围。

那么职场达人如何锻炼提升自己的乐商呢？一方面，要建立一个开明、乐观的生活环境，家人之间多建议、少要求，让家成为你取之不尽的快乐源泉。另一方面，无论在工作还是人际交往中，要抱着“办法总比困难多”“比上不足、比下有余”的积极想法，遇到困难换个角度想、或者用“阿Q精神”戏谑一下自己，心情也许就会由阴转晴。此外，不妨积攒些“开心资源”，比如在手机上保存一些小笑话，聊天时和大家分享，让快乐在分享的同时不断放大。

德商是指一个人的道德人格品质，包括体贴、尊重、容忍、宽容、诚实、负责、平和、忠心、礼貌等各种美德。有专家指出，智商决定一个人的学习能力，情商决定适应环境的能力，而德商则决定了做人的能力。如果忽略了对良好德商的塑造，将来很容易导致高智商、低成就，甚至误入歧途。

那么职场达人如何锻炼提升自己的德商呢？第一，气量要大一些，用宽容的心去接纳别人的短处和缺点，学会尊重他人的想法和生活，和朋友有了摩擦，尽量做到“大事化小、小事化了”。第二，不要丢掉自己的同情心，相信真善美的存在，生活中多帮助别人，不仅自己心情会更愉悦开朗，还会取得更多人的信任。第三，提升责任心，扛起自己应尽的职责。就像美国前总统杜鲁门一样，在办公桌上竖着“责任到此，不能再拖”，有了责任感，对生活会更加认真、珍惜。第四，培养一些兴趣爱好，用艺术熏陶自己。比如音乐、美术等，把美好、宁静等感觉输入自己的心中。

逆商，也被称为挫折商、逆境商，是指人们面对逆境时承受压力的能力，以及承受失败和挫折的能力。高逆商的人通常更有活力、生活得更愉快，甚至有研究发现，他们手术后身体恢复也更快。那么职场达人如何锻炼提升自己的逆商呢？

苦难对于天才来说是一块垫脚石，对于能干的人是一笔财富，而对于弱者则是一个万丈深渊。要想提高逆商，首先，要在困境中保持缓慢进步。告诉自己，半途而废是损失最大的。陷入困顿时，可以用小目标、小进步来鼓励自己坚持到终点。其次，少问“为什么”，多问“怎么办”。与其抱怨为什么而让自己更深地陷入自我怀疑，不如换一种积极导向的问题问自己：“事已至此，怎样可以挽回？”

志商，全称意志商数，是指人的意志品质水平，包括坚韧性、目的性、果断性、自制力等。志商对一个人的智慧和成就有着重要的影响，可以成为个人强有力的精神支柱，将带来不可估量的成绩。

那么职场达人如何锻炼提升自己的志商呢？第一要制订明确的目标，而不是笼统地说“我要过得更好，努力追求成功”。第二，一点点接近目标，永不停息。就像一位徒步100公里、破吉尼斯世界纪录的94岁高龄老太太所说的，“一口气跑一百公里也许需要勇气，但是走一步路是不需要勇气的，一步再一步，一百公里也就走完了。”第三，绝不找理由拖延。没有人会帮你承担责任，拖延的后果只有我们自己承担，因此，有了想法一定要第一时间彻底执行，扎实的行动才能化目标为现实，才能让自己更加轻松愉快。这也是很多世界500强企业的行动准则。

继智商、情商之后，“胆商”开始成为现代社会对人才的新要求。它是胆量、胆识、胆略的度量。美国著名心理学家马丁·加德纳指出，在美国630万死于癌症的病人中，80%是被吓死的，剩下的20%是真正病死的。无论是战场、商场、还是赛场上，最后比拼的往往也不是体力、实力，而是谁更有敢为天下先、镇定自若的高“胆商”。

那么职场达人如何锻炼提升自己的胆商呢？首先要有自信，能主宰自己的心态。这份自信，更能有效地清除前进的障碍，帮你走向成功。其次，要相信自己的直觉。赢家在作出决策的瞬间，靠的往往是直觉而不是分析。当然，良好的直觉来自于丰富的实践，有了丰富的实践才会在关键的瞬间发挥作用。再次，看淡成败，注重过程。很多人都是因为患得患失而丧失机会。不妨问自己：失败了又怎样？最坏的结果我能够承受吗？如果能够承受，就去尝试。只要有勇气踏出第一步，接下来就好办多了。最后，果敢行动。犹豫和延迟，最终只会让自己越来越哀怨，丧失自信，只有将勇气付诸实践，才能产生实实在在的成果。

若想成为职场达人，除了必须拥有较强的工作能力外，职场中的人格魅力也不容小觑，只有“智商”没有“情商”的人，并不是真正的成功者。在职场上具备人格魅力的人，相对来说不一定有最强的工作能力。但这部分人一定会有良好的内外部人际关系，沟通顺畅会起到事半功倍的效果。

升职细节

人格魅力是升职的成功密码，这就要求职场达人要严格要求自己，积极进取，时时保持学习的心态。不自大、不自卑。对待周围的人要友善、和蔼、真诚以及愿意帮助别人，积极参加集体活动，能让身边的人觉得你可以依靠。保持一个良好的心态。控制自己的情绪，不在公共场合乱发脾气。让周围的人觉得跟你在一起会很快乐。做事勇敢果断，积极主动，勇于承担责任，做真正意义上的职场达人。

根据兴趣和优势选择职业

人们在选择职业时，往往只顾现在，很少考虑未来。他们认为今天的选择只是当前的事，而与未来没有多大的关联。其实恰恰相反，今天的选择往往决定了你的职业发展路线，从而决定了你的未来。人的一生可能会面临无数次的选择，可真正决定你职场命运的往往就那么几次，而对于这几次关键的选择，如果把握失当，可能会对你的未来产生莫大的影响。人生是一个过程，今天的选择已经决定了明天要走的路线，既然路线已经定了，那未来一段时间内你的轨迹和成就基本上也限定了，当你意识到你已经选错路的时候，你已经耗费了大量的时间和精力，已经牺牲了许多优势和机会，这好比语文考试写作文一样，写了一大半了才发现跑了题，这时候想把整个作文的构架调整过来，那是不可能的。这也正是人们所说的那样：好的开始是成功的一半！在开始之前做好正确的选择，自然也就走上了成功的大道。

有三个人分别为美国人、法国人和犹太人，他们同时被关进一家监狱里，要在里面服刑5年。出于人道主义，监狱长让他们每人提一个要求。美国人爱抽雪茄，就要了三箱雪茄。法国人喜欢浪漫，于是要了一个美丽女子做伴。而犹太人要的却是一部能与外界沟通的电话。五年转眼过去了，第一个冲出来的是美国人，嘴里鼻孔里塞满了雪茄，大喊道："给我火，给我火！"原来他忘了要火。接着出来的是法国人，他手里抱着一个小男孩，身后那位美丽女子手里牵着一个小孩，肚子里还怀着第三个。最后出来的是那位犹太人，只见他紧紧地握住监狱长的手说："谢谢你那部电话！这五年来我每天与外界联系，我的生意不但没有停顿，反而翻了好几番，为了表达谢意，我送你一辆劳斯莱斯！"

的确如此，什么样的选择决定了什么样的生活。今天的生活也是我们以前的选择所决定的，而今天我们的选择也将决定我们以后的生活。职场生涯也一样，许多人都有这样的经历：同学聚会时会让很多人感到惭愧和伤感，大学时代的专业、起点基本上是一样的，内心的感觉也是彼此平等的，可是工作几年后再聚首，有的已成了政府官员，有的成了科学家，有的成了企业家，而有的却还在别人手下打工，过着平庸的生活。看似天壤之别的差距，其实很大程度上在于毕业后各自的追求与选择不同，你选择了什么样的职业，几年后你就有什么样的结果。

有位教授有过这样的一段经历：几年前清华大学的一次校庆，他的清华同学一多半都回来参加了校庆。几十年不见，虽然大家都有点儿两鬓霜白，但不少已是当今社会的佼佼者，有的成了市长，有的成了院士，有的成了大企业家，唯有一个在湖南工作的同学愁容满面，郁郁寡欢。在吃完聚会饭后，有人提议每人捐一万元给母校，那位在湖南工作的老同学跳出来反对说："凭什么要我把一年的工资捐献出去？"原来他还在湖南的一家乡政府工作，工资至今还是800元一个月。当年毕业时，许多同学选择出国或是去企业，而他选择了回家乡的乡政府工作，在一个狭小的发展空间里度过了自己的青春。

现实就是那么残酷，等到了结局的时候才反思自己的选择错误，那一切为时已晚。所以对于刚步入职场的人士来说，作出正确的职业选择至关重要。在当今艰难的就业形势下，许多人找到什么工作就把它当作自己的职业，而没有考虑它是否适合自己。要知道一旦选择了某份工作，你将很难改变你的职业，比如你当初选择了人力资源管理，几年后你基本上就只能从事人力资源管理的工作，别的工作你没有经验，也不可能放下心态从基层做起。

升职细节

当你在选择工作的时候，一定要根据你的兴趣和优势来选择你的工作，不能根据工作来选择你的职业生涯；就算为形势所迫，选择了一份不合身的工作，也要选择合适的时机换一份切合自己实际的职业。

学历是晋升的必要条件

我们生活的世界是现实的、残酷的；而不是理想的，绝对公平的。人们往往习惯把一个人的素质能力和他所接受过的教育联系在一起，这其实也在情理之中。拥有良好的学历背景，意味着你曾经在一所比较优秀的高等院校接受过良好的教育，不仅如此，你早已远去的同学、你久未谋面的教授都将是为你个人加分的重要砝码，而那张盖了戳的文凭在很多情况下，都可以替希望提拔重用你的上司一个堵住众人之口的“借口”。

2009 年重庆市有关部门曾下发过一个文件——《关于进一步加强基层机关事业单位的在职人员学历教育工作的通知》。文件要求，到 2012 年 12 月 31 日，对全市各区县 35 岁以下未取得国民教育大专以上学历，又没有在校学习或者补习的在职公务员、专业技术人员和职员，将视为不能完成工作任务予以辞退（聘）处理。

据专家介绍，这份文件主要针对重庆市偏远区县的机关事业单位的在职人员。和主城区相比，这部分人群的学历程度可能相对较低。一些客观原因造成他们受教育程度的参差不齐，因此，提高整体素质是必然趋势。从另一个角度讲，对于想升职的人而言，这项规定在无形中划下一道“门槛”。面对这道门槛，跨得过去，你就有资格升职，学历就是你的助推器，跨不过去，你就与升职无缘，学历就是你前进路上的绊脚石。就这么简单！

那么，为什么学历这么重要？我们知道，自从20世纪90年代后期大学扩招后，爆炸式增长了大学毕业生群体，由于人才供需数量的逆转，他们直接面临着巨大的就业压力。另一方面，扩招在客观上降低了大学生的入学门槛，降低了大学毕业生的整体素质。当前，大学毕业生不再是社会精英，而是普通劳动者。于是，越来越多的人开始指责大学教育“收费贵，质量差”，越来越多的人开始信奉“大学无用论”。

除了一纸文凭，大学教育还给我们留下了什么？作为一个大学毕业已经十四年的过来人，有人作了以下的盘点：

一、一段终身难忘的人生记忆。无论如何，四年的大学生活，在我们的人生历程中始终是一段不可替代的插曲。对学校所在地方的记忆，对学校本身的记忆，对老师和同学的记忆，对一些奇闻趣事的记忆等等。我相信对大多数人来说，这段记忆非常重要。

二、对一些专业学科的认识。比如电子技术、机械、自动化等，这些专业学科在中学时代是没有机会接触的。虽然这些认识在后来的工作中未必能派上用场，但是，你在与他人交往时，至少对这些领域不会感到陌生，你能够很轻松地展示自己的基础素质。

三、一群分布在五湖四海的同学。这是一张朴素而结实的人际关系网，在你漫漫数十年的职业生涯中，他们随时有可能给你提供必要的帮助。

四、学习的能力。离开大学之后，你必须继续学习。没有老师手把手地教你如何学习，甚至没有人告诉你该学些什么，一切都要靠你自己。大学四年养成的学习习惯和学习能力，在很大程度上决定你在未来几十年里能否持续成长。

五、其他一些好的行为习惯。在社会上，在工作单位中，你如何待人，如何处事，基本上取决于你的行为习惯。而这些行为习惯，大部分在大学期间就已经形成了。有些人在学校里只知道死读书，到了社会上却混不开，主要原因不是“书读多了”，而是在于没有形成良好的行为习惯。

应该说，前面三点是自然成果，每个大学毕业生都会有同样的收获。而最后两点则是人为成果，有无成果，或者成果大小，都将因人而异。

有人说，大学里所学的很多东西在工作中基本上都用不上。其实，短短四年时间，无论如何也不可能保证你顺风顺水地走完今后几十年的职业生涯，面对工作，面对新的环境，你必须重新学习和持续学习，而不应该死守大学四年所学的有限知识和有限技能——它们真的靠不住！但是，它能够给你留下上述五项成果（外加文凭），这就是很不错的了。

正因为如此，在大多数国企和政府机关，学历低又没背景的人要升职确实很难。即使在私企和已经市场化的事业单位，学历低也会给升职造成一些障碍。如果你学历比较高，你自然会因此而拥有良好的校友资源。这些校友资源在不经意间就幻化为你的业绩、你的财富。

哈佛商学院有一个追求卓越、打造一流的校友网络。商学院有它独特的全球校友网络。从哈佛走出来的学子最深的一点体会就是感觉自己从未离开过哈佛，如此深刻的感受与它强大的校友会离不开关系。凡是在哈佛商学院读过 MBA 或进修过的，都可以参加校友会的活动。商学院的网络在商业方面始终很重要。哈佛商学院的前院长金·克拉克曾在校友的聚会上说："要站在日益增强的竞争、经济全球化的前面，商学院就必须延续自己的优秀传统。这意味着确保教师们接近实践，学院要培植自己强有力的校友网络，新技术正在被吸收到教学和学生的生活中去。"哈佛的成功也可以说部分来自于在工作招聘方面广泛的联系以及学院多达数万毕业生的关系网。正是它强大的校友资源，让哈佛的毕业生受益匪浅。

如果你是从哈佛商学院毕业的，你不想升职，只想原地不动都很难，这就是学历背景的重要所在！

升职细节

如果你还没有迈进大学殿堂的大门，那么，你是幸运的，你拥有通过努力，获得良好学历背景的机会，它将是你以后晋级升迁的敲门砖；如果你已经从大学毕业，但是，你的母校不算是什么名牌大学，那么，你同样是幸运的。国内不少名牌大学类似 MBA 的课程培训班，需要的正是你这样的人，在那里，你的眼界将得到前所未有的开阔，你的人脉将有突飞猛进的发展！学历文凭不是最重要的，但是，很多时候，没有它，你就没有破门而入的机会！

任职资历是升职必经环节 

在职场，资历很重要，它在某种意义上代表着阅历以及实力，需要一定时间的累积。资历是一种特殊的存在。没有任何文件会提及它，但它却像职级这样的正式评价标准一样，拥有在很多利益面前优先的资格和对事情的影响力。可以说，资历是一种非正式的权力。

经常可以看到，有老员工对职场新人嚷嚷：“我走过的路比你走过的桥还多！吃过的盐比你吃过的饭还多！”仅凭在公司里待得时间长，就拥有了对新来者指手画脚甚至夺取利益的资格，初看起来似乎不公平，但仔细想来，也不无道理。

公司论资排辈的文化是一个显而易见的现象。不仅是我们传统认为的国企，还有像日企这样的外企，就算在新人上位相对容易的欧美企业，“老资历”地位特殊也并不罕见。

资历究竟意味着什么？首先它意味着人缘，一个公司是一张庞大的人际关系网络，资历意味着和网络上的很多点都很熟悉，甚至有很好的关系。这种人缘对在公司生存无疑大有裨益。资历还意味着信息的掌握，比如谁的脾性如何，谁和谁是对头，谁有什么裙带关系。信息有助于对事情的把握，清楚什么必须做，什么不能做；什么要第一时间做，什么可以拖一下做甚至完全不做；什么事应该怎么做，通过谁来做等等。这些和会做事情本身同样重要，甚至可能更加重要。你有任职的资历，就等于是在告诉别人：你曾在某个岗位上干过足够长的时间，你认识该认识的人，清楚公司这些潜规则，很会“做人”，处理起那些事儿来，一定会驾轻就熟，游刃有余。

拥有必要的资历，领导完全可以说服他人，让你去做团队的负责人，这就是资历的可贵之处！

中国职业足球运动员范志毅2005年退役，2007年，他被聘为苏州趣普仕队主教练，正式开始其教练生涯。有人或许会奇怪为什么像范志毅这样优秀的球员执教要从苏州这样一支最底层的球队开始？难道是他还不够优秀吗？

其实，范志毅比我们任何一个人都了解中国的足球体制。不是范志毅不够优秀，而是缺乏让中国足协领导放心委以重任的东西——以中国足协的行事风格，没有任何执教资历的他是很难当上国字号教练的，他必须要在执教俱乐部上拿出一份好的成绩单，才会有机会。

范志毅自己说："我现在执教乙级队，很难入别人的法眼，但是谁也别轻视我。也许过不了两年，我会拿出一份像样的成绩单来，在五年之内完成从乙级到国家队的过渡。"

三年后，2010 年 4 月，范志毅出现在大家的面前，出言谨慎，举止低调，大家不禁要问：这还是那个大家所熟悉的"范大将军"吗？恐怕熟悉的只有那端着的两个肩膀。

曾经那个喜欢放炮的范志毅已经一去不复返了。现在的范志毅理智而低调，他清楚地知道该如何拿捏"分寸"。在比赛结束后，他并没有独自驾车离开，而是托朋友将车开回去。"没有别的事情，我要和球队待在一起。"范志毅知道该如何"言传身教"。对于范志毅的华丽转身，老帅徐根宝更是欣慰。

《史记》里有一句话叫："桃李不言，下自成蹊"，说的是桃李有芬芳的花朵、甜美的果实，虽然不会说话，但仍然能吸引许多人到树下赏花尝果，以至于树下走出一条小路出来。人在职场也是如此，好多时候，计划赶不上变化，与其豪言壮语，铿锵作势，不如在自己的岗位踏实做事，你具备了应该具备的任职资历，成就了必要的任职业绩，下一个获得升职的可能就是你！

王然是一名职业经理人，他的履历相当辉煌：名牌大学毕业、先后在广州、北京的知名企业从事过企划总监、运营总监等。

两年前，身体频频发出警告，他的体检单更是明确告诉他，他需要一段时间的休养。他终于下定决心辞职离开北京，来到女友所在的一个二线城市，一边休假一边谋职。

他认为，凭着自己丰富的工作经验，在当地找一份职位相当的工作，并不是件难事。但他发现，事实并非如此。一是当地并无如此多的大型企业可供选择，二是有意向的优秀公司对他的履历又爱又质疑，爱的是这真是一个难得的人才，质疑的是，为什么一线城市的知名大公司都没能留住他，更怕自己是庙小留不住大菩萨。

很显然，双方的定位出现了差错：王然只是想在一个不太忙的城市，找一份不太忙的工作，而用人单位凭对他资历的了解，认为他只适合在一线城市的大公司工作。

而对于王然本人来说，资历确实成了一种难言的尴尬。那些颇为辉煌的工作经历，令自己叙说离职原因时，多多少少显得有点矫情。而在谋求一个小公司的运营总监时，这些履历又成了“大材小用”的暗示。

王然承认，这些公司对他的质疑存在一定道理，但他更坚持认为，这是公司自身没有自信的表现。这种不自信会令他们错失真正的人才，也就意味着公司将错失一定的发展机会。

半年后，王然便放弃了在女友所在城市定居的念头，同时说服女友辞职跟他北上。到北京的第二周，通过猎头公司，他便到一家知名专业网站上班，职务是内容总监。

有人从王然的故事中，看到了资历变成了转身的累赘，但是，换个角度看，王然转身之所以遇挫，恰恰是因为别人仍然看重他的资历。这就是说，资历到了一定程度，想往下走都很难。

升职细节

进入一个新的职场环境，一般人只是好奇它的办公环境，顶多是人际环境，而老练的职场达人，却会去洞察符合自己职场规划的岗位及其背后所依托的资历，他会揣摩：“为了达到我想达到的那个位置，我下一个努力的岗位到底是个什么样子，我该如何去创造业绩，争取那样的岗位，去实现应有的任职资历。”

专业优势开启晋升之门

专业优势，是指所学专业近年来有着旺盛社会需求或者预期具有旺盛需求的专业，在就业过程中可能具有的由于专业原因而产生的优势。专业优势的另一种说法就是“热门专业”。

在当今社会中，比较热门的专业有软件工程师、各种专业技术人才、海运、高级护理等，具有这些专业优势的学生就业相对来说比较容易。所以有些大学生便错误地认为，一旦就业，便高枕无忧了。其实任何一种职业，都有它的发展周期，如前几年比较热门的邮电、铁路企业，现在面临着很大的压力，就业人员也苦不堪言。

没有任何一件事情或职业是一成不变的。所以每一个员工都要有居安思危的精神，要善于运用自己的专业优势，以求达到精益求精。现在的公司一般的就业人员好找，但真正专业型的人才却很缺乏。所以选对专业，并努力发挥自己的特长，力争在专业上达到一定的高度，是对每一个职场人员的基本要求。

孔伟中专毕业后一直很难就业，因为很多企业注重员工的学历，多次招聘碰壁后，他意识到学历的重要性，于是他找到一个大型软件培训公司，努力学习软件工程，并且一边学习一边探索研究，将软件工程的奥秘研究得非常深入。

在一次招聘会上，他将自己设计的程序展示给招聘者，一家外资企业的老总看中了他的才能，让他负责公司的软件开发。为了这份来之不易的职业，他付出了比常人多几倍的努力。虽然知道自己在程序设计方面有一定的优势，但企业内杰出的员工比比皆是，而且大多数是名牌大学的毕业生，孔伟觉得自己与别人相比还有很大的差距。工作中，他虚心好学，不断研究探索，不耻下问，并勇于实践，不怕失败。半年后，他在程序设计领域就取得了很大的突破。公司领导让他负责十几个人的软件设计与开发，这让他受宠若惊。为了不辜负领导的厚望，他披星戴月，几乎将所有时间都用在了工作上。起初不服气他的同事也对他另眼看待，背后送他一个外号“拼命三郎”。

他带领自己的小团队在多次比赛中频频获奖，这给了他很大的信心。每天，孔伟都提醒自己“商场如战场”，如果不努力，明天淘汰的可能就是自己。就是这样一种压力，一种执著的精神，让他在软件领域里越走越远。而与他一起毕业的同学，现在大多换了很多种职业，如今也没有发现适合自己的职业。每次聚会时，大家总会羡慕孔伟的执著与努力，而孔伟只是谦虚地说：“什么是优势，优势就是将一件事情做到极致。”孔伟的成功让我们深刻地认识到了与其博学，不如做精。

现在的许多大学生往往专业不对口，他们往往选择了并不是自己本专业的职业，这样就容易让他们感到很困惑。虽然并不是自己本专业也能干出一番成绩，但总要有一段摸索，而且很难做到精益求精。所以提醒大家在就业时，一定要选择与自己的专业相关的职业，不可盲目选择职业。否则，只能让自己的专业优势慢慢变成劣势。

其实很多时候，机遇是自己争取来的。我们要学会化劣势为优势。李萌是一家私立学校的语文教师，作为语文教师，在国内很难受到重视，学生对语文也有抵触，认为学与不学，结果没有多大差别。所以作为语文教师的她曾经非常郁闷。一个偶然的机会，她看到了许多外国人在很刻苦地学汉语，于是她想到了教外国人学汉语。既然中国人为了学英语可以不惜一切代价，那么外国人有一天也会很重视汉语的。为了做好准备，她苦练英语口语、听力，经过一年的努力，她的英文已经说得非常流利了。这时，恰好一家广州的培训公司在招聘汉语教师，薪水和待遇都很高，李萌毅然辞掉了工作，前往广州应聘，并以面试第一名的成绩被选中。

在以后的工作中，她发挥自己在中文教学方面的优势，采用灵活多样的教学方法，深得外国学生的好评。在培训中心，大家都知道她的名字，只要一提到她，外国朋友就会翘起大拇指。找她辅导的学生络绎不绝，她在工作中终于找到了成就感和成功的乐趣。但她并没因此止步，而是根据自己的教学经验，编写了一本适合外国学生学习的汉语书，书籍图文并茂，学生们非常喜欢，看着自己的学生读着自己编写的教材，她第一次为自己的付出感到由衷的欣慰。

升职细节

任何一项职业，只要你不断学习，发挥自己的专业优势，并力求将它做到更加精细，那么你将是本行业中的佼佼者，只有成为本行业中的佼佼者，你才能更加充分地展示自己的才能。相信自己，每一个人都有自己的专业优势，如何做到精益求精，需要长期的坚持、执著、付出。

培养自己的务实精神

假如你是上司，你是愿意把任务分配给那些务实的人，还是那些只会把话说得天花乱坠的人？你愿意提拔前者，创造辉煌的业绩，还是照顾后者，为了那眼前的虚荣？显然，求真务实的人如同金庸先生的小说《射雕英雄传》里所提及的郭靖一样，虽然看似愚钝，却因为踏实，而屡屡获得高人指点。而杨康即便舌吐莲花，见什么人说什么话，也总归逃脱不了可悲的下场。

确实，有些人在工作时，往往只是为了让老板看见，表面工作做得很足，而不管工作的具体结果如何。这种投机取巧的工作或许一时能博得上司的赞赏，但时间一久被看穿了，就会引起上司的不信任和同事的反感，这样最终会毁了你。

有些人在工作中，自己总结出一条规则：工作只有上司看见了才有效，只有看起来很漂亮才能吸引上司的关注。因此，他们面对工作时，似乎显得非常有激情，在上司面前吹嘘要如何如何完成，要如何做到最好。但事情往往只开了个头，让上司知道这件事之后，接下来工作就不会有什么进展了，这好比表演一样，在上司面前往往很投入地表演，而一旦上司去关注别的事之后，这项工作就变得有头无尾了。如果上司是一个马大哈一样的人物，这样做可能真的能博得上司的欢心；但如果上司是一个比较务实的人，一追问工作的结果，那就完蛋了。

有位员工就是这种类型的典型，他在某公司里待了好几年，为人很聪明，但就是不务实，做事总是三分钟热度，每天一上班就在宣扬自己的工作计划，好像有很多要事要做一样，而对于工作则没有半点激情，他习惯于投机取巧，想方设法去应付工作，去虚报自己的业绩。自然长期以来，他都得不到公司领导的认可，职升不上去。当初跟他入厂的人有些已经升到了高级经理，当年他的手下现在都已经月薪两万了，有的还自己做起了老板。而他只能是独自黯然，抱怨公司负他太多……

工作中，光知道夸耀自己，光在上司面前弄虚作假是没有用的。要得到上司的认可，就必须要做出点实际工作出来。一件工作，光让上司听着很精彩，但一直看不到效果，那也没有用；只会让上司觉得你“半斤鸭子四两嘴——只会说，不会做”，难以担当重任，自然就让你的形象在他心中大打折扣。

有位硕士研究生，平时为人处世心细认真，大大小小的事情，他都会妥当地把它们完成。也正是这一做事风格，让他以后大为受益。有一次，导师安排他到一政府机构去实习，政府里一些领导交代他的事情，他都会做到对方的心坎上，完完整整的，无可挑剔。所以他还没毕业，就被这个单位的领导内定了，从此走上了仕途之路。

因此，大多数上司欣赏工作沉稳的人，一件事情有始有终，这样他才放心你的工作，让你独挡一面。

升职细节

工作必须是实打实的，这样上司才会感觉你是一个做实事的人，把工作和担子交给你，才会感到放心。有些人为了在上司和同事面前表现自己的能耐，喜欢把一些简单的工作复杂化，一件本来稍费点力就能完成的工作，却喜欢把它弄得很大很难，最后不了了之，这样的员工是得不到上司欣赏的。

养成注重细节的习惯 

多数人都会有这样的感觉：芸芸众生中，有能力、能做大事的人实在太少，多数人的情况是只能做一些具体的事、琐碎的事、单调的事；也许过于平淡，过于鸡毛蒜皮，但这就是工作、是生活，是成就大事不可缺少的基础。细节决定成败，其中成败涵盖了太多太多的寓意。

陈艳外国语大学毕业后，顺利进入了一家香港猎头公司。外语方面的优势加上悟性较高，很快赢得了老板的赏识，获得了很多参与重要项目的机会。一次，公司与一家跨国公司商谈一个项目。初步洽谈后，对方要求陈艳所在的公司提供一份详细的项目计划书，老板把这个任务交给了她。因为是大客户，公司上下都十分重视，陈艳自然也不敢怠慢；花了不少工夫，一连好几天加班加点。当她把全英文的计划书交给老板时，感觉自己又交了一份满意的答卷。

过了几天，陈艳被老板叫进了办公室，看见老板一脸阴沉，陈艳知道叫自己不是什么好事情，这时老板打开计划书，指着目录那一页问，为什么不把索引对齐？索引的页码字体为什么有的是粗体，有的却不是。他往后翻，又指出一些排版上的小毛病。最后，老板说了一句让陈艳印象深刻的话：“越是细节之处，越能看出一个人的职业素养。”所以，一个职场人士在“秀”出自己才能的同时，千万别在小处“失分”。下面有这样一个例子：

有三个年轻人去一家公司应聘主管，他们当中一人是某知名管理学院毕业的，一人毕业于某商学院，而第三名则是一家民办高校的毕业生。在很多人看来，这场应聘的结果是显而易见的，肯定是知名管理学院的毕业生被录用。然而事情却恰恰相反，应聘者经过一番测试后，留下的却是那个民办高校的毕业生。在整个应聘过程中，他们在专业知识与经验上各有千秋，难分伯仲；随后招聘公司总经理亲自面试，他提出了这样一道问题，题目为：假定公司派你到某工厂采购 4999 个信封，你需要从公司带去多少钱？几分钟后，应试者都交了答卷。第一位应聘者的答案是 430 元。总经理问“你是怎么计算呢？”他回答说：“我按 5000 个信封采购，可能是要400元；加上各种杂费30元”答者对应如流，但总经理却不置可否。

第二位应聘者的答案是415元。对此他解释道“假设5000个信封，大概需要400元左右，也要有一些杂费支出，我估计需用15元。”总经理对此答案同样没表态。但当他拿第三个人的答卷，见上面写的答案是419．42元时，不觉有些惊异，立即问：“你能解释一下你的答案吗?”“当然可以!”该同学自信地回答道，“按现在市场上信封的通用价是每个8分钱，4999个是399．92元。从公司到某工厂，乘汽车来回票价11元。从公司到汽车站有一里半路，请一辆三轮车搬信封，需用3．5元；因此，最后总费用为419．42元。”总经理不觉露出了会心一笑，收起他们的试卷，说：“好吧，今天到此为止，明天你们等通知。”结果第三位应聘者成功了。

在今天这个社会，几乎所有的员工都胸怀大志，满腔抱负，但是成功往往都是从点滴小事开始的，甚至是从细小至微的地方开始。职业生涯的良好发展是从做好本职工作、做好身边的每一件事开始的。世界上的许多大公司，把对小事的认真态度作为一个考察员工的重要依据。希尔顿饭店的创始人、世界旅馆业之王希尔顿就是一个注重“小事”的人。希尔顿要求他的员工“大家牢记，万万不可把我们心里的愁云摆在脸上！无论饭店本身遭到何等困难，希尔顿饭店的服务员脸上的微笑永远是顾客的阳光。”正是这小小的永远的微笑，让希尔顿饭店的身影遍布世界各地。

有卓越天赋的员工，常常做小事时就能发挥出耀眼的光华，从而登上了更大舞台。美国标准石油公司曾经有一位小职员叫阿基勃特，他在出差住旅馆的时候，总是在自已签名的下方，写上“每桶4美元的标准石油”字样，在书信及收据上也不例外，签了名；就一定写上那几个字。他因此被同事叫做“每桶4美元”，而他的真名倒没有人叫了。公司董事长洛克菲勒知道这件事后说：“竟有职员如此努力宣扬公司的声誉，我要见见他。”于是邀请阿基勃特共进晚餐。后来，洛克菲勒卸任，阿基勃特成了第二任董事长。在签名的时候署上“每桶4美元的标准石油”，这算不算小事？严格来说，这件小事还不在阿基勃特的工作范围之内。但阿基勃特做了，并坚持把这件小事做到了极致。那些嘲笑他的人中，肯定有不少人的才华、能力在他之上，可是最后只有他成了董事长。

升职细节

“天下大事，必作于细；天下难事，必成于易。”立大志、干大事，精神固然可嘉，但只有脚踏实地从小事做起，从点滴做起，心思细致，注意抓住细节，才能养成做大事所需要的那种严密周到的作风。小事不能小看，细节方显魅力。以认真的态度做好工作岗位上的每一件小事，以责任心对待每个细节。只有把小事做好了，才能在平凡的岗位上创造出最大价值。我们在工作中需要改变心浮气躁、浅尝辄止的毛病，注重细节，从小事做起。

注重细节的执行精神

在现代职场上，也不乏这样一些人，他们有才能，也想升职，但却不主动做事，他们认为多做、多干是领导的事，自己不是领导，所以就一点儿也不多干，也不想负更大的责任。其实，这些人正在做着蠢事，你不先做到那里，谁会主动找你封你官做啊？要想晋升为领导，首先，要在工作实践中展露自己的才华，其次，领导者其实也不只是在那里制定发展战略、作出管理决策，落实实际执行中的细节更是他们最重要的工作。

德国著名的连锁超市DM目前已有1370家连锁店，2万多名员工，年销售额高达20多亿欧元。这么大的一个集团企业，它的领导者是不是只坐在办公室里研究市场发展状况、制定经营决策呢？当然不是这样的。DM的创始人格茨·维尔纳经常到一些连锁分店走走。一次，他走进一家分店，看完一圈后，对店长说：“请给我一把扫帚。”店长不清楚维尔纳的用意，很困惑地看着他，维尔纳指指地板上的灯光说：“你看，灯光的亮点聚在地上，什么用处也没有。”随后，维尔纳用扫帚柄拨了一下天花板上的灯，让灯光照在了货架上。

沃尔玛超市的一位店员给顾客包装完商品后，随手把多余的半张包装纸和长出来的一小截包装绳给扔掉了，恰巧被经过的总裁山姆·沃尔顿看到，他微笑着对店员说："小伙子，我们卖的货是不赚钱的，只是赚这一点儿节约下来的纸张和绳子的钱。"

这样的小事也要由大老板过问，并且亲自动手，岂不把他们累坏？一个领导不可能每天都到所有的分店跑一圈，每一个细节都不放过，但是，正如"商业教皇"布鲁诺·蒂茨所说："一个企业家要有明确的经营理念和对细节无限的爱。"包括首先从自我做起，关注细节做出表率。

小事作为一种反映事物内在联系和本质的微小事物和情节，本身即具有一种预测的功能，通过一些具体的小事和细节，可以反映整个组织系统的运行情况。领导只要抓住这种带有倾向性的小事和细节，并着手加以解决，就可以起到示范效应，从而带动整个工作。国内的一位著名企业家就主张抓带有倾向性的小事和细节，他说："作为企业的领导，要有一种对一件事一抓到底的韧劲儿。在中国的企业里，往往是领导作出一个决策之后，在向下传达的过程中就出现了衰减或偏差。如果你不能一直盯住，很多事你以为已经到位了，事实上，下面往往还没有开始干。我们的做法是，一件事要从头到尾抓出一个模式来，再把这个模式推而广之……有时候，必须抓得非常具体，当然是属于带有全局性、趋向性的问题。"他认为，每抓好一件小事就等于抓好了一批事，因为每一件事都不是孤立的，抓好了一件会连带把周围相关的一批事都带动起来。

许多公司不缺少拥有雄韬伟略的战略家，缺少的是注重细节的执行精神；不缺少各类管理制度，缺少的是对规章条款不折不扣的执行；在某些时候，小事的意义有可能远大于战略的意义。

升职细节

真正优秀的领导者必须脚踏实地，积极了解并参与一些关键细节的执行，这样才能够准确及时地预见到企业的发展目标是否能够实现？会遇到哪些阻力？出现了哪些问题？并根据实际情况随时进行调整。

第二章

学会表现自己，非凡业绩为你晋升添加砝码

身在职场中的人都知道，不管在什么岗位上，没有能力的人是很难得到晋升的。能力突出，才能创造非凡的业绩，才能为你的晋升加油添彩。为此，一定要历练升职能力，历练好你如何最佳表现能力的技巧。

细节 成败

能力为你插上升迁的翅膀

每年年终奖之后，很多企业由于一年来的各种原因，都会有一批人走掉，跳槽地震引起“职位空穴”，人员将重新洗牌。一些对企业忠心耿耿、兢兢业业的人，提升的机遇就加大了。要得到提升不仅需要具有良好的身体素质、心理素质、道德品质素养，而且还需要具备良好的能力素质。

能力素质，是指完成一定活动的本领，是一个人能否进入升迁人选的先决条件，是能否胜任管理工作的主观条件。没有任何能力，根本谈不到进入职业工作，更谈不到进入管理岗位。经济的快速发展，知识快速大爆炸，职场对人才的要求标准越来越高，每个职业人，都将面对职场上“质”与“量”的双重压力，而实力才是职务竞争的核心。

能力素质的高低，直接关系到工作效率、工作业绩的优劣。领导才能优秀的管理者，能够运筹帷幄，从全局上把握正确的方向；疏通、协调好各种关系；大胆创新、锐意改革；通过语言感召力，使群众一呼百应，各方面的管理井井有条，富有效率和生机；其领导业绩也十分明显、突出。而那些才能平庸的管理者，可以说是“无能的好人”。他对工作全局把握不住，主攻方向不明；或人际关系疏通、协调不力，使人员“内耗”严重，积极性调动不够；或语言缺乏感召力，不能鼓舞、鞭策群众。这些人整天忙忙碌碌，哪里有事到哪里，但是忙不出什么效果，甚至急得像一团乱麻，反而越忙越理越乱。

一般而言，工作能力包括以下三要素：

1. 能力素质：工作所需的基本能力素质和职业素养。如：智能水平、工作主动性、人际关系等。这是企业为了实现其战略目标、获得成功，而对员工所具备的职业素养、能力和知识的综合要求。也是三要素考核的重中之重，它能表现出一个人的发展能力。

2. 专业技能：是指掌握一定的专业技术知识，并运用这些知识去解决领导实践中遇到的专业技术难题的一种能力。如：财务管理中进行的财务分析、成本管理的能力；电脑系统管理中进行电脑维修的能力等。

3. 工作经验：这是在工作中不断摸索、总结、积累起来的，如何在工作中积累相关的经验，熟悉自己所从事的业务流程的运作，能否以最快的速度投入到工作中去，并带来新的思路和方法，也是职场人士需要不断去做的课题。

二、能力的分类：人们要完成某种工作，往往不仅依靠一种能力，而是要依靠多种能力的结合。这些能力互相联系，保证了这项工作的顺利进行。因而，心理学界有多种对能力的分类方法，例如：

1. 一般能力：在不同种类的活动中表现出来的能力，如观察力、记忆力、抽象概括能力、想象力、创造力等。其中抽象概括力是一般能力的基础。

2. 特殊能力：指在某种专业活动、专业工作中表现出来的能力。它是顺利完成这项活动或工作的心理条件。

3. 流体能力：指在信息加工和问题解决过程中所表现的能力。如对关系的认识，类比、演绎推理能力，形成抽象概念的能力等。它较少依赖于文化和知识的内容，而决定于个人的禀赋。20 岁到达顶峰，30 岁以后开始下降。流体能力属于人类的基本能力，其个体差异受教育文化的影响较少。

4. 晶体能力：指获得语言、数学知识的能力，这项能力取决于后天的学习，与社会文化有密切的关系。晶体能力在一生中一直在发展，只是到 25 岁以后，发展的速度渐趋平缓。晶体能力依赖于流体能力。

各方面能力都很强的人极为少见。从工作角度来看，没有必要在所有能力上都拥有很高的水平。一般而言，一个岗位只对某一些能力比较偏重，对另一些则不那么强调。在选择工作时，扬长避短是明智的举措。找到自己的优势作为职业切入点，而回避劣势，则成功的概率就大些。

从升职的角度考虑，我们在日常工作中，尤其应注意的是培养自己作为管理者的能力。管理者的能力素质构成管理者的才能，包括了统帅能力、意志能力、应变能力、疏通和协调能力、语言表达和专业技术能力、创新开拓能力等等。它在形成和发展过程中，必然要受到其他各项内在要素的明显制约和影响。因此，领导人才在锻炼和培养自己的创造才能时，不能局限于单纯从成才的方面去寻求提高的捷径，而必须在多方面打好扎实的基础，付出艰苦的努力，以求得创造才能的综合性提高。

领导才能的锻炼和培养，主要有三种途径。一是通过实践来增长才能；二是通过学习来增长才能；三是通过竞争和自我否定增长才能。

1. 纵横捭阖的统帅能力。一个管理者无论职务高低，总是负责一定部门的工作，需要组织一定的人力、物力和财力，为达到一定的目标而努力，因此，作为一个管理者必须具备统帅才能，有统帅全局的战略头脑。

2. 多谋善断。管理者决策水平的高低取决于自身的修养，为了提高决策水平，管理者要树立不断创新的思想，摒弃因循守旧，墨守成规的思想；要有渊博的学识，不仅要有哲学、经济学、政治学、法律和管理学等方面的知识，还要努力掌握现代科学的方法论，如系统论、信息论和控制论等。当然，现代管理者需要更多地依靠智囊团，但是专家的意见不能代替领导人的决策。因为正确的决策不但要智囊团的多谋，更要靠管理者的善断。

3. 知人善任。知人善任，就是不仅要善于发现人才，善于慧眼识英才，善于因才施用。还要善于用人，要用其所长，避其所短。这样，在实施某项工作时，才能运筹帷幄之中，决胜千里之外。

4. 游刃有余的协调能力。疏通、协调能力，主要是指妥善处理与上级、同级和下级之间的人际关系的能力，工作中管理者需要同这三者打交道，而这些人的身份、地位、交往需求、心理状况和掌管的工作性质是不相同的。管理者能否与他们友好相处，互相配合，协调一致，使上下级相互沟通，同级相互信任，劲往一处使，直接关系到领导工作的成败。现实的领导活动中，管理者都需要花很多的时间和精力来处理各种复杂的人际关系。

5. 左右逢源的语言表达能力。语言表达能力是管理者的一项重要能力，也是一种基本功。语言能力反映人的思维能力、社交能力以及性格、风度。管理者在工作中主持会议、制定政策、文件，传达工作指令，接待来访，参加社交活动，发表演讲和个别交谈等都需要语言表达能力。管理者的语言能力主要表现在语言的分量、语言的逻辑性和语言的幽默感三个方面。

职场白领早日培养解决问题的能力、沟通能力、理财能力、信息管理能力、外语交际能力、创新能力等等，让能力为你插上升迁的翅膀，早日当上领导，早日摘取高管明珠，并成为一个杰出的职场达人。

升职细节

当一个员工能力提升时，他往往渴望更高的职位，更广阔的空间，证明自身价值的同时，得到好的回报。这是正常的想法，谁不想进步呢？那么如何向领导要求升职呢？最重要的是你要展现给领导你的能力，然后让领导去评估你，去考虑是否要委托给你更加重要的责任。

抓住机会增加升职成功率 

不要总觉得升职离自己还很远，其实职场升迁的几率很大，当机会像昙花一样瞬间开放时，就看你能否捕捉到它刹那的美丽。身在职场，除了薪水以外，不就是为了升职吗？但是，怎样才能让自己成功地升职，这是每一个职场女性都需要关注的问题。首先，我们来看看在职场不易升迁的几类人，看看你是否能够对号入座，如果能，那么你就要改变了。

（1）伴郎型：这样的人不是没有潜力和才能，他不是做不好工作，而在于其处世态度始终像伴郎一样，不想喧宾夺主，也没有出人头地的意识，因此就阻碍了升迁晋级。

（2）仇视型：他们相当自信，甚至可以说是自信过了头。业务能力很强，也知道勤奋工作，最大的缺点是看不起同事，平时，总是以敌视的态度与人相处，几乎与每个人都意见不合，产生冲突。行为过于自我，并且常常干涉别人。大家对这种人只会“恨而远之”，你的办法再妙、业绩再棒，人们也不会多看一眼。

（3）幕后型：虽然这种人工作起来任劳任怨，责任心很强也相当有吃苦耐劳的精神，可是这种认真却很少被人知道，尤其是你的上司。你的成绩总是被别人拿去邀功，你也不是不想得到荣誉、地位和加薪，但你不知道如何让人注意你和你的成就。那些惯于坐享其成的人总是撷取着你的才智，而你只能烦恼地哭泣。

（4）鸽子型：有技术有才华，也有勤奋精神，可是由于工作性质或人事结构，所学的知识与工作完全不对口。别人加薪晋级，你只加工作量。尽管对这种境遇，你非常不满，但你却不能大胆陈述现状、努力捍卫自己的权利，你总是希望通过柔和的方式拐弯抹角地讲一讲，结果根本就被上司忽视了，这都是因为你像一只鸽子一样温顺。

（5）黄牛型：你像老黄牛一样敦厚，对任何人的任何要求，都笑脸相迎。别人请你帮忙，你总是毫无原则地放下自己的工作去支援他，然后自己再另外加班。你为别人的事作出了巨大的牺牲，但是别人并不太领情，上司也不太赏识，背后还说你老实无用。在领导和同事面前不会说“不”，你注定就是个受气包。

（6）抱怨型：一边做事，一边发牢骚；一边完成任务，一边愁眉苦脸。结果苦也吃了，任务也完成了，却得不到一点儿应有的报偿。同事们觉得你活得太累、难相处，上司却认为你总是发牢骚以至于干扰了工作，是个刺儿头。结果晋级、加薪的机会都被别人得去了，你还在天真地发牢骚。

不能认识、表现和捍卫自我的人，很容易会出现以上六种不良的工作心态，正是因为他们在心理上不能自我肯定，才屡屡被忽略或排挤。职场升迁从来不会偏向某个人，上帝也不会真的格外眷顾那些所谓的幸运儿，机会对于每个人来说都是平等的，只是有人抓住了，因此成功了；有人却让机会从眼前白白溜走。你必须懂得要让你的老板看见你在公司的努力和成绩。一个人是否升职加薪的决定性因素，还是贡献度，这不单指业绩上的实质贡献，还包括了你的各项能力和团队合作意识等等。

鲁燕在公司任职多年，业务水平相当高，为公司立下了汗马功劳，可是不知为何，每次公司提拔人才的时候，她总是被忽略，鲁燕对此很苦恼，也很委屈，甚至想到过跳槽。其实，她就是因为没有合作精神才导致了今天的局面。她虽然专业能力很强，但却不愿意与同事们相互协助，同时，对于上司所交办的事项，总有讨价还价的习惯，喜欢按照自己的意愿行事，长期下来，同事和上司就都习惯忽略她了。

许多人才经常感叹自己怀才不遇，感叹世间伯乐稀有，那些获得升职加薪的同事，能力比起自己来，真是差太多了，但好运总是更乐于降临在他们身上，却对自己视而不见。“让老板看见你”，不只是看见你优秀的业绩，更要看见你和上司、同事间如何应对，以及你是否是个以团队为重，为了团队利益，可以牺牲自己利益的人，进而评估你的整体素质和各方面条件是否可以成为企业长远培养的管理人才。通常企业在年终考核时，会对员工的工作状况进行多方面的评估。你如果想升职，不妨平时经常给自己一个考核，专业知识是否与时俱进了，与人交往是否存在问题了等等，这一切都与你能否顺利获得升职加薪有着莫大的关系，考核都达标的你，升职的成功率自然会大大提高。

宋太宗时，朝廷内部发生了“潘杨之案”。潘仁美和杨延昭，一个系开国功臣，堂堂国舅；一个系镇边大帅，世代忠良。这个案子在当时是一个烫手的山芋，谁也不敢去接，搞不好会丢了性命，甚至株连九族。

当时的晋阳县令寇准发现这是个升迁的好机会，因为如果这个案子办得好，从此他就会官运亨通，还有望升为南太御史甚至宰相。于是寇准果断地接下了这个案子，并实事求是地公正决断，深得皇上的信任与赏识，终于借此一步一步地升为一国的宰相。

“机遇偏爱有准备的头脑”，这句话虽然已经被人说烂，但道理不假。如果你为获得机遇做了充足的准备，一旦条件成熟，就会得到机遇的垂青。否则，只能任由机会白白溜走。机遇对任何人都是一视同仁的，每个人都有追求它的权利，只不过是，有的人把握住了，有的人没有把握住。而一个人有没有把握住机遇，关键在于他是否为此做了充足的准备。

一个年轻的猎人带着充足的弹药和擦得锃亮的猎枪去寻找猎物。虽然老猎手们都劝他在出门之前把弹药装在枪筒里，但他还是带着空枪走了。“废话！”他嚷道，“我到达那里需要一个钟头，哪怕我要装100回子弹，也有的是时间。”命运女神仿佛是在故意嘲笑他，他还没走到开垦地，就发现一大群野鸭密密地浮在水面上。以往在这种情景下，他一枪就能打中六七只，够他吃上一个礼拜的。可是，就在他匆忙装子弹时，野鸭被惊动了，它们一齐飞了起来，很快就消失得无影无踪。他徒劳地穿过曲折狭窄的小径，在树林里奔跑搜索，结果连一只麻雀也没有找到。一个不幸连着另一桩不幸：霹雳一声，大雨倾盆。猎人被淋得像只落汤鸡，最后只得拖着疲乏的脚步回家去了。

现实生活中，我们是不是也经常遇到这种情况，正因为自己没有提前做好准备，才导致自己坐失良机。机遇是不会凭空从天上掉下来的，只有做好迎接它的准备，它才会光顾。许多人只看到别人获得成功的时候，却不去思考他们在成功之前都做了什么。

升职细节

竞争激烈的职场中，晋升可不是一件容易的事情。被动等待晋升机会降临到自己头上，是非常愚蠢的行为；时刻准备着，主动寻找升迁的机会，才是获得晋升机会的捷径。

敢于表现才能赢得机会

很多人之所以成功，就在于他们积极地表现自己，从而赢得机会；而更多的人却并没有把自己表现出来，致使自己错失了大好时机。

俗话说“世有伯乐，然后有千里马”，由此可见，一匹马即便有日行千里的能力，如果没有一个在众人面前施展的机会，那也只能拉着沉重的炭车艰难地跋涉在山间小路上。相同的道理，一个人的能力无论有多大，都必须让伯乐来发现自己。可是世间“千里马常有，而伯乐不常有”，因此，只有通过积极地表现自己，才能使伯乐发现自己。

一个很抢手的岗位，有几十个大学生竞争，最后却被一个中专生争取到了，这样的事情可以说不乏其例。与大学生相比，中专生的能力也许不是最突出的，可为什么会被他竞争到呢？答案就在于他善于表现自己，敲开了机遇那扇门。

古往今来那些能够抓住机遇的人，都是善于表现自己的人，如战国时的冯谖、毛遂、曹刿等，可以说，如果当初这些人没有积极表现自己，恐怕他们的才能也只能被埋没。

秦将白起在长平一战大胜赵军之后，乘胜追击，包围了赵国的都城邯郸，值此国家生死存亡之际，平原君奉命前往楚国求救。临行前，平原君决定从众门客里面挑出20人随自己同行。结果挑到最后，还缺一个人。正在此时，一个叫毛遂的人找到平原君，说自己愿意跟随平原君出使楚国。

平原君闻言，说：“先生在我的门下有几年了？”毛遂回答：“已经整整三年了。”平原君说：“我听说，贤能的人在众人之中，就好比是一把锥子放在囊中一样，它的锥尖立即就要显现出来。可是先生在我的门下已经三年了，并没听到有人对你进行赞语，如果今天您没站出来的话，赵胜都不知道先生屈居在我的门下，由此可见，先生的才能还不够啊，这次就请留下吧，不要一道前往了！”毛遂对此却很不以为然，说：“我之所以没能从囊中突出来，只是因为您从来没把我放到囊中。如果早把我放在囊中的话，不要说锥尖了，恐怕连锥子把也早突出来了。”

平原君听完之后，觉得也有道理，便带毛遂一同前往楚国。到了楚国之后，楚王在鹿台上召见了平原君。可是对于出兵救赵的事，两个人从早晨一直谈到中午，仍旧没有结果。毛遂大步跨上台阶，大声说道：“出兵本来就是非利即害，非害即利，这么简单的事，为何议而不决？”楚王听了非常恼火，问平原君：“这个人是谁？”平原君答道：“这个人叫毛遂，是我门下的一个食客！”楚王听了更加怒不可遏，大声喝道：“赶快滚下去！我和你的主人说话，哪里有你插嘴的份儿？”谁知毛遂不但没有退下，反而向前紧走了几步，手按宝剑对楚王说：“大王之所以敢在我主人的面前这样呵斥我，就是因为这是在楚国，可是如今十步之内，大王的性命却在我的手中！我听说汤以七十里的地方统一了天下，周文王以百里的土地使诸侯臣服，难道他们所依靠的是人多吗？其实是他们能够凭据自有的条件而奋发他们的威势所致。当今天下，楚国是最强大的国家，土地方圆五千里，持戟的士卒有上百万，可是却被白起，一个默默无名的小子，率领几万兵士，一战拿下鄢、郢，二战烧掉夷陵，三战侮辱了大王的祖先。这是百代的仇恨，就连赵国都感到羞辱。况且‘合纵’这件事，根本上是为了洗刷楚国的耻辱，并不是为了赵国呀！”

楚王听后深以为然，于是说：“确实如先生所说的，我愿意拿社稷来订立‘合纵’盟约。”

回国之后，平原君待毛遂为上宾，并很感叹地说：“毛先生一到楚国，就使赵国的威望高于九鼎和大吕。毛先生的三寸之舌，强似上百万的军队啊！”

其实，古今的道理是相同的，尤其是在现今这个人才济济的职场中，相互之间的竞争如此激烈，如果你不敢于表现自己，就只能被人群淹没，失去大好时机。

升职细节

积极地表现自己的前提是：你是一匹千里马，也就是具备一定的实力。不然，即便把伯乐吸引来了，最后人家也只能失望地离去。很多人都把能力、学历比作是敲门砖，那么机遇就应该是那扇要敲开的门，但是光凭个人的能力和学历是敲不开这扇门的，还必须勇于表现出你的能力。

积极进取实现自身价值

一个人要有一颗积极进取的心，才能不断地向前发展，不断地取得成功。积极进取的态度对于任何人的一生都很重要，它是每个人活着的动力，是体现人生价值的途径。进取心表现在实际的生活和工作中，就是一种求知欲望和好奇心，有了进取心，人才会进一步获取新的知识，不断充实自己，提高自己，从而更好地体现自身的价值。

虽然成功的道路各不相同，但成功人士身上都有一个共同点，那就是他们都拥有强烈的进取心。也正是因此，他们才不会被暂时的困难和挫折压倒，从而最终获得成功。

江艳是一家公司的销售策划人员。公司前不久准备开发一款名叫“白雪洗发精”的产品，但最终失败了，可江艳对这款产品仍旧很感兴趣。这是一款价格低廉，不含任何添加剂的洗发精，虽然没有华丽的包装，但对于讲求实惠的消费者还是很有吸引力的。江艳决定再次将其推荐给公司的管理层，让他们知道这款产品的价值所在。经过一番努力和争取，管理层终于接受了她的行销建议。很快，“白雪洗发精”成为公司所有产品中销售最好的洗发精之一。

由于这款产品为公司取得了巨大收益，江艳被任命为一家分公司的负责人。在她的带领下，分公司开发出了一系列的护发新产品，并都成为市场上同类产品中的佼佼者。鉴于江艳不断以个人的积极进取心为公司开发出了更多的销售方案，总公司再次任命她为副总裁。

由此可见，拥有积极的进取心对于一个人在事业上的发展有着多么重要的作用。江艳之所以能够有这么大的成就，她策划的行销方案能够获得认同，就在于她有着一颗强烈的进取心。

积极进取与满足现状是相对应的，一个人一旦对自己的现状感到满足，他的进取心在很大程度上就会相应被削弱，变得患得患失、瞻前顾后，而犹豫不决的结果只能有一个，那就是成功的道路到此为止。

当巴尔塔还是一位木匠学徒时，他的月薪只有400美元。一次，他被师傅派去给一户人家建造衣橱，完工后，客户对他的手艺和善于利用空间的做法大加赞扬，这让他很受启发，为此他想出了一个好主意。于是，他用从那位客户那儿赚来的薪水，开了一家自己的衣橱公司。

当时人们家里的衣橱都显得很拥挤，可是又不能把衣橱做得太大，因此如何在有限的空间里使衣橱变得不再拥挤，成为所有人共同的想法。针对广大客户的这一需求，巴尔塔在十二年内，就把自己的公司扩大为在全美国拥有一百多家加盟店的大企业。可是，就在这时，巴尔塔却毅然把自己的公司以一千二百万美金的价格卖给了威谦斯·索诺马。

原因是巴尔塔一直这样认为：学徒出身的自己，能够取得今天这样的成功已经是不敢想象的事情了，因此他不再奢求取得更大的成功，满足于自己的现状。于是，他停止的进取心使他停下了向更大成功迈进的脚步。

由此我们可以看出，一个人成就的大小取决于他进取心的大小。若你只想从北京走到石家庄，那你最远也只能到达石家庄；若你决心从北京走到拉萨，即便最终没有走到，那你到达的地方也绝不止从北京到石家庄的距离。

在职场中，进取心主要表现在追求自我能力、知识方面的自我更新与提高上。进取心可以让人的思维活跃，可以使人的知识广泛而渊博，拥有强烈进取心的人无论有没有得到相应的成功和地位，也必将受到周围人群的尊重，其自身价值也必将被充分地体现出来。

日本松下公司的总裁松下幸之助年轻的时候，家境贫寒，他不得不早早地参加工作。有一次，瘦小的松下到一家电气公司谋职。负责人看他衣着破旧，又瘦又小，觉得不能雇用他，但又不好意思直接说，就找了个理由：我们暂时不缺人，要不你一个月后再来吧。这本来只是一句托辞，谁知一个月后松下真的来了。那位负责人无奈之下，又推说这几天有事，让他过几天来。几天后负责人看到再次站在自己面前的松下，负责人不得不直接告诉松下不能聘用他的原因。于是松下借了身干净的衣服再一次来应聘。这位负责人彻底被松下的韧劲儿打动了，决定聘用他。此后，对电器并不了解的松下为了做好工作，又学习了电器知识。就是在这样一点点的进步和努力下，不断进取的松下终于成为了著名电器公司的总裁。

升职细节

在工作中一定要把自己的进取心充分地表现出来，这样不但有利于工作更好地开展和完成，更能提高自己的工作能力和业务水平，从而使自己不断获得前进的动力和决心。如果只做出一点儿成绩就满足了，裹足不前，那么终其一生都只能是一个每月按时领薪水的小职员，更不要奢望成功的光环会挂在你头顶上了。

工作能力修于博而体于细

一个人拥有的工作能力再多、再强，工作也要从基础做起，一位高超的医生在做一个高难度的手术之前，做的只是一般护士都知道的准备工作，但千万别小看了这些不起眼的工作，如有失误，将关系到整个手术的成败。

有一家星级宾馆下了份调任通知：汪博升任客服经理，而历海燕调任后勤部。“汪博和董事长肯定‘有事’，不然怎么会升得这么快，不到两年就连升三级？”平常历海燕挺反感大家这种论调的，总不能就因为人家是女性，就怀疑她的工作能力吧。据她观察，汪博是一个很有能力的女孩，也挺善解人意的。可是，这一次历海燕也不禁猜想："汪博是不是真与总经理有一腿呢?"历海燕来酒店都三年了，工作一直勤勤恳恳，这次客服经理空缺，历海燕一直都以为会是自己上的，没想到却是汪博，而且历海燕还必须离开客服部！是的，说起来当客服经理，按汪博的能力，她是完全能够胜任的。可是，历海燕也完全能够胜任那个职位啊，而且历海燕的资历比汪博老……历海燕真有些想不通。不知听谁说过，面对老板要勇于说"NO"，今天历海燕想试试，历海燕要一个理由，一个失败的理由。见到总经理，历海燕径直说："总经理，请给我一个理由。""小历，先坐下"，等历海燕坐定后，总经理说，"我给你讲个故事吧。""就说事儿好了，有什么故事可讲的?"但是总经理要讲，历海燕当然得听了。

"日本历史上的名将石田三成在未成名之前在观音寺谋生。有一天，幕府将军丰臣秀吉口渴到寺中求茶，石田热情地接待了他。在倒茶时，石田奉上的第一杯茶是大碗的温茶；第二杯是中碗稍热的茶；当丰臣秀吉要第三杯时，他却奉上一小碗热茶。丰臣秀吉不解其意，石田解释说：这第一杯大碗温茶是为解渴的，所以温度要适当，量也要大；第二杯用中碗的热茶，是因为已经喝了一大碗不会太渴了，稍带有品茗之意，所以温度要稍热，量也要小些；第三杯，则不为解渴，纯粹是为了品茗，所以要奉上小碗的热茶。丰臣被石田的体贴入微深深地打动了，于是将其选在自己幕下，使得石田成为一代名将。前几天，我岳母来到酒店，汪博的表现比起石田来竟毫不逊色。"

总经理换了一个坐姿接着说："那天中午轮到汪博值班。我太太带着岳母逛街，人多走散了。也不知怎么的，她就到了我们这儿；由于不会说普通话，服务人员都不明白她的话。这时，汪博就像那个石田一样，先给我岳母倒了一大杯温热的绿茶，然后又是一小碗热茶。酷热中受尽折磨的老人在这里得到了意想不到的服务，心里的那份感动自是不必提了。"

听总经理讲完故事，历海燕低着头默默地退出了他的办公室，她心想，那份细致自己做不到，汪博的升迁理所当然。

升职细节

很多时侯，机会隐藏在细节之中。当然，做好了这些细节，未必能够遇到如此平步青云的机会；但如果不做，就永远也不会有这样的机会。看似一件不起眼的小事，如果你把它做漂亮了，就是决定你命运的一个契机，就能成就你非凡的人生。

善于发挥自己的特长优势

当今职场，不管你从事的是哪种行业，没有知识总是愚蠢和可怕的，而且，不关注细节，只知道盲目学习，后果也是可悲的。一个人之所以出色，不是他懂得多，而是他掌握了最有用的东西！那么怎样才能突出自己呢？那就要针对自己的强项进一步学习，在这一方面做到最好。现代企业最需要的是专业人才，而非全才，只要你在某一方面特别出色，就一定能获得更大的竞争优势。

史蒂夫是微软公司举足轻重的人物，但他在电脑方面并不是特别精通；可是比尔·盖茨却为他付出了一年数百万的薪金，很多人都表示不理解。曾经有记者问过比尔·盖茨：“史蒂夫先生不懂电脑，他为何能成为一个软件巨人?”比尔·盖茨答道：“史蒂夫确实不懂电脑，但他的外交语言和风度无与伦比。”说白了，外交就是史蒂夫的看家本领，微软的很多商务谈判都离不开他，他是世界上最优秀的谈判专家之一，为微软的软件销售、法律谈判作出了巨大的贡献，这一点是那些精通编程的工程师们望尘莫及的。甚至至今为止，仍然无人能取代史蒂夫在微软的位置。

必须有专长，这一点在员工参加面试的时候就体现出来了，面试官对那些自称无所不能的人是不屑一顾的，因为这些人往往什么都懂一点点，却哪一样都拿不出手，而那些坦然承认自己不足，却能强调自己有某一方面专长或者优势的人反而会获得好感。

美国是一个十分注重效率和功利的国家，只有你对美国的社会经济发展有益，美国才会接纳你。在美国拿绿卡，只有两种人可以：一种是来美国投资或消费；还有一种人，就是有技术专长。

一位商界朋友前不久回国，对另一位朋友讲了一个他在美国移民局亲眼目睹的事，使人们更深刻地了解了美国。他讲道：在美国移民局申请绿卡的时候，曾经遇到过一位中年妇女，从她被晒成古铜色的皮肤看，可以断定是一位户外工作者。出于好奇，他上前和她搭话，一问才知，她来自中国北方的农村，因为女儿在美国，才申请来美。她只读完小学，汉语都表达不好。可就是这样一位英语只会说“你好”“再见”的中国农村妇女，也在申请绿卡。她申报的理由是有“技术专长”。移民官看了她的申报表问她：“你会什么？”她回答说：“我会剪纸画。”说着，她从包里拿出一把剪刀，轻巧地在一张彩色亮纸上飞舞，不到5分钟，就剪出一群栩栩如生的各种动物图案。美国移民官瞪大眼睛，像看变戏法似的看着这些美丽的剪纸画，竖起手指，连声赞叹。这时，她从包里拿出一张报纸，说：“这是中国《农民日报》刊登的我的剪纸画。”美国移民官员一边看，一边连连点头，说：“OK。”她就这么OK了。旁边和她一起申请而被拒绝的人又羡慕又嫉妒。

你可以不会管理，你可以不会电脑，甚至，你可以不会英语。但是，你不能什么都不会！只要你精通一样，你就OK了，假如你还能竭尽全力把它做到极限，你就永远OK了！如果你是一把刀，完全没有必要为了像剑那样两刃锋利而把厚重的刀背也磨成刃，你只要用尽全力学习，磨好属于你自己的一面刃就可以了，使之达到最锋利的程度，同样能使你无坚不摧。

升职细节

对于广大职场人士来说，要善于找出自己最擅长的东西，有针对性地学习，看清和发挥自己拥有的专长，把自己的专长做到更好，只有把自己的特长和企业的需要结合起来，才会找到自己需要学习的东西；这才是自己的闪光点，也是将来谋求晋升的资本。

把最美的一面展示出来

很多人认为“王婆卖瓜，自卖自夸”是一种不自谦的表现，是应该摒除的。让我们是否反思这样一个问题：既然瓜是好瓜，如果不自夸一下，别人又怎么知道你的瓜是好瓜呢？

很简单的道理，如果自己工作特别出色但没有什么人知道，那就会大大减少你在单位内的升迁机会。

很多人认为自己所做的一切都在领导的视野里，他们会对自己有明确的评价。事实上也不尽然，如果你自认做了出色的工作，却不肯让领导及周边的人知道，那没有人会看得见你的光亮。

林从事包装设计工作，她工作非常努力，为了一个精美的设计经常是几天几夜地泡在工作台上，直至最后定稿。但林是一个不善于向领导“夸功”的人，对于每一次的成功，在公司老总眼中认为是整个包装设计部门努力的结果，却丝毫没注意到作为总体设计的林所起到的作用。就这样，林一直处在普通员工的岗位上，拿着与其他人相同的薪金，却干着超出旁人几倍压力与辛劳的工作。

在职场上，自己要想获得高职高薪，除了要做出好成绩外，还必需设法让成绩“可见化”，即让上级看到、知道自己的工作业绩。

最好的办法是，经常向主管汇报自己的工作进展情况，或者根据工作内容选择几个主要参数，自拟一份业绩报表，逐月填写；考核时，就可以用这份报表来论证自己的工作业绩。还有写工作总结、或是有机会在公司高层面前表示意见和作口头报告时，这都是表现自己工作业绩的机会。只有这样，自己的付出和努力才终究会获得相应的回报。

一个普通的员工要想使自己在职场中脱颖而出，就要懂得展示优势。只防守不进攻的球队最多只能与对手战成平手，而决不可能有胜出的机会。在职场中同样如此，如果不懂得扬长避短，不能充分把自己的优点展示出来，那可以肯定，自己永远也不会有得到提升的机会。

因此，要避开弱项，采取积极措施展示自己优秀的一面。比如，自己具备良好的沟通能力，就适合做公关等等。要想办法突出自己的优势，公司领导才有机会了解你，认识你，这样就能为自己铺平前进的道路。

某公司缺秘书部主管，市场部的主管李丽因为擅长写作，常有些精彩的策划文案见诸报端。公司总经理一次在市场部查工作，发现她写的文案，赞叹她写得非常精彩，同时对她一手漂亮的字发出赞叹，为了公司的发展，总经理决定把李丽调离市场部，升任她为秘书部主管。

因此，善于展示自己优秀的一面就显得非常重要，你就会在职业舞台上跳出最美的舞蹈，就会得到人们热烈的掌声和赞叹声。

升职细节

现实中有很多人都以“好酒不怕巷子深”这句话来勉励自己，相信自己总有一天会出人头地。试想一下，如果巷子很深，且曲曲折折的，一坛香气四溢的美酒如何能让人闻得到。如果得不到人们的品尝，而在角落里默默无闻，恐怕是莫大的遗憾了！因此酒好也怕别人不知道，最好拿到大街上去，让众人品尝、见识一番，不然岂不白白埋没了自己？

好口才是升迁的一把金钥匙

有人经常这样提醒职场新人：“别把会说话不当一回事儿!”这个提醒太好了。许多人就是认为：整天话都不离嘴，有什么好当回事儿的；正是这样的不重视常常坏了你的事。在日常交往中，会说话的人能把平平常常的话题讲得十分引人入胜；嘴笨口拙者即使讲的内容非常好，听起来也会觉得索然无味。有些建议，会说话的人一说就通过了；而那些不会说话的人却连诉说的对象都没有。也就是说，会说话是打开成功大门的一把金钥匙，可以带来意想不到的效果，会说话的能力，可以成就一个人一生的财富！

真正的会说话是一种语言的表现艺术，语言表达能力只是其中比较重要的一部分罢了。良好的说话能力会受多种因素的影响，每个细节都不可偏废，忽视这些细节就会对我们说话能力的发挥产生制约作用。例如衣着、仪容、谈吐、举止等就属于制约会说话能力发挥的外在因素。就说举止吧，举止是依靠动作来传达的。人们获得对他人的第一印象，通常并不是通过对方的语言而是通过动作。与一个举止大方优雅的人进行交谈，会使人感到一种享受，谈话双方的距离会在不知不觉中缩短，在心底产生一种亲近的感觉。

现在许多人都已经重视到这些外在因素了，而且有些人说起话来也是伶牙俐齿、滔滔不绝。但是，在解决棘手的问题时，光有这些还是远远不够的，因为还有许多制约会说话能力的内在因素。一个会说话的人应该具有五种能力，即观察能力、学习能力、应变能力、分析能力、语言组织能力。对于那些职场人士来讲，要想提高自己的说话能力，只有重视内在方面的修养，“会说话”才不会成为无源之水，无本之木。能言善辩的说话能力，是每位人才都应该具备的素质之一，诚然只能说是“之一”，如果只是会说，不具备与其相关的知识修养，也算不上真正的会说话，更算不上是个人才。

历史上的汉文帝刘恒，有一次与主管招待的官员张释之到上林苑进行视察，发现有个叫啬夫的人特别能说会道，便传令提升啬夫为上林苑总管。张释之深知此人只会卖弄嘴皮子，没有真才实学，就进言文帝说：“秦国重用的谋士，个个能言善辩，却没有几句实话，皇帝不得不一只耳朵进、一只耳朵往外放。陛下只看到啬夫会说话的能力好，就提升他，如果真是这样，那么恐怕天下那些扯顺风旗的人，光卖嘴皮子，都不干实事了。”文帝听取了张释之的意见，收回了任命。

一个人拥有说话的能力，这也是一个人的财富。要想让别人喜欢自己，就必须培养自己的说话能力，只有这样，才能打开人与人之间沟通的大门，彼此的心灵才会产生碰撞的现象，从而产生共鸣。在各种各样的人际交往中，会说话的人将会非常受欢迎，能轻松地与他人融洽相处，在社会交往中如鱼得水。

美国人早在上个世纪40年代，就把“会说话、金钱、原子弹”看作是在世界上生存和发展的三大法宝；上个世纪60年代以后，又把“会说话、金钱、电脑”看成是最有力的三大法宝。而“会说话”一直独冠三大法宝之首，足以看出会说话的作用和价值。

如今社会各个方面都需要沟通，需要交流，而语言就是人与人之间交流思想，沟通感情最直接、最方便的途径。只有通过出色的语言表达，才可以使相互熟识的人之间产生浓厚的情意，爱之更深；使陌生的人产生好感，结成友谊；可以使意见分歧的人互相理解，消除双方的矛盾；可以使彼此怨恨的人化干戈为玉帛，彼此友好相处。

升职细节

说话是一门艺术，对于职场人士来说，尤为重要。一个会说话的人很容易拉近与别人的距离，也很容易在上司面前表现，从而让上司重视到自己，而不会说话的人，会与上司和同事间产生隔阂，最终也只有沦为老黄牛的命。

用创新力量为升职开辟天地

有个公司，面对从未见过的棘手问题，整个管理层都在为此而头疼，一筹莫展，这时恰恰有个年轻人提出了一个全新的解决方案，让众人眼前一亮，茅塞顿开。你如果是这个年轻人，你为公司为老板解决了这个难题，你一下子从其他同事中脱颖而出，那么，升职离你还远吗？这就是创新的力量。

创新能给人信心！上世纪60年代美国有一位著名经济学家写了一本畅销全球的书——《增长的极限》，他用一个方程，以煤、石油等经济发展要素作为变量，计算出了世界经济发展的维续时间。因为煤和石油等不可再生资源几十年后就会开采光，一旦能源没有了，那整个世界的经济就会停滞不前。

这本书的问世，轰动了整个世界，让很多人陷入惊慌恐惧中，感觉世界末日就要来临。之后不久，美国又有一位非常有名的管理学家熊比特，提出了创新理论，认为在一种资源消耗光前，可以通过创新开发出一些新的能源，例如氢能、核能等，给了世人新的光明，让人明白了：只要创新，一切都可以不断延续。于是创新的理念风靡全球。

其实世间万物的成长，都必须经历一个不断创新的过程，没有创新，也就没有进步；因为事物如果长期停留在一个层面上，它就会将自己局限在一个既定的狭小空间里，丧失了成长的动力；只有敢于突破现状，挣脱束缚，它才能进入一个全新境界去发展自己，提升自己；才能给自己未来的发展打开一片新天地。

海边的沙滩上有一种不起眼的小动物——寄居蟹，每当潮水退去的时候，我们可以看见到处都是这种可爱的小动物。寄居蟹，它身上的壳是借来的，每当它成长到某种程度，旧的壳已经无法让它舒适，由此，它必须找一个更大的壳才能让自己舒适。然而在它换壳的时候，必须暴露它那最柔弱的身躯，但它懂得，它必须放弃一些熟悉的、习惯的东西。这样的冒险是值得的，因为只有找到一个更大的壳才会有真正的舒适与安全。

人也一样，不少人随着时间的推移，发现自己在事业上并没有取得重大突破，反倒是因为每天身陷于平淡重复的工作中而蹉跎岁月，遇到了事业发展的瓶颈，让人停滞不前。很多人在取得一定成就后，会发现未来的路越来越难打拼，感觉难以迎合时代的发展，力不从心，例如你通过某种商业模式取得了事业的成功，前几年可能比较顺利，但用不了多久，这种模式开始落伍了；一种新产品刚面向市场不久，马上就有更好的竞争产品把它淘汰。另外，长期形成的习惯和思维模式也慢慢跟不上潮流，而自己就像一件报废品一样即将被扔进时代的垃圾桶里。唯有不断创新，你才能不断保持激情与活力，才能不断发挥出你的创造力，将自己一步步推上新的台阶。而要做到创新，你就必须放弃一些熟悉、习惯了的东西，塑造一个全新的自己，来赋予你新的生命力。

我们都知道，鹰能刺破长空，在天上自由翱翔，这得益于它那粗壮的羽翼，但很少有人知道，其实鹰要保持一对粗壮的羽翼，也需要创新。鹰的羽毛几十年后会变得硬化起来，又沉重又僵硬，自然不利于飞翔。而每当这时候，鹰会找足食物，然后躲在悬崖上的巢穴里，把自己翅膀上的羽毛拔得干干净净，几个月后，鹰又长出了一对新的翅膀，从而又能自由地在天空中翱翔。

其实，人像鹰一样，也有自己的羽翼，那就是自己的传统知识和思维定式。人在成功过程中会形成一些思维定式，这些曾经把我们推向成功的东西，我们常常会一如既往地按照传统方式去做事，却没有留意时代已经在悄悄地变迁。而唯有打破我们的思维定式，更新我们的传统知识，我们才能跟上时代的步伐。一些成功人士精于此道，他们多年来一直保持着活力，一直走在时代的前沿，他们靠的就是通过创新来持续提升自己。

升职细节

随着时间的推移，人们会在思维定式的主导下做事，结果逐渐被时代淘汰。只有通过创新来持续提升自己，你才会不断地增值，才能赶上时代的列车。

提高职场核心竞争综合能力

当今的社会是一个竞争激烈的社会，一个国家要想在国际政治舞台中拥有一席之地，就必须有自己的核心竞争力；一个企业要想在经济大潮中站稳脚跟，就必须有自己的核心竞争力；一个人要想在优胜劣汰的社会上立足，也必须有个人核心竞争力。

核心竞争力是指不易被竞争对手效仿的，具有竞争优势的，独特的知识和技能。比如，你十分喜欢唱歌，你的歌声也很美妙动听，但是别人也会唱歌，而且唱得比你还要好，那么演唱就只能算是你的竞争力之一，而不能算是你的核心竞争力。核心竞争力是不易被竞争对手模仿的，并且是你所独有的本领。如果别人也有这种本领，而且比你高强，那么这种本领就不是你的核心竞争力。

长沙某水产公司的下岗女工李青在下岗后学习并掌握了爱婴理发、洗澡等婴儿服务本领，开通了爱婴服务热线，创办了爱婴用品商店，得到了婴幼儿家长的热烈欢迎。目前，李青正在参加湖南大学儿童早期教育的函授学习，不断提高自己的爱婴服务水平。

藤野是一个从日本去美国的穷移民，他初到彼邦，口袋里只有500元钱，不会英文，只有靠当男仆谋生。屋漏偏逢连夜雨，他的女儿生了重病，没有钱支付医疗费用，他真是伤透脑筋了，后悔不该到美国来做一场发财梦。幸亏有一些好朋友慷慨解囊，帮他闯过了难关。那时已临近圣诞节，藤野穷得没钱买礼品送给朋友，但他有一个特长——调制酱汁，于是他亲手调制了红烧酱汁，用瓶装了送给别人。谁知，他的酱汁大受欢迎，不少人请求他再给一些，还有人建议他不妨出售酱汁，肯定会生意兴隆。这样，他开始了经营酱汁的业务。这项生意一发不可收拾，他的酱汁不仅风靡全美，而且卖到全球许多国家。“酱汁老板”的商业王国逐步扩大，十多年时间，他已有五千万美元的资产，经营的品种也扩大为美食和滑雪板等。

藤野认识了自己最具有竞争力的特长，找到了自己的价值，靠一技之长走上发达之路。在职业生涯中，我们应首先明白自己的优势，并以这些优势来形成自己的核心竞争力。

对于个人而言，如何打造核心竞争力，最佳的方法莫过于在你最感兴趣的领域施展你的天赋，用公式表示就是：兴趣+天赋=竞争力。你感兴趣的，如唱歌，你不一定有这方面的天赋；你有天赋的，如写作，你不一定对当作家感兴趣。因此，你只有把兴趣和天赋结合起来，才能形成自己的核心竞争力。

爱因斯坦在上中学时感兴趣的知识领域是数学，在上大学时感兴趣的知识领域是分子物理学，而他的天赋是具有严密的数理逻辑能力，他在他最感兴趣的领域——分子物理学，施展了天生的超于常人的数理逻辑能力，发明了相对论。如果我们逼着爱因斯坦在他不感兴趣的领域里去干他不擅长的事，让他当政治家、文学家或是运动员，恐怕他将一事无成。

形成自己的核心竞争力的最佳方法就是：做你最喜欢的事，做你最擅长的事。你可以选择一个你最感兴趣的专业知识领域，从中挑选一个你最喜欢研究的项目，运用你的天赋，进行深入细致的研究，一直研究到底，直到你成为这个领域中出类拔萃的专家，大家都公认你是这个领域的第一名，只要人们想到这件事就能马上想到你。如果你有了这种本领，你肯定能生活得非常好。我们要清楚地了解，自己到底有什么是值得让朋友、同事、上级领导及周边的人称道的东西，而这些“东西”就是你的财富，就是你的核心竞争力。请记住，核心竞争力如同一把锋利的刀，利用好它便可以轻易地切开一次次机遇的口子！

升职细节

初涉职场，我们应当低调做人，服从安排，做好领导分派的任务，甚至是一些打杂的活儿；然而，要牢记，这只是过渡的开始，打杂之类的工作没有重心、专业度较低、可替代性比较高。我们需要深入了解自己的兴趣、能力所在，重新审视职业定位，与其像“万精油”一样，不如在某个方向专攻，集中提升自己的核心竞争力。

随时充电，补充新能量

歌德曾说：“人不是靠生下来时拥有的一切，而是靠从学习中得到的一切来造就自己。”未来的职场竞争将不仅仅是知识与专业技能的竞争，还有学习能力的竞争。你唯一持久的优势，就是比你的竞争对手学习得更快。所以，要养成随时随地学习的好习惯，在工作中学习，对待工作要精益求精，抓住一切公司培训的机会，从中不断学到新知识。

比如一名优秀的员工一定要是职业技能特别精湛的人。因此，为了使自己专业更精湛，就必须时常补充新能量，以保证自己的技能不会落伍。如果一个人在工作中，中断学习，那肯定会降低效果。要让自己像海绵一样，广泛吸取关于自身行业的各种知识。让自己学习新事物，通过种种途径获取知识资讯，掌握先进的技能。比如你可以阅读各种报刊杂志、图书，吸取里面的有用信息；可以向同事、前辈、专家请教；可以参加行业研讨会、讲座、进修班等。这样自己就能在这行业中全方位地深度发展。迟早有一天会成为公司公认的技术能手。

要让自己持续地学习。根据科学家们研究发现，人一生工作所需的知识，90%都是工作后通过学习而获得的。很多人在此阶段都会遇到知识更新问题，处在这样一个知识经济的时代，科学技术高速发展，知识更新的周期日趋缩短，导致这批人在知识结构上与年轻晚辈的差别较大，只有不断地完善自己，更新知识结构，晋升的机会才越多。因此应该在工作之余多补充一些新知识，维持和不断提升自身竞争力。

如今是资讯快速发达的时代，知识更新的速度越来越快，知识倍增的周期越来越短，知识陈旧的人如果靠早些时候学的知识来“应付”一辈子，尤其使自己如从前那样高效地完成工作，已经完全是不可能了。当今社会提倡学习能力，学习能力不强就会被别人所取代，因为不善学习就不会使自己获得进步，那些不善学、不知如何学的人早晚会被淘汰。

其实，对于一名优秀的员工来说，他的学习是无处不在，无时不在的。哪怕通过小组对工作问题的讨论，你都可以从其他人那儿学到经验。

要让自己懂得借鉴吸收别人的长处。每个人都有自己的长处和短处，当自身的知识经验不足时，要善于学习别人的长处，并在吸收的基础上，进行创新。

事实上，在职场中很多人自恃能力强，便自视甚高，不买老同事的账，结果做事总会出现这样或那样的失误。因此，要懂得让自己向比自己更懂行的人学习，向那些经验丰富的前辈请教，注意他们的行为和方法，然后吸收为已用。这就要求自己在工作过程中，要让自己乐于从老同事那里吸取经验。因为那些老同事相对来说会比你积累了更多的工作经验。他们根基深厚，方方面面都会比你考虑得周全些，聆听他们的意见，就会避免自己在关键时受挫。要善于让自己向他们学习，有机会就聆听他们对自己工作的见解，那么你就可以从他们的成败得失里找到可以借鉴的地方，这样在工作过程中就可以帮助自己少走弯路。

升职细节

孔子曰："三人行，必有我师焉，择其善者而从之，其不善者而改之。"向优秀人物学习成功的经验，哪怕是你的对手。自己学会从失败中学习、总结，才能少走弯路，更快地走向成功。

学习是你达到成功顶点的发动机

大部分职场人士离开学校之后，基本上就远离了学习：有些人，在工作之初，为了熟悉工作或许还有些学习的动力，之后每天的时间就是白天忙于赚钱，晚上在家休闲；如果在职场中混到一定层次，没有什么生活压力，对学习就更没有兴趣了。很多人只不过把学习当成一块敲门砖，为形势所逼的时候才匆匆拿起书，应付过后，又把它抛在一边。其实学习是一种终身行为，它是你前进的动力，没有知识的积累，你就会丧失很多技能和机遇，也非常容易为时代所淘汰。

山东东营市有一家健身器材公司，公司刚成立时，就几个当地的员工，文化程度最高的是一个大专生，主管公司的财务工作。起始，老板对大专生也很看重，但一年后，随着公司规模的扩大，老板去高校招来了两名硕士生。这两位学生知识丰富，能力又强，把公司里里外外打点得干干净净。于是，这位财务主管也就成了多余的了，两个月后就被老板辞退了。

作为一名职场人士，要想在当今社会生存下来，就得超越对手。而要想超越对手，有一个很好的办法就是终生学习，不断地提高自己。比尔·盖茨曾在《未来之路》中谈道："在未来的岁月里，教育的最终目标会改变，不是为了一纸文凭，而是为了终身受到教育。""从来没有过这么多的机会让人去完成从前根本无法做到的事情，这是一个从未有过的最佳年代。"

的确，我们正处于一个终身学习的年代。学习不断充实自己是生活和工作的主题。由于社会变化越来越快，我们已有的知识和技能很快就会变得陈旧、过时，由此，就像我们的身体需要不断地新陈代谢一样，我们的知识也要不断地"充电"。

在这个知识经济的时代里，一个人必须善于在工作中捕捉知识，掌握更新的工作技巧，构建更科学的知识结构，这样才能够不断地充实自己、完善自己，适应工作和时代的要求。

米勒·佩利生活在一个工薪阶层的家庭中，因为兄弟姐妹比较多，刚刚高中毕业的他，就不得不放弃上大学的机会，到一家百货公司去打工，每周只能赚3美元。但是，他不甘心就这样工作下去，每天都在工作中不断学习，想办法充实自己，努力改变工作境况。经过几个星期的观察后，他注意到主管每次总要认真检查那些进口商品的账单。由于那些账单用的都是法文和德文，他便开始在每天上班的过程中仔细研究这些账单，并努力学习法文和德文。有一天，他看到主管十分疲惫，就主动要求帮主管检查，由于他干得非常出色，以后的账单都由他接手了。过了两个月，他被叫到一间办公室接受一个部门经理的面试。他感到困惑，因为自己目前的职业是部门中最低的，而且加入公司的时间也不长，于是他便问经理为何选自己做助手。经理说："我在这个行业里干了40年，根据我的观察，你是唯一一个每天都在要求自己进步，不断在工作中改变自己，以适应工作要求的人。从这个公司成立开始，我一直从事外贸这项工作，也一直想物色一个像你这样的助手。因为这项工作涉及面太广，工作比较繁杂，需要的知识很庞杂，对工作适应能力的要求也特别高。我们选择了你，认为你是一个十分合适的人选，我们相信这一选择没有错。"

聪明的你，想像米勒那样升职吗？赶快学习吧！

升职细节

学习是人成功的发动机，只有它才能让我们具备达到成功顶点的能力。一个人越有成就，就越要重视学习，这样才能保持你的优势；另外，学习也是提高你修养的一种重要方式；钱赚到一定程度后就成了数字游戏，而知识的积累又能让你找到新的价值。

第三章

积累升职经验，走出晋升困境打造职场高手

身在职场中的人都知道，不管在什么岗位上，没有能力的人是很难得到晋升的。能力突出，才能创造非凡的业绩，才能为你的晋升加油添彩。为此，一定要历练升职能力，历练好你如何最佳表现能力的技巧。

千万别站错了队伍

职场中的人际关系很复杂，这种关系你不能不交，但又不能交错，而且又回避不了。职场新人经常遇到的一个问题是：两个顶头上司同时向你下达不同的指令，你要么执行A的，要么执行B的。当你已经没有退路的时候，选择谁是非常重要的一件事。一旦选错了，你会得罪其中关键的一个，这就是职场的站队学问。人都是趋利的，在许多大型公司里，为了利益与权势的争夺，自然而然就形成了几个队，互相攻伐。在这种环境下，如果你想在公司里得到提拔，那你就很可能卷入派系斗争；因为如果你没有靠山，没有高层在背后支撑你，你很难得到重用的机会，只有站对了队，跟对了人，才有可能在企业中立足，求得个人发展。那些天真的、以为自己可以成为逍遥派的职场新人，随时都会经历站队的考验，无论你对职场政治是多么憎恶，但有一点，现实是无法改变的，尤其是在你的地位与影响微乎其微的时候。

王莹是董事办秘书，刚大学毕业，初来乍到，一身稚气，不知公司两位高层张副总和陈副总是面和心不和，张副总同意的事，陈副总有意见，反之亦然。有一次给老板写年终报表分析，张副总让王莹先按他设计的表格作报告，过两天陈副总问王莹有没有什么格式，王莹就把给张副总的那份报告给了他参考，此举让陈副总非常不快，嘴上没说什么，却冷冷地把王莹叫进来让她按自己的思路重新设计表格、重新做报表，还开玩笑般不冷不热地加了一句“这可是有知识产权的，要保密哟”，闹得王莹一头雾水。后经资深高人点化，才知原来二总相争已非一日，大到争权争利争人缘，小到争外出公车的品牌。所以身为他们的下属，一定要口风严，都不能得罪，陈副总的意见也没错，这时候你不光要用耳朵，还要用脑子。王莹这才知道自己碰到了只可意会不可言传的事，暗叹公司的运作与生存艺术实在不同凡响，身为下属是向左走，还是向右走？就看脑子作出的判断对不对了。

在职场中，当面对两个以上上司发出的完全相反的指令，此时无论你遵从哪一条指令，都会令另一方大动肝火。你遵循指令的一方并不会因此而认同你的工作，而遭到你反抗或蔑视的另一方则必然视你为必欲除之而后快的异己，形势逼迫你不得不作出选择！但在作出选择时，务必要把握以下几个关键：

（1）作出明智选择。如果下达矛盾指令的双方地位有高有低，就遵从地位高的指令行事；而如果双方势均力敌，那就需要你立即作出选择——站队。无疑，站队是一门学问，如果错误地选择了冰山，当灾难来临时，你的靠山自身还是“泥菩萨过江——自身难保”，哪有能力来管你呢？要站队，就必须冷静清醒地观察职场生存环境，尽可能地搜集资讯，了解每一个高管的势力范围有多大，在大老板心目中的地位与影响到了什么程度，然后你再运用自己的智慧，挑选一个会接受你，同时对你在职场的地位有利的高管，如果你选择错了，那就一切都完了。

（2）选择之后要付诸行动。站队之后，就要表态，不仅是以行动，更重要的是以语言来表达自己的追随意愿。这是因为行为会扭曲，而语言则不管用什么辞藻，都可以最明确地传递追随者的愿望，不会轻易遭到误读。

（3）一旦站了队，就不要摇摆不定。派系斗争是你死我活，一旦站了队，你就已经没有了重新选择的机会，一旦你的上司处于下风，你可能只能跟着他倒霉，但如果你想中途倒向别人，那对你更不利。有的员工自作聪明，明里暗里地勾结别的老大，帮他们收集对自己上司的不利证据，帮他们一起把上司端掉，以为帮别人立了功就能得到对方的欣赏，就能有重新选择的机会，其实这是大错特错。一个很简单的道理，你能出卖你的上司，你同样也能出卖别人，没有谁愿意信任你。有的老大可能会拉拢你，但这也是为了一时的利用，一旦目的达到，你就失去了价值，等待的就是对方找机会把你干掉。

升职秘笈

亚里士多德说：“掷石子者可掌握石子直到将其掷出之前，而不是之后。”所谓覆水难收，于事业，于人生，概莫能外。有些人可能比较眼尖，一看形势不对，自己的上司处于下风，就想改旗易帜，投靠到别人身下；有的甚至暗中帮助别人来斗自己的上司。然而，越是这样，结局往往就越惨。所以你一旦发现自己站错了队，要么跟随上司战斗到底，大成大败，要么就是换一个工作环境，远离是非，切莫摇摆不定，临阵倒戈。

学会控制自己的情绪 

人们都很在意自己的智商，因为智商代表聪明。有一个心理学家在一次培训课上，他做了一次调查：你认为自己的智商是否能排入在座中的前二十名，结果一百多名学员，80%的人选择了“是”。人们常认为智商高，成功就容易得多，而智商低就只能被别人奴役。如果骂一个人弱智，他会勃然大怒。人们常过于关注自己的智商，而往往忽视了一个真正决定你成败的因素：你的情商。智商高的人虽然头脑灵活，点子多，工于心计，但自己一番用心良苦的布局，却往往被自己的情商所打破。因为情商低的人，往往只站在自己的立场上，要别人按照他的思维逻辑转，所以常常很难驾驭自己的情绪，为了急切得到自己想要的结果，而过早地暴露了自己的意图，结果遭人反感。

深圳某集团公司有一位女员工，人非常聪明。在这个公司里，人际关系非常复杂，你争我斗。她很会看出人与人关系间的漏洞，很会钻这些空子，拉拢这个，暗地里打击那个，有很多人不知不觉地倒在她手中。她也很善于给自己创造一些表现的机会，领导来了马上就贴了上去，处理一些重要事务时，本来不关她的事，她也会设局把别人挤掉。按道理来说，她应该是容易升职的人，但她有一个致命的弱点：情商不高，在关键时候沉不住气。有一次，她的上司与别的经理斗的时候处于下风，形势很不妙，就在这时候，她倒戈相向，想联合别人干掉自己的上司，结果上司没倒，她被打入了冷宫。没多久，部门的负责人向外招聘一主管，一直觊觎这个位置的她坐不住了，直接冲到部门负责人那里去责问，结果她上司和部门负责人联手把她辞掉。

人常常因为自己一时沉不住气，控制不住自己的情绪和内心的欲望，让别人看到了自己的本性，最终导致自己的计划全盘落空。智商高意味着一个人比较聪明，但真正影响一个人成败的往往是你的情商。有的人用心良苦地布了一个局，却常常因为控制不了自己的情绪而坏了大局。其实人与人之间的智商相差不大，绝大多数人都在120以上，都不是笨人；而情商的差距非常大，有的人能沉得住气，而有的人很容易暴露自己的情感，例如轻易暴露自己的意图，轻易表达出自己的不满，轻易责骂他人；情商低的人往往容不得不愉快的事。而这些都是破坏你人际关系，破坏你前景的根源。有时候因为控制不了自己的情绪，说话做事完全以自己为主导，而给别人的内心造成巨大的伤害，让自己四面树敌，结果在没有别人支撑，甚至在别人的阻扰之下，让自己成功的计划破碎。所以一个人如果要成功，不能仅仅在意自己的智商，更要注重培养自己的情商，学会控制自己的情绪。

有一个小男孩脾气很坏，他的父亲给了他一袋钉子，并且告诉他，每当发脾气的时候，就在后院的围篱上钉一根钉子。

第一天，这个男孩钉下了20根钉子。但慢慢地，每天钉下的数量在减少。因为他发现控制自己的脾气要比钉下那些钉子来得容易些。终于有一天，这个男孩再也不会失去耐性乱发脾气了，他很高兴地把这事告诉他父亲。父亲听后跟他说：从现在开始，每当你碰到事情能控制自己脾气的时候，就拔出一根钉子。日子一天天过去了，最后男孩告诉他的父亲，他终于把所有钉子都拔出来了。

父亲牵着他的手来到后院说：你做得很好，我的孩子。但是看看那些围篱上的洞，这些围篱将永远不能回复成从前那样。你生气的时候说的话将像这些钉子一样留下疤痕。如果你拿刀子捅别人一刀，不管你说了多少次对不起，那个伤口将永远存在。话语的伤痛就像真实的伤痛一样令人无法承受。

人能否成功在于多与别人合作，一个人单打独斗的成功之路已经走不通了。一个人能否成功在于你是否能建立一个有效的人际关系网，这个网有多大，那你的事业空间就有多大。而要赢得别人的信赖与合作，你就得学会与他们维持良好的关系，就得尊重别人的利益和情感，控制好自己的言行和情绪，以一个良好的心态去与他们交往，而不能以自己为主导，完全按照自己的情绪去做事。人与人之间常常因为一些不愉快的言语和行为，而造成永远的伤害。如果你要避免这些伤害对你成功的影响，你就要从控制你的情绪和言行开始，努力培养你的情商。

升职秘笈

许多人很看重自己的智商，认为智商决定着自己的成功。其实，人的智商相差不大，情商才是左右一个人成败的关键！一个人能不能在职场上顺畅，关键看他的处事风格和人际关系，而这两者的好坏很大程度取决于一个人的情商——是否能控制自己的情绪。

切忌在职场中全然不设防

每个人都有自己的秘密，都有一些压在心里不愿让他人知道的事情。同事之间，就算感情不错，也不要随便把你的事情、秘密告诉对方，这是一个不容忽视的问题。你的秘密可能是私事，也可能与公司的事有关。如果你无意之中告诉了同事，很快，这些秘密就不再是秘密了。它会成为公司上下人人皆知的故事。这样，会对你的处境造成不利，至少会让同事多多少少对你产生一点儿“疑问”，从而对你的形象造成伤害。

还有，你不宜让别人知晓的秘密，一旦告诉的是一个别有用心的人，他虽然不可能在公司进行传播，但在关键时刻，他会拿出你的秘密作为武器制约你，使你在竞争中失败。因为个人的秘密大多是一些不甚体面、不甚光彩，甚至是有很大污点的事情。这个把柄若让人抓住，自己的竞争力就会大大地削弱。

黄文是一家公司的业务员，他因工作认真、勤于思考、业绩良好而被公司确定为中层后备干部候选人。黄文和公司同事孙明私交甚好，作为一个公司的同事，他们常常在一起喝酒聊天。一个周末，黄文准备了一些酒菜，约孙明在自己的宿舍里共饮。两个人酒越喝越多，话越说越多。已微醉的黄文向孙明说了一件他对任何人也没有说过的事。黄文说：“我高中毕业后没考上大学。那一段时间，我没有事情可做，心情特别不好。有一次和几个朋友喝了些酒，回家时看见路边停着一辆摩托车。一见四周无人，一个朋友撬开车锁，由我把车给开走了。后来，那朋友再次盗窃时被人抓住，送到了派出所。接受审讯的时候，他把我给供了出来，结果我被判刑了。刑满后我四处找工作，处处没人要。经朋友介绍我才来到现在的公司，我很珍惜现在的工作，下决心为公司好好做。”

其实，说这话的时候，黄文在公司已经待了三年了，在这三年中，他很努力，业绩也不错，公司根据他的表现和业绩，把他和孙明一起确定为业务部副经理候选人。总经理找他谈话时，他表示一定会加倍努力，不辜负领导的厚望。本来，黄文以为，自己肯定能够坐上业务副经理这个位置了，但是没过两天，公司人事部突然宣布把孙明提升为业务部副经理，黄文被调出业务部，另行安排工作岗位。

事后，黄文从人事部了解到原来自己落选是因为孙明向总经理谈到了黄文曾经偷过车，是一个被判过刑的人。不难想象，一个曾经犯过法的人，老板在用他的时候，总是很谨慎小心的，尽管他现在表现得不错，可历史上那个污点是怎么也不会擦洗干净的。虽然黄文最终知道了真相，很气愤，但是也很无奈。最终，他只得接受调遣，去了不太重要的部门上班。

既然秘密是自己的，无论如何也不能对同事讲。你不讲，保住属于自己的隐私，没有什么坏处；如果你讲给了别人听，情况就不一样了，说不定什么时候别人会以此为把柄攻击你，使你有口难言。职场本来就是一个公开的环境，而且也是竞争激烈的环境。自己的秘密有时候就像定时炸弹一样，随便告诉别人，总是会让自己遭遇不测。所以，在办公场所与同事谈话的时候，一定要把紧自己的口风，不管是自己的秘密还是别人的秘密，都不要轻易对任何人说，因为秘密一旦被传播开来，受伤的不仅仅是自己，还有很多人。

升职秘笈

有句话说：“病从口入，祸从口出。”职场是一个竞争残酷的场合，什么话能说，什么话不能说，什么话可信，什么话不可信，都要在脑子里多绕几个弯。害人之心不可有，防人之心不可无，这也是职场工作的重要经验之一。

绝不低估职场新人的能力

在职场中，新员工常常被很多人称为职场菜鸟。菜鸟的意思就是什么也不懂，什么也不会。不要说是潜规则，就是显规则，他们也不能完全明白。因为这样一个原因，所以很多职场老手对刚入行的职场新人都不屑一顾。即使列出职场对手名单，他们也不会把这些新人列入名单内。

搞推销业务的人都知道，在销售这个行业里，要生存就要有客户。对一些销售业的新手来说，不要说有客户了，客户的门朝哪边开的，他们都不知道。很多老销售人员都看不起这些新人。当然，有一些新销售员工的确因为客户不配合而较早地离开了公司。但是，并不是所有的新人都会被没有客户这个石头绊倒，很多时候，一些新的销售人员会积极地想办法摆脱自己所面临的困境，而常常在这个时候，一些老的销售人员因为对这些新手的忽视而让他们占尽了先机。

刘红是一个保险公司的保险员，她做保险有几年时间了，客户群已经稳定了，但是为了不断扩大业务，刘红还是一直努力在拓展自己的客户群。最近几天，她又联系上了几个大客户。有一次，她去拜访客户的时候，一个客户跟她说："我听说你已经不做保险了，所以我就和你们公司的另一个业务员签单了。"刘红一听，吃惊不小。她忙问客户跟谁签的单，客户说是一个姓宫的销售员。刘红想了想，明白了是刚进单位不久的销售员小宫。这个女孩非常乖巧可爱，平时很喜欢和刘红说话，总是向她请教一些业务上的事情。但是，说话归说话，并不代表她可以轻易获得自己的客户名单啊。刘红一直认为像小宫这样性格的女孩子是不应该做保险销售的，因为这个女孩平时也不怎么说话，见到公司里的同事，打招呼的方式往往就是微笑。刘红万万没想到的是，这样一个很沉默，在自己眼中根本没有销售前途的新人，会轻易地获得了自己的客户名单。

其实小宫在进入保险这个行业以前就已经知道，保险销售是一个竞争非常激烈的行业。如果不能很快得到客户源的话，被淘汰也是很快的事情，所以，为了能在这个行业里迅速地站稳，小宫为自己设计了一个新人该充当的角色。她闲暇的时间不会和公司里的任何同事交谈，她所做的就是静静地观察。同时，她也会让同事感觉到，自己是一个没有什么竞争力，口头表达能力比较差的人。本分、老实、乖巧，这就是小宫留给大家的印象，甚至有人说，这个小女孩待在公司超过两天就会走人。小宫成功地给别人留下好印象的同时，也了解到公司哪些老同事的客户源比较稳定，于是小宫锁定了刘红，并经常向她请教一些问题。在回答小宫问题时，刘红有时会接到一些客户的电话，就在她接电话的时候，小宫看见她面前的笔记本上的客户资料，并且从刘红和客户交谈的过程中，小宫知道刘红有几个大客户正在商谈，也渐渐了解到这些客户对保险公司的一些保险项目都非常有兴趣。根据这样的线索，她很快就找到了这几个客户的联系方法，并且开始和这几个大客户频繁地接触。最终和这些客户谈妥了生意，并签订了保险单。

自从小宫得到这些客户，并且和他们谈妥了保险项目以后，她就变成了上司眼中的能手，从默默无闻到声名鹊起，业绩迅速提升。而且因为这几个大客户，她还认识了另外一些客户。很快，她的业绩额迅速攀升，甚至超过了一些老员工。

升职秘笈

职场新人不可小觑，虽然在工作上是新手，但在心理上可能是个心计颇深的人。不要凭第一眼的印象就对人作这样或那样的评价，一个看起来老实的新人，可能在你不觉察的过程中就变成了一个强劲的对手。这样的情况很普遍，所以，对待新人的时候，谨慎小心是十分必要的。忽视别人，小瞧别人就会被别人轻易地打败。

破译上司话里的密码

在与上司沟通的过程中，人们常把上司的话当作圣旨一样，上司说什么，下属就按照上司说的去做，但就是这样听话的员工，却常遭上司的批评，说下属不够醒目。所谓听话做事不够醒目，其实就是说你不会用脑子听话，不会听弦外之音。有时候上司或者同事说句话，里面包含几重意思，他的本意不好直接表达出来，只好藏在话下面，通过眼神或语调来提醒你，如果你傻傻地根据他表面的话去做，那就大错特错了，这时候你就应该把话听到肚子里面去，再把对方真正的意思翻译出来，按照他的本意去做，这样你就把事情做到点子上了。

古时候有个附属国的使者到中国来，进贡了三个一模一样的小金人，把皇帝高兴坏了。可是这小国不厚道，同时出一道题目：这三个金人哪个最有价值？皇帝想了许多的办法，请来珠宝匠检查，称重量，看做工，都是一模一样的，分不出丝毫优劣。怎么办？使者还等着回去交差呢！泱泱大国，不会被这件小事难倒吧？于是发榜下去，广招能人异士。

最后，有一位书生说他有办法。皇帝将使者请到大殿，书生胸有成竹地拿着三根稻草，插入第一个金人的耳朵里，这稻草从另一边的耳朵出来了。第二个金人的稻草从嘴巴里直接掉出来；而第三个金人，稻草进去后掉进了肚子，什么响动也没有。书生说：第三个金人最有价值！使者默默无语，答案正确！

这个故事已经把沟通的精髓揭示出来了，听上司说话从一个耳朵进另一个耳朵出，那肯定挨上司批；如果从耳朵里进，直接从口里出，那你只会按上司的表面意思去做，也会遭上司责骂；唯独把话听了，吞到肚子里去，你才能明白上司的心意，做事才能得到上司的赏识。

张琴是张副总的小侄女，那次在给客户培训时，不小心砸坏一个价值近万元的投影机机头，当着肖副总的面，张副总皱着眉头严厉地对王莹说：要查，要按公司规定罚款，决不能敷衍了事。王莹这次可学乖了，先是查找能够遵循的公司制度，然后给财务部出了个方案：扣发一个月的奖金。奖金嘛，一个月就几百块，当然比不上近万元的机头钱。王莹执行的方案是：非故意损坏的要酌情惩罚，情节严重的要照价赔偿。人家张琴把机头弄坏的时候，可是哭得梨花带雨，这谁都看见了，这怎么也不能说是情节严重吧，所以王莹就建议酌情惩罚了。

事后张副总也追问王莹的解决方案，还打着官腔问惩罚力度是不是不够，王莹巧妙地述说了上述理由，张副总没再说话，挥挥手让王莹走了，不过接下来的日子，和王莹说话的时候总是那么和颜悦色，让她感到特别舒服。

为公司高层办事，头脑一定要灵活，要懂得对方的弦外之音，把事情做到他的心坎上，这样才不会做错事，才会博得上司的青睐。你既不能把自己的上司不当回事儿，也不能把他们的话真正当回事儿，执行起来也得有弹性，有时你的确需要装糊涂。

升职秘笈

人们常说要用耳朵听话，用嘴巴沟通，根据对方说什么，我们再顺着他的话进行交流。而事实上，我们要用脑子听话，用眼神沟通，要通过眼神和脑子来听出对方的弦外之音，这样才不会办错事。

往上爬，请保持梯子的清洁 

当今的职场竞争非常激烈，有时人为了达到某个目的，为了眼前的利益，什么手段都使了出来，但事后又不去消除隐患，最后给自己埋下了祸根。生活中，我们常看到国外一些领导人在竞选总统时，使用各种招术，甚至收取黑金，最后在胜选后官司缠身。也常看到一些政府或企业领导身居高位，却因贪污腐败而身陷囹圄。

有时人们的一番苦心经营，却被自己留下的几个隐患给毁掉了。有时候，人们当前遇到的麻烦也正是昔日无意间留下的隐患。

大家都知道在电视剧《西游记》的《火焰山》一集中，唐僧师徒来到火焰山下，面对熊熊烈火、奇热无比的火焰山挡住去路，唐僧师徒几乎感到绝望，后来孙悟空费尽周折，三借芭蕉扇才把火扑灭。他跑去天上抱怨，借天兵天将时，别人告诉他：火焰山的火正是孙悟空当年大闹天宫时蹬倒八宝炉掉出来的三味真火。

在职场中，人们也常常遇到这种情况，正当事业比较顺利的时候，一些麻烦就出来了，而这些麻烦正是自己往日埋下的祸根。有时候人们过于注重眼前的利益，而不择手段。但事情过后，又不去把不干净的地方扫净，结果被别人获取后，作为用来攻击你的致命武器。比如说：为了升职拼命地巴结上司，而不顾及别的上司和同事的感受，一旦你上司离职了，你就成了众矢之的；或者见到有机会套取公司钱财，一时利益熏心，而不善于毁灭证据，最后可能会给自己带来很大的麻烦。有一位员工爬到人力资源部招聘主管的位置后，利用职务之便套取公司的招聘费，却因与下属分赃不均而被下属咬出来，最后不但被撤职，还被告上了法院。正是一些平时不起眼的隐患，却给你的将来惹下莫大的灾祸。

某公司一位董事秘书，为了升职，于是跟部门董事以及公司别的大佬乱搞关系，结果一年内加了三次薪，升了两次职，成了公司里的一个神话。但她在与大佬乱搞关系的同时，又私下里交了个在本公司工作的男朋友。男朋友很迷恋她的美貌，但在交往过程中，他发现了秘书的那些见不得人的秘密。迫于无奈，又不想牺牲自己的前程，女秘书提出和男朋友分手。倍受打击的他用一份详细的邮件，发给公司大量的员工，揭露这个黑幕，自然董事秘书无颜在公司里待下去，那几位公司大佬也受到牵连。

工作过程中，人们太过于关注头顶上的目标，而不在乎脚下的清洁。爬升很重要，但在爬升的过程中，注意保持梯子的清洁也很重要，一旦在爬升过程中留下一些隐患，而被别人把证据抓在手里的时候，你会显得很被动，一旦对方用它来攻击你，可能会给你造成致命的打击，让你前功尽弃。

升职秘笈

人们在往上爬升的时候，往往为达目的，不择手段，不会去想当前做的事会不会给自己留下后遗症。其实在你爬升的时候，一定要保持梯子的清洁，否则你下来的时候可能就会滑倒，给自己留下祸根。

升职欲望不要操之过急

现代社会，处处存在竞争，因此竞争体制本身就具有客观存在性，它无法被取代，而一个员工所能做到的，就是以一种正确的心态去面对竞争。可以说，正确的竞争意识不仅是一种健康的心态，更关系到一个员工的晋升。因为，职场中的竞争往往会直接影响同事之间正常的人际关系，搞不好就会陷入恶性竞争之中，导致两败俱伤的局面。还有一些员工因晋升欲望过高、过强，在他们心中，晋升与否关系到自己的前途，“职场如战场”，谁占据了主动权，谁就能赢得竞争。于是，这种员工不论在什么场合遇到对手都显得摩拳擦掌，总想与对方比试比试，殊不知，这样往往很容易将自己的弱点暴露在对手面前，从而对自己不利。

当年公司创业时李刚就已经跟随董事长出生入死了，不大不小也算一位“元老”。由于有了这样的背景，所以多年以来，不知进进出出有多少个有胆有识的年轻人，都在跟李刚的较量中纷纷落马，摔得鼻青脸肿、落荒而逃。可是，曹亮就是不信这个邪，他觉得除了经历之外，他与李刚比起来处处占据着优势，年轻、博学、反应灵敏且不说，就是他那一表人才的相貌，也要比李刚强十倍呀！所以，曹亮根本就没有把李刚放在眼中。自从锁定了攻击对象之后，曹亮就一直在寻找机会，想要给李刚一点儿颜色看看。在讨论公司的一个可行性方案时，曹亮终于逮着了机会，只要李刚一开口，曹亮就立即反对，并罗列出不止十条八条的不可能因素，让大家一眼就看出李刚观念之落伍、常识之老化。李刚气归气，私下里不得不正视自己的确老了。

自从那次例会之后，李刚就觉得该是自己让位的时候了，可曹亮却抓着李刚不放。他先是把送交经理的方案改成英文，让李刚云里雾里地团团转，最让李刚气恼的是在董事长一行来看方案时，李刚的电脑却怎么也点击不出画面，本来就对电脑操作不怎么灵活的李刚顿时大汗淋漓，在老总们面前出尽洋相，最后还是老总亲自上阵找出毛病，原来有人把鼠标的使用键调到了右边。后来有一次曹亮又故技重施，不小心让李刚暗中发现了。本来对曹亮没有什么偏见的李刚顿时火冒三丈，心里大骂曹亮玩过头了，而后一招一式地开始回击。

曹亮做梦也没想到，李刚一出手就招招致胜，让他眼花缭乱、防不胜防，最让他吐血的是那次李刚领一个人找曹亮，说："这人是他——"李刚故意让曹亮打断他的话，然后接着说："——小孙子的老师。"曹亮为了让李刚尽失颜面，故意把那人刁难一番。直到一纸调令让他去一个无关紧要的部门，他才知道他刁难的那个人是董事长孙子的幼儿园老师。反正要走了，他怒气冲冲地找李刚质问，李刚一副幸灾乐祸的样子，说："年轻人，要想不办错事，就一定要先学会不打断别人说话。"曹亮恨得直咬牙，连做梦都在骂李刚是个老狐狸。

这样的结果怪不得李刚，如果曹亮的晋升欲望别太过盛，一面观望时机，一面注意细节，凭自己的能力升迁还不是早晚的事吗？怪只怪自己的升职欲火过盛。

一般说来，有些员工由于缺乏必要的升职经验积累，往往在升职追逐中急于求成，犯下一些致命的错误：

（1）处处表现自己。表现欲是一个人的天性，尤其是初涉职场的人，更是盼望尽快得到他人的认可和刮目相看，因而处处表现自己，急于求成，凡事都要争个"先手"，有时动不动还要来个"抢跑"。但是，过早地掀起和卷入竞争，也会造成某些潜在的被动。一个喜欢处处表现的员工，无形中会将自己放在一个较高的起点和定位上。这样老板和同事都容易产生一种心理定势，认为他总能比别人强，比别人做得出色。一旦他出现遗漏和失误，也很容易让老板认为这样的员工争强好胜，自高自大，使得他在公司里和老板心中的形象大打折扣。

（2）攻击性过强。在组织中晋升机会日渐减少时，每当有一个职位空缺时，就会有许多竞争者挤得头破血流。在这种情形之下，急于晋升的人往往会出现冲动，甚至会采取一些过分手段来反击对手。可是，凡事有利总有弊，攻击性过强的员工，往往会在准备不充分、摸不清对方底细的情况下贸然出手，这样也就在无形之中让自己陷入了危险的境地。其实面对职场竞争，争就是不争，不争就是争。因为如果你一争，必然被同事们作为攻击的靶子，当大家纷纷出手，什么招数都用到你身上的时候，你必然会输得很惨。而如果你摆出一副与世无争的样子，大家对你丧失戒心，跟你关系很亲近，争到最后，别人谁上都有人出来反对，而唯独你上大家都没有异议。

唐太宗晚年为了立太子，颇费了一番周折。起始时，唐太宗想立自幼聪颖的嫡长子李承乾为太子，一摆到这个位置上了，就遭到了三皇子李恪、四皇子李泰的陷害与攻击，最后面临被废危险的李承乾，在侯君集的挑唆下准备谋反，却走漏了风声，后被废为庶人。接下来就是阴险狡诈的李泰与文武双全、常被唐太宗赞誉“此子最类我”的李恪为了太子之位斗得你死我活。但最后唐太宗选了一个人，让大家跌破眼镜，他就是唐太宗的第九个儿子李治。李治能力平平，但他就是做了一件事让唐太宗非常欣赏：在别的皇子为了太子之位拉帮结派，互相暗算的时候，李治却是在颂经礼佛。也正是李治的“不争”，让他成了最后的大赢家。

升职细节

不管是上司还是同事，都不喜欢权力欲太强的人，这样的人对上司威胁很大，也让同事倍觉反感；所以如果过早暴露你的野心，甚至不择手段地去争夺，一般会落到个升职无望，反而是得罪一大片人的结果。而表面上装着与世无争，只顾拼命做事，最后什么都得到了。因此，把目光放在脚下，把工作做好，你所希望得到的不用你去争取，都会水到渠成。

巧化解职场中的不公平

现代职场并不存在绝对的公平。当个人做出某种成绩并取得相应的报酬以后，他所关心的重点除了其报酬取得的绝对量，更重要的是衡量自己所得报酬的相对量。人们通常会下意识地将自己所付出的劳动与所得报酬的比例，同其他人进行比较。如果比较后的结果是认为自身的报酬过低，则会产生不公平感或者心理不平衡，这有可能影响到员工对今后工作的发展积极性。

在职场中，无论你多优秀，都要学会以服从为第一宗旨。有人曾把公司比成一个内部装载着无数齿轮的大转盘。随着各齿轮间的不断转动，为了不使自己受到伤害，必须要不断找寻合适、安全的位置来躲避风险。尤其在由利益与权力所组成的体系制度下，更要努力学会适应现状。

特别是对于那些初入公司的年轻人，不要把现实的一切过于理想化。想当然认为努力就一定会取得相应的回报。要知道，公平从来都是相对的，世界上根本就不可能存在着绝对的公平。许多不公平现象的发生也大多与企业的管理者、公司的文化制度等多方面因素有关。企业管理者在对某件事情发表意见之前，所考虑的更多是利益方面的因素。既然事情已是板上钉钉无可更改的事实，除了面对适应根本没有其他的解决方法。

也许你可以选择离职去另谋高就，可是同样的问题在哪里都是存在的。无论是国企、外企，还是民营企业，有人的地方就会存在着纠纷，这是你到哪里都逃避不了的。所以，不管你喜不喜欢这种体制与环境，只能努力去适应接受现实。要想使自己少受到伤害，就必须要深入了解自己所在公司的文化、运作方式及行事风格等各方面因素，使自己尽量保持一个平衡的心态，在不公平中逐渐变得稳健成熟。以上海某外企职员单小姐的经历为例，我们从中可以得到进一步的启示。

单小姐在被公司提拔为企划部主管的最初阶段，除了工资的涨幅外，其他的福利待遇并没有明显地提升。为此，单小姐的心中一直有所不快。一个偶然的机会，她听说后勤部主管张小姐的手机费用是由公司负责报销，这让单小姐很不服气。因为张小姐的职位是后勤主管，平时电话业务量甚少，而公司却批准了她的通信费用。单小姐觉得自己也应该争取一下应有的权利。所以，借一次工作汇报的机会，单小姐向上级提出了申请。公司领导却表示，除了销售人员的通讯费用由公司负责报销，其余部门是没有这项福利的。单小姐就列举出后勤部张小姐的事情，希望能得到相同的福利待遇。老板的回答却是需要对情况进行详细的核实。

可是谁料至此之后，老板那里却没有了明确的音讯。两个月的时间内，单小姐明示暗示了多次，老板却始终保持沉默。直到一次工作会餐时，邻桌同事的一句话才彻底点醒了单小姐。原来，后勤主管张小姐的舅舅是公司近期急于争取的重要合作伙伴，为了能够早日促成双方的合作，公司特别提升了张小姐的一切福利待遇标准，而通讯费用的报销只是其中的一小部分。恍然大悟的单小姐，非常后悔自己的鲁莽行径。从此，再也没向老板提出通信费用的报销问题。

从单小姐的案例中，我们可以看出老板在面对事情的处理中有着自己的管理哲学，不会无缘无故给你特别的照顾，都是从自身利益的角度出发。作为一名员工，也无权过问上级的决定。即使你身处管理层，有时也会遇到许多不公平的现象，我们不能什么事情都用公平去衡量。所以，为了更好地调整自己的心态，积极投入到全新的工作中，我们应该学会从根本上解决自己思想矛盾的源泉。

首先，在遇到无法解决的问题的时候，我们应该及时与他人沟通。如与自己的领导、同事定期进行谈话沟通，告诉他们你对这些问题的真实想法。不要将问题矛盾压抑在自己的心中，从而使矛盾根本无法得到妥善解决。

其次，我们应该学会对自己的内心进行疏导调节。因为我们并不是公司的决策者，很多事情并不是我们可以主导控制的。所以，面对已经成立的事实，我们只能摆正自己的心态，学会顺其自然。不要将自己禁锢在某一思想情绪之中，要学会坦然接受任何结果。一味地怨天尤人并不能使事情得到根本的改变，所以只要做了自己应尽的义务职责，就不要再去考虑会有什么其他的后果。我们要学会保持一种宽容向上的积极态度，这才有助于日后工作的进行和开展。

再次，就是平常要注意自信心方面的训练，我们大多数人都存在一定的心理问题，其核心是缺乏内在自信与行为的准则。所以，有时会不好意思拒绝他人或提出不同的建议。其实，我们每个人都有权根据我们内心所想去进行判断，从而保护我们自身的政党权益。其中也包括适时回绝他人的权利。我们应该学会在职场中保护自己不受伤害，积极乐观地去面对工作上的挫折与挑战。

现代企业为了能使员工有一个良好亢奋的工作状态，大多会设计“多劳多得”的薪金体系。主要是将员工的薪金划分为底薪与提成两部分。其中，底薪大多较少，提成却极为可观。这是市场经济条件下，很好的利益驱动杠杆，员工凭借这一机制的运行可以提高自身的工作积极性，从而带动企业的有机发展。

升职细节

作为一名职员，若想改善自己的待遇处境，唯一能做的就是尽量向更高的职位去发展奋斗，职位越高，所受到的不公平待遇就会越少。所以，从现在开始，不要再不停地抱怨自己的待遇不好、环境太差，你的这些抱怨并不会解决你的实质性问题。我们应该充分利用自己的每一分钟，多做一些脚踏实地的事情，多争取展示自己的机会。将自己放到更大的舞台上，去发挥自己的能量。只有这样，你才能始终处于有利的地位，才能在竞争激烈的环境中主宰自己的命运。

注意区分或明或暗的派系

纷争在职场是再自然不过的了。无论国企还是外资企业，都可能存在派系间的斗争。大到高层领导群，小到各部门科室间，无一不有各派系间斗争的痕迹。在派系斗争中，很少有人会以中立的态度独善其身，而弃权躲避则更是弱者的行为。

在外企工作的小尤就是一个典型的例子。小尤是大学应届毕业生，在上海一家外企任业务部经理助理。去年9月份的时候，职业经理人白总新官上任，为了彰显个人的领导才华，新官上任三把火，白总随即向公司建议将10套销售情况较差的大户型工程改建成20套精装小户型房屋出售。该建议一经推出就受到了公司上下的一致认同。

客户冯实随即定下了一套小户型房屋，交付现金并签订了相关的认购合同。但因为一些客观原因的存在，使得改建工程受阻，原来的套房没能及时完工交付。对此，客户冯实非常不满，并提出要求公司履行违约赔偿，白总派系代表的小尤与另一负责人王总一起对此事进行了处理。

经过两个月时间的多番协商，赔偿款问题始终无法达成一致。由于赔偿款项的数目较大，最终王总将事情的处理报告直接上报了总裁。总裁在看过预计赔偿数字后，非常生气，直斥了白总等一干负责人员，白总也埋怨小尤办事不力，没有及时将事态压下，以致自己受到了牵连。

事情的导火索正是出在白总的户型改造建议上，正是因为户型改造的复杂度超出了预定的期限，才造成了经济纠纷。白总本打算大事化小，赶快将事件解决。负责人王总本是业务部总经理的热门人选，但却在最后关头败给了白总。为此，王总异常气愤，一直希望能借机找白总的麻烦。在应付两个月后，终于找到适当的机会，将事情上报给了董事长。而新人小尤正好成了挡箭牌，沦为两派斗争中的牺牲品。明明身处白总的派系，却因没有及时将信息上报，致使白总受到了牵连，险些意外落马。

通过上述的案例，我们看到派系斗争的惨烈。人与人之间，因为利益的冲突，相互欺骗，相互利用。虽然白总暂时失势了，但并不意味着他不会东山再起，而王总一时的胜利也并不是最终的结果。

你也许会问如果选错了阵营该怎么办？一般有两种选择方式：一为继续坚守现有的阵营。既然共上了同一艘船，就要以大局为重，作出了选择就不要后悔。面对困境你可以选择韬光养晦的方式，收敛起自己的丰羽，努力学会隐忍。要知道，只要没有全盘落败，就还有回旋的余地。如果能熬过最艰难的时刻，等到东山再起，依然会有风光的时刻。但需要提醒的是，选择这一种方式的人大多是派系中的核心骨干力量。其承担的风险也相对较高，如果派系不能躲过冲击，将会受到更大的牵连。

当然，你也可以选择第二种方式，叛逃到其他阵营。但前提是你有足够的应付全局变化的能力。有时真小人比伪君子要受人欢迎，面对困境，有的人会选择绕道的方式规避风险。投错了派系，再重新选择就可以了，不一定要在一棵树上吊死。关键看你抱有怎样的信念。不过需要提醒的是，通常选择叛逃到其他阵营的人群有两类人。一是派系中比较底层的人员，这类人的人员变动往往没有什么太大的意义。而另一种，则是手中握有一定权力，在派系中身居高位的人。通常这类人叛逃所承担的风险相对较大。因为一旦原派系重新上马，他的处境便会极其尴尬。所以，假如没有一定的处事应变能力，最好还是不要从事高风险的活动，不然会使自己陷入两难的困境。

升职细节

很多人认为投靠某一派系，会使自己的事业更上一层楼，从此变得顺风顺水。在大多数情况下，正是如此。不少同行因为投靠了某一派系，而得以升迁加薪，从此平步青云。但不知你有没有想过，在派系斗争中，一旦你所在的派系落马，你将很难从中脱身，严重者甚至会被清扫出局。

为上司预留指导空间 

很多人总认为升职是需要靠自己的真才实干才能获得，只要自己努力了就一定有机会得到领导的赏识。这显然是一个误区，许多时候，我们做事需要多请示一下自己的上级领导，适时地将功劳分给自己的领导。你应该让领导知道，你所取得的成绩与他的支持指导是分不开的。要注意给对方留下一定的指导空间，只有让领导满意了，你才有晋升的机会。

上海外企职员顾萌在公司工作了近四年，工作能力很强，做事非常认真，并且在同事中有着良好的口碑。可是在工作中，她始终无法得到晋升的机会。反观那些能力不如她的同事，却接连陆续升职，为此顾萌很是不解。

原来，顾萌虽然很能干，但是却始终无法得到上司的赏识，因为她在很多细节方面从不去考虑上级领导的感受，常常凭借自己的意图，一意孤行。

例如：每次例会的时候，都是由顾萌负责会议的记录工作。可是，她却从来不将整理的记录呈报给自己的直属上级，每次都是越过自己的领导直接上报给老总。虽然她得到了老总的称赞，可是却得罪了自己的直属上级。

另外，顾萌非常热心帮助他人，有时常会帮助其他部门的同事做事，但是却很少事先请示自己的上级是否有更紧急的事情需要她做，自行安排自己的事情。还有，在部门准备购入复印机的时候，上级领导明明安排她做价格巡查比较的工作，可在拿到供货商提供的资料后，她自己经过比较，就擅自主张向厂家订了货。虽然她的这些行为为自己在同事中树立了良好的口碑，但是最终得罪了自己的顶头上司。

要知道，直属的上级是自己升职加薪的关键人物，别人拉拢都来不及，顾萌却将人家得罪得很彻底。对于这样一个不服从自己管理的职员，领导又怎么会提升重用呢？

升职细节

对于一个处处比领导者本人还显眼的职员，领导对你的感觉只能是顾忌，谁也不想为自己培养一个劲敌对手，所以做人要低调。老板喜欢可以令他发挥自己领导才能的聪明人，通过对你工作上的指正，会使他产生成就感。所以，适时保留一些工作中的缺陷，以满足上级领导的荣誉心，不失为成功晋升的秘诀。

听懂上级的言外之意

在公司潜规则中，有一条规则非常重要，你必须谨慎对待，否则稍有不慎，它就会影响到你未来的发展前景。这条规则就是要学会领会上司话中的含义。不要只注重话语表面的内容，要用脑子去思考分析领导的说话意图。

李劲在一家餐饮公司担任市场部副经理，老总非常器重他。因为老总私下里平易近人，很喜欢与周围的员工打成一片，他对李劲的努力与成绩很是认可，并且多次在公司中公开表达对李劲的欣赏，而这也让李劲很有知恩图报之心。

有一次，在公司举办的全国性渠道商大会上，有部分渠道商向李劲的老板提出，希望公司能够追加部分市场推广费用，以加大电视广告宣传的投放力度，这样才能协助渠道商更好地推进市场销售。老板听完对方的建议后，静默了几秒钟，说道："你的意见我赞同，加大市场投放是一件好事，但是我们内部可能还需要进一步的探讨。"紧接着，老板转头询问李劲的意见。李劲当即就顺着那些经销商的意思，将加大广告投放的好处详细进行了介绍。

当他讲完之后，下面很多经销商跟着附和起来，大声地痛说今年的市场不好做，如果公司再不加大广告投放力度，他们就无法完成规定的销售任务。在这些经销商的压力之下，老板不得不当众许诺这一季度的广告投放费用再追加100万元。

待经销商会议结束后，老板黑着脸将李劲训斥了近一个小时，说李劲不但没有听懂他的话，还逆转了他的意思。这时，李劲才恍然大悟，原来在大会上，老板所谓的"赞同"竟然只是虚话，他的真实意思是反对。希望自己可以听懂他的"暗语”，替他出面回绝经销商那些不切实际的要求。

在职场中，你要学会听懂老板的弦外之音，明白老板话里真正的意图。

升职细节

语言表述的真正意义除了需要了解具体的内容以外，还需要考虑到表述者所处的语境与角度。同样一句话，实际的意义可能由于说话者所处的语境不同而有了全然不同的效果。通常而言，老板的立场，是安抚自己的下属，进而去争取最大的利益。只要你能设身处地地多动动脑筋，就会减少类似错误的发生。

闲谈时请避开上司的软肋

与上司闲聊时，我们常常认为自己跟上司关系不错，内心似乎没有上下级之分，所以说起话来往往就不会再深思熟虑，心里想什么就说什么，可是往往就是一句不小心的话，让上司很不高兴，也让你以前的努力前功尽弃。有些下属感觉上司比较随和，没有什么威严感，于是见面可能直呼其名，说话做事可能反客为主。有些下属认为平时上司很宠着自己，有比较深的私交，甚至背地里还一起有过一些特殊经历，说起话来更是口无遮栏。

记得有一次，一位老板带着他的助手去谈生意，宴席上对方热情招待，酒过三巡，对方试探着说本地女孩子长得漂亮，没想到那位老板的助理当着众人的面脱口而出说：“我们老板就好这一口。”一下子就让老板脸色铁青，下不了台。有时候，我们就是因为一句无心之话给自己带来了莫大的灾难。

总公司的市场经理张丽初次来办事处指导工作，中午请部门同事一起吃饭，席间谈起一位刚刚离职的经理周芸，入职不久的刘芳说周芸脾气不好，很难相处。张丽说：“是吗，是不是她的工作压力太大造成心情不好?”刘芳说：“我看不是，三十多岁的女人嫁不出去，既没结婚也没男朋友，老处女都是这样心理变态。”

听闻此言，刚才还争相发言的人都闭上了嘴巴。因为，除了刘芳，那些在座的老员工可都知道：张丽也是待字闺中的老姑娘！好在一位同事及时转移话题，才抹去张丽隐隐的难堪，而事后得知真相的刘芳则为这句话悔青了肠子。

都说言多必失，可言少也不一定没有失误，如果在错误的时间、错误的地点和错误的对象说了一句涉及具体人事的大实话，那后果真的堪比失言。有时甚至你背后说上司的那些话会很快传到他耳里，甚至要添油加醋得比你说的那些还要难听几十倍。要知道在当今职场中，你的发展空间并不是取决于你的能力和业绩，而在于上司对你的主观喜好，如果你在上司的心中留下了疙瘩，就算你费尽心思表现，也难以修补破损的关系，难以博得对方的好感。人们常说：一句话可以兴邦，也可以丧邦。一句失言足以毁掉你的业绩和前程。

有一位员工，工作能力不错，但就是嘴巴比较八卦，喜欢说三道四，喜欢收集和制造一些新闻。部门经理跟他秘书关系比较密切，同事们私下里虽有些怀疑，但一直找不到证据。有一天周末下着雨，那位员工在菜市场上看见经理和他秘书共撑一把伞在买菜；于是周一上班时，那位同事把它当作一条大新闻一样，给同事们宣布，结果在办公室里掀起了一阵风浪。经理闻之大怒，自然给了那位同事很多小鞋穿。

升职细节

跟上司相处，你多少会知道上司的一些秘密，而且上司越欣赏你，跟你关系越密切，你知道的秘密就越多；这时候如果你无意间说到他的软肋，伤到他的颜面，可能让他觉得你是个心腹大患，自然你工作再卖力，他也不会欣赏你。

办公室恋情，公司绝不容许

办公室恋情是职场上一个比较敏感的话题。现代社会工作日益繁忙，公司职员的大部分时间都是在办公室度过，有时周末还要加班，他们没有多余的时间去发展办公室以外的恋情。所以，越来越多的职场人士将目光投向了与自己一起工作的同事。虽然这类恋情看上去比较便利，但却存在着相当大的隐患。一旦恋情失败，会使自己陷入到一个非常尴尬的境地，有时还会对个人的声誉造成一定程度上的伤害。

根据美国《纽约邮报》的报道介绍，在31000位美国人的互联网问卷中，承认曾有办公室恋情的人有42%是已婚人士。另外，在香港《明报》的报道中，香港某服务机构做的一项调查也显示，在超过九成以上的婚外情中，第三者大多是出轨一方的朋友或同事。虽然他们的感情发生得非常不经意，但若想抽身却是非常困难。

然而，在办公室所发生的暧昧关系大多并不能给人们带来幸福。这些发生在男女同事之间的风流韵事所导致的结果，大多使其中一方或者男女双方不得不选择离开公司。

办公室内难以容下恋情，最主要的原因是现代企业中的人际关系复杂，岗位竞争非常激烈，办公室夫妻在某种程度上被视为是一个利益小团体。它的存在会影响到公司内部正常的人事管理与人际关系。

首先，他们的存在打破了办公室同事间原有的心理格局，所有人的一举一动需要随时注意对这个小团体的影响。而夫妻之间的任何感情纠葛也会影响到周围同事的工作，这些影响大多超出了正常的工作范围。对于团队的管理者而言，下属中出现同事夫妻也是一种压力。这样在工作的安排或者协调时，无疑又增加了一些复杂的因素，对领导与决策者也有了相应的牵制。所以，领导者不喜欢这种情况的出现是完全可以理解的。

其次，对于夫妻两人而言，在同一个屋檐下工作，双方间也会存在很多不利的影响。有些人认为，夫妻两人相互间可以监督，事实上，相互监督的另一面是双方的交际面与朋友圈会相对变得狭窄。随着与外界交流的逐渐减少，渐渐会产生压抑的感觉，这反而会影响到夫妻双方的感情。

除此之外，办公室夫妻还容易将工作与生活相互混淆。不在一起工作的夫妻，如果其中一方工作上受到了阻力，家庭会成为他休养生息的庇护场所。而那些同事夫妻的家庭反而会成为他们讨论问题的场所。另外，如果在日常相处中发生了矛盾，也很容易将这种情绪带入到工作当中。

鉴于以上的多种因素，夫妻双方不宜在同一个单位特别是同一个办公场所内工作。当确实发生这种情况的时候，最好还是应该尊重商业规范，一方理智地选择离开。夫妻双方待在不同单位更有助于各自放手开展工作。另外，还可以给双方提供不同的体验与信息，为彼此的生活带来更多的活力。

升职细节

与同事长期在一起工作，产生一些特殊的喜爱之情，似乎也在情理之中。但是，一定要勒紧自己感情的缰绳，注意自己的言行，远离“办公室恋情”，这样，你的事业才能有更大的发展。

你不爱占便宜，容许别人占一点

《马太福音》中说：“你希望他人怎样对待你，那么你就该怎样去对待他人。”这句话的意思是说：我们在与他人相处之时，应注意给对方留有一定的回旋余地。无论在什么场合，都不要伤害他人的自尊。尤其是在职场上，千万不要因为一时的意气，打了他人的“脸面”。有时候给他人留面子，实际上也是为自己挣人缘，从而使自己的人际关系网更加稳固妥善。

我们身边有很多行事风格迥异的同事，他们或多或少存在一些缺点，你也许并不认可他们的行为，或者认为他们的行事有些违反了自己的原则。既然这样，那就不要勉强自己去接受别人的观念，只要维持现状就好。同样，你也最好不要将自己的认知观念套用在别人的身上。大家出来工作，相处中难免有些磕磕碰碰，不要太过较真，这些都是最基本的容忍度量。

每个人都有自己的包容底线。大多数的人都比较爱惜自己的面子，如果你针对他的缺点和不足，将话说死、说绝，不给他人留有一定的退路，以后的相处势必会受到影响。一旦对方获得更好的机遇，那么曾与他有过矛盾，令他颜面扫地的你又会有着怎样的下场？所以，聪明人从来不会做对自己没有益处的傻事。若想在职场中顺风顺水，你必须要学会尊重他人。用包容的态度，去对待别人身上所存在的弱点。不要总是一味指责呵斥别人，要给他人一个留有改正的机会。因为只有你尊重对方，对方才会尊重你。

陈静大学毕业后被北京一家合资企业录用。在工作的过程中，他发现同事小徐经常利用职务之便，占公家的便宜。如将公司的打印纸装回家，或者将公司派发记录用的本、笔偷偷装走。因为初到公司，陈静的责任感非常强，他认为小徐的行为损害了公司的利益，长此以往会造成恶劣的影响。于是，私下将这个事情向主管进行了汇报。为此，小徐受到了领导的严厉批评。至此，两人之间也结下了仇。在以后的工作相处中，小徐开始有意无意地打压陈静。由于小徐是办公室的老职员，有着自己的人际关系网。而陈静私下打小报告检举揭发的行为，又令很多员工对其产生了反感，生怕一个不慎惹祸上身，纷纷与陈静划清界限。一时间，陈静被办公室的其他员工孤立起来。

按原则上来说，陈静的做法并没有错误，他也确实是站在公司的角度考虑问题。但是，问题在于他忘记了人情关系这一重要的因素。虽然小徐的行为是错误的，但是她作为一名老员工，为公司服务多年，却被一个新人整成这样，一定会使她的自尊受到损伤。办公室的其他成员，也会因此而对陈静提高警惕。这是一个连锁反应，面对新人的“挑衅”，很多职场老鸟会抱成一团，捍卫自己的个人利益。其实，仔细想想小徐会有这样的做法肯定不是一天两天所形成的，办公室的其他成员一定也是知道的。可为什么别人却始终没有反应呢？这里面一定有其原因。大家在一起做事，很多时候都是心照不宣。只要不太过分，基本上睁一只眼闭一只眼也就过去了。谁没有个缺点毛病，如果你这次苛责别人，那么别人也一定会想方设法找自己的麻烦。都说三十年河东，三十年河西，谁又能保证对方不会升职得势。所以，为了自己今后的发展，大家也都不会在这种小事上过多纠缠。毕竟在职场中生存，多一个朋友总比多一个敌人要强。

升职细节

好多事，我们都应该尽量抱着一个宽容的心态。不要总是用自己的处事标准去约束别人，更不要去做一些有损他人自尊的事情。我们在遇事时应该多思考，尽量不要去责备和激怒对方。只要事情不太过分或不是违反原则性的问题，就应该尽量宽容谅解。晋升，离不开别人的支持。若想在职场中与他人建立良好的交际关系，一定要懂得维护他人的自尊。只有这样你才能够获取别人的尊重与信任。

公司不是学校，你不要太单纯

企业不同于学校或者家庭，过于单纯会使自己的职场前途受到影响。所以，职场新人应学会尽快从学校与家庭中的角色中转换过来，顺利扮演好职场中的角色。如果你总是沉迷于家庭角色中而无法自拔，希望职场的同仁能像自己的亲人那样照顾对待自己是极为不现实的，而是应当尽快使自己融入到工作当中。

菁菁是深圳某民营公司的经理助理，在公司工作的一年时间，因为自己的“单纯”使她得罪了许多人仍不自知，终于被公司纳入裁员的名单之列。

一年前菁菁与小南同时被深圳某民营企业分公司录用担任经理秘书一职。可刚进公司一个月，菁菁就因自己的单纯遭到领导的多次批评。原来，菁菁的工作做得非常不到位。客户来公司拜访的时候，她连最基本的招呼都不会，更别提主动给客户沏茶倒水了。而且，不管是公司多着急的文件，她都不慌不忙打上三四个小时，使经理与客户在一旁等得非常着急。最过分的是，因为公司刚筹建不久，公司内的几位主要领导需要经常加班，而负责处理杂物的菁菁却很少主动加班，完全吃不了一点儿苦。

同期的小南觉得菁菁这种工作态度一定会受到领导的批评，所以经常对她进行劝导。可是，菁菁始终听不进去，每天工作依然是我行我素，使得工作中不断出现纰漏，多次受到经理的批评。一次，总公司的高层来上海召开工作会议，经理明确告诉菁菁当天需要加班。可是谁知她虽然口头答应了，但到了下班的时候，却趁经理不注意又悄悄走掉了。晚上高层领导在开会时，需要对一些文件资料进行复印。结果，复印纸被菁菁锁了起来。后来，在不得已的情况下，公司只得到外面去复印。前后耽误了一个多小时，使得总部的高层领导对经理的效率非常不满，经理为此也很是恼火。

因为这次事件，经理准备开除菁菁。可由于公司初建，各方面人手都很不够，加上员工小南的竭力维护，经理决定再给菁菁一个机会，以观后效。于是，将菁菁调到了后勤部。可是，上次的事情仍没有使菁菁得到教训，她依然不改旧习，基本上每天不是打电话就是聊 QQ，交给她的工作总是推三阻四。一次，员工小李让她帮忙整理文件，可她却因为衣服上沾了污渍，跑到卫生间去清洗，前后竟浪费了快一个小时的时间。每到周末，按照公司的规章制度，应当轮流进行卫生打扫，每一次轮到菁菁的时候她总能找出一大堆理由躲避值日。

其实，像菁菁这样的员工有很多。尤其是一些初入职场的90后新人，他们的个性观念较强，行为处事也比较随意，这些都是职场中比较忌讳的问题。

升职细节

作为一名职场新人，你对待自己的工作必须要有责任心，否则一切都是空谈。年轻时多吃一些苦，积攒一些社会经验对自己今后的发展是有百利而无一害的。所以，应时刻把握住每一个能够锻炼自己的机会。职场不是学校或你的家庭，在这里没有人会照顾你，一切都要靠你自己去把握，学会自立自强，这样你才能够得到更好的发展空间。

经验为你升职加薪加砝码

现实地说，很多人工作都是奔着高薪和升职去的。的确，高薪是人们工作的目的，升职是为了满足自己的虚荣和成就感。人的一生主要追求三件事：情感、金钱和权力，而高薪和升职正是后两者。正是在这种观念的主导下，人们在求职或工作时，往往把薪水和职位放在第一位；如果是高薪或者高职位，不管这份工作对自己的职场人生有没有帮助，许多人会毫不犹豫地去争取；而如果待遇低，就算能学到很多东西，人们也会对它嗤之以鼻。其实这样正好是本末倒置，如果忽视经验，把关注点放在升职和加薪上，那你往往会误入歧途，职场之路越走越艰难；而如果你先把关注点放在经验的培养上，你的职场之路就会越来越顺，升职和加薪都会水到渠成。这就好比建房子，地基打牢固了，房子就会建得很高、很顺。要格外重视经验，因为它往往被视为能力的展现和固化。

有一次，广州一位房地产老板跑到清华去聘请一位管理学博士做顾问，月薪一万，对于刚毕业的博士来说，在没有工作经验的条件下，这个待遇已经是非常诱人了，于是那位博士欣然前往。加入公司后，博士表现得非常积极，不断地给老板提建议，但老板只是笑一笑，很少采纳博士的建议。其实也很简单：博士没有实际经验，比较理论化。老板经常带着博士出入各种社交场合，跟合作伙伴、政府官员会面时，老板得意地向他们介绍说："这是我的助理，清华大学的管理学博士生……"起初，博士还很有一种自豪感，但慢慢他发现，老板并不要他做什么事，博士写的策划书，老板也是放在一边，博士终于明白了：老板高薪聘请他过来，并不是看重他什么能力，只不过是把他用来当作活广告，帮老板装点门面而已，对博士而言，像在吃青春饭一样，平生所学并没有一点儿实践的空间；于是博士最后毅然辞职。

这位博士的运气还算不错了。当前就业形势日趋严峻，很多大学生毕业后，由于没有经验，工作一时很难找，于是，为了得到一份工作，不惜放弃自己的专业所学，去做电话营销员这类不用什么文化，谁都能做的工作。结果几年下来，薪水很低，经验几乎还等于零，再跳槽出去，工作越加难找。现在的企业越来越偏向实用主义，企业招聘时，明确地贴出广告：要求有多少年的工作经验，要求有做过某某工作的经历……所以你只有具备工作经验，才具备工作能力，只有具备工作能力，你才有向老板要升职加薪的筹码。

有这样一名应届女大学生，她受人推荐，应聘上了一家大型玩具企业的人力资源部。由于她为人很狂傲，心态放得很高，根本不服从工作安排，也不愿接受培训，于是主管按她的要求，把工人培训直接划给她去负责，结果她每天就是给工人培训"公司简介""质量方针""薪酬福利"和"规章制度"等简单内容。结果两年后，公司裁员，她首当其冲，直接被裁掉了。于是，她又重新回到市场上找工作，几个月后她哭着打电话给原来的人事主管说：外面根本没有适合她的工作，品质做不了，物流做不了，生产做不了，工程做不了，就连培训，别人都嫌她做得太简单，结果她只能找了份工资不到两千的电话营销工作。

所以说，对于刚步入职场的人士来说，经验比薪水重要，只有具备了应该有的经验，你才能得到你想要的薪水，没有哪个老板有心情去培养一个毫无经验的员工，更没有哪个老板愿意把高薪付给一个没有经验，不能为他带来回报的员工。

升职细节

许多人常常把关注点放在升职和加薪上，而很少关心工作的好坏，以及能否对自己的能力有所提升。其实对于刚入职的人士来说，经验是第一要务，只有拥有了经验，你才有追逐升职加薪的本钱。

第四章

学习职场礼仪，莫要忽视职业素养这道护身符

职场中的着装、礼仪都能看出一个职场人的职业素养如何，展示一个人的形象。就拿简单的说话来讲，一句恰当的语言可以让人觉得舒心、放心，由此为自己营造良好的人际关系和工作氛围。因此，职业素养也是一个职场人一路走好的护身符。

细节
成败

不顾“小节”伤“大雅”

“一粒沙子中可以看到世界，一滴水中可以看见大海”，所谓见微知著，人们观察和了解对方时，常从细微处着手。如果一名工作人员酷爱读书，随便从总经理的书架上取了一本去看，肯定会被认为是“不懂规矩”。诸如此类不注意细节的例子不胜枚举。

以下举出比较典型的十种“伤大雅”的“小节”，我们职场人可以引以为戒。

（1）乱用手机。

随着人们消费水平的提高，手机的使用率在中国城市已经相当普及了，但在使用手机时，有很多行为就显得非常没风度，我们在社交场合中，就常碰到这样的事情，比如我们在谈论时，常常有一些人的手机“吱吱”地响着，让人感觉十分不悦，虽然他会马上说声“对不起”，但他还是使自己的印象分打了个折扣，我们会认为这是他不尊重我们的一种表现。

也有一些人，即使在一些会议上也不关机，主讲人在向大家传递信息时，就会被手机声音影响，破坏了整个会议的气氛。这是一种非常没有礼貌的行为，一种非常有损形象的行为。

当参加演讲或是重要会议时，最好是把手机关掉，如果真的是有很重要的事情，就把手机调到振动，静悄悄地离开到场外接听，并要注意说话的声音，不要影响他人。在公共场合，也要注意讲话的音量，别跟机关枪一样。

（2）吸烟。

抽烟对自己的身体是有害的，如果害得别人抽你的二手烟，就显得太不尊重人了。在我们生活中，经常看到有些人，他们不分场合、环境喷云吐雾——这既污染了环境，也损害了别人的健康。

所以奉劝人们：争取不抽烟，因为吸烟导致咳嗽，使牙齿变脏，口腔气味难闻，产生疾病，是导致癌症、肺病、咽喉病的最重要原因，如果真的不能戒的话，就尽量少抽，公共场合是一定不能抽的，如公园、车上、电梯里。如果跟朋友在一起或在朋友家里一定要先征求朋友的意见，而且要注意保持卫生，不得乱扔烟蒂。

（3）随地吐痰。

随地吐痰，不仅污染了环境，更严重的是会带来疾病的传播。最可恶的是某些有钱人，开着名贵的好车，摇下车窗就往外吐，随着风一吹，就吹到了车外行人的脸上、头上。仔细想想，这种人是真穷，他的思想境界和路边要饭的属于同一档次。

吐痰是最容易直接传播细菌的途径，随地吐痰是没素质、没形象的体现，而且还影响了他人的身体健康。也算是为了你自己的健康，如果要吐痰，把痰抹在纸巾里，丢进垃圾箱里，最好是到洗手间里去吐痰，但不要忘了清理痰迹和洗手。

（4）乱扔垃圾。

中国应该算是个产垃圾的大国。同韩国、新加坡、日本等国相比，中国城市的卫生程度远远落后。原因是什么呢？就是某些人的素质问题。

因此要让自己做个文明人，在你随意丢垃圾的同时，也丢掉了自己的形象，任何一家公司都不会喜欢垃圾虫，任何一个人也不喜欢跟垃圾虫交朋友。

（5）当众嚼口香糖。

嚼口香糖，可以清新口气，是件好事，但有些人嚼口香糖的时候，会发出很大的声音，跟别人谈话他也嚼，这其实是对他人的极度不尊敬，如果有哪位求职者，到公司求职还嚼口香糖的话，负责招聘的人会严厉地告诉他，把它吐掉，再来跟人讲话。

嚼口香糖的时候，要闭上嘴，不要发出声音，与人交谈的时候，要先吐掉，嚼过的口香糖，要用纸包起来，扔到垃圾箱里，否则，你就会发现，有一天你的鞋底粘上了好多你嚼过的口香糖。

（6）当众挖鼻孔、掏耳朵。

搞不懂挖鼻孔这一行为是不是很过瘾，好多人都爱挖鼻孔，而且挖的时候就像挖地一样，非常投入。这种行为让人看起来非常不雅。还有人甚至在吃饭的时候也挖，害得人本来可以吃两碗，这一下就只能吃半碗了。

掏耳朵也是一样，有的人喜欢把指甲留得长长的，还以为是为了好看才留的，其实它们是专门用来掏耳朵用的。我们尤其应注意的是，与人谈话的时候一定不要掏耳朵，那样你就等于在告诉别人："你快别说了，你说的话，都让我听出耳屎来了。"

（7）当众搔头皮。

青年朋友很多都有挠头的习惯，平时不爱干净，不管在哪里，公共场合也好，别人家里也好，头一痒就挠起头皮来，顿时"烟花，烟花，满天飞"，令别人感到不快，自己的形象也受到很大影响，因此建议朋友们一定要勤洗头，头皮落在衣服上，的确是很不雅观的。

还有些朋友，在想问题的时候总喜欢挠头，在面试时，面试官问了个较难的问题，就开始挠头。但却忽略了这是一种不成熟的表现。不要有挠头的习惯，只有猴子才喜欢抓耳挠腮。

（8）在公共场合抖腿。

青年朋友都比较好动，在坐下的时候，总喜欢双腿颤动不停，或是跷个“二郎腿”，腿跟钟摆似的摇来摇去，而且自我感觉良好，其实这一点儿都不好。这样给人的感觉是漫不经心、吊儿郎当、自傲等等。坐有坐相，站有站相，这样的人，才是受人欢迎的人。

（9）当众打哈欠。

打哈欠说明了什么呢？说明没休息好，意味什么呢？意味着自律性差，时间管理能力差（当然加班另当别论），消极萎靡，精神状态不佳。

在交际场合打哈欠，就会产生不好的影响，别人会以为，你对他不感兴趣，很不耐烦，误以为你不尊重他，那么，他可能也就不会尊敬你了。在有面试或重要商务洽谈时，要注意休息，避免与人交流时打哈欠。如果不小心打了哈欠，一定要说对不起，或说明其原因。

（10）当众频频看表。

有时间观念是好事，但更要懂得合理分配时间，如果没有要事在身，一定不要频频看表，当你频频看表时，似乎就告诉了别人我懒得理你，懒得听你啰唆，别人会以为你不尊重他，若真的有要事在身，不妨直说，委婉地告诉对方原因，且一定要表示歉意。

从以上十点来看，都是一些鸡毛蒜皮的小事，但却直接决定了别人对你的印象，一个人形象的好坏，跟这些不良举止和坏习惯有着直接联系。

所以，我们不能以粗心大意、大大咧咧的态度对待社交活动，你的坐相、走相、吃相，甚至你手绢的叠法都会透露出你的处事修养、为人态度。如果你把这些细节做得妥妥当当、完美无缺，那么你将会在职场中如鱼得水，顺畅自如。

升职细节

“窥一斑而知全豹”，这样以小看大的判断，不一定完全科学和准确，但是它经常被作为人们认识和判断对方的依据，因此我们就必须加以重视，做什么都不可过于随便。

职场的着装细节

俗话说："人靠衣裳马靠鞍。"穿着打扮对树立一个人的良好形象起着十分重要的作用。特别对职场人士而言，衣着本身就是一种标识，他就像一张没有文字的名片，反映出你个人的气质、性格、内心世界。一个着装典雅的人给人的印象深刻，他等于向大家传递一个信息：我是一个重要的人物，聪明、成功、可靠。大家可以尊敬、仰慕、信赖我。我自重，你们也应尊重我。反之，一个穿着邋遢的人给人的印象就差，它等于在告诉大家：我是个没什么作为的人，我粗心、没有效率、不重要，我只是一个普通人，不值得特别尊敬，我习惯不被重视。

一所知名大学毕业的高才生宋智江应聘到一家报社当记者。第一天报到时，他的穿着十分随便，这让主编很不高兴。虽然主编对他的着装有意见，但还是批准了他的要求让他到新闻部去搞热点采访，还提醒他以后要注重自己的着装。宋智江很高兴，但他没有把主编的提醒放在心上，他觉得工作需要的是能力，穿成什么样并不重要。

宋智江的确很有才华，也适合干这份工作，可他着装太随便让自己在采访时碰了好多回壁，影响了几次重要的采访。总编对他的工作很不满，决定让他先在报社做校对工作，以后再根据情况决定。宋智江觉得很憋屈，认为总编不识真才，有意为难自己。他心想，不就是着装随便了点吗，这怎么能掩盖自己横溢的才华呢？于是他做校对既不认真，又牢骚满腹，结果给同事留下了很不好的印象。最后，宋智江在失意和愤愤不平之中，在这家报社工作了不到三个月，就只好辞职走人了。

在实际工作中，像宋智江这样的人不在少数。他们不注重自己的衣着，常常由着性子，想穿什么就穿什么，也不分什么场合，什么情况。他们也许认为自己潇洒得不得了，老板却越看越不顺眼。

一个人的穿着不得体，会使人产生反感。千万不要自以为"酷"，穿上一件皮外衣，再加一件高领毛衣上班，这会让你的上司及同事觉得你漠视公司传统。可能他们不会当面指责你，但内心肯定感到非常不高兴，也许私底下会劝你以后别再这样穿着。一个人的服饰，具有"延长自我"的特征。如果一个人的形象和代表"自我延长”的服饰成反比，就会令人有“不完整人格”的印象。比如，衣服和首饰都是高级品，而鞋子却是廉价商品，就会令人产生不自然的感觉。也许你会认为，这是以貌取人，其实不然。从穿衣服上确实能够体现一个人的行为风格。特别是工作着装，更是体现着这个人对待工作的态度。

着装凌乱，往往是一个人的行为方式缺乏条理性的表现，会给人拖泥带水之感，老板见了自然没有什么愉悦感，更谈不上好感。衣着不得体还反映出一个人在审美情趣方面的欠缺，容易给人以内在涵养不高、举止粗俗的印象。另外，衣着随便显得态度不庄重，还会让人产生被轻视的感觉，这样的装束很难让老板对你感到满意。所以，要成为优秀员工，就要先从衣着规范开始。

有些人经常会以“衣不惊人死不休”的心态行于世，讲究怪异，以为这样就很“个性”。比如穿了一条剪满孔的牛仔裤，配以一双厚底球鞋；穿了一件露脐服，配以一条肥裙裤等，并以此为“酷”，试图吸引他人的眼球。殊不知这样的打扮已经极大地损害了自身的形象，尤其是对于那些上班族来说，如果穿着打扮太过出格的话，难免造成非常不好的负面影响，有时甚至还会影响到自己的事业，就像楚洋洋一样。

楚洋洋是个活泼开朗的女孩子，学业也很出色。毕业时她战胜了众多的竞争对手，被一家出版社录用。半年后，喜爱尝试新事物的她又跳槽到了一家中等规模的网络公司，当然，令人羡慕的高薪也是她来这里的一个原因。

平时经常喜欢翻翻时尚杂志的她，穿着自然不乏新潮和前卫：薄纱的连衣裙、小碎纹的百褶裙、改良好的中式旗袍，还有雪纺印花装、军裤和袋袋装、毛皮无后跟鞋……她的风格一向是浪漫多变的。在这方面以前出版社的女上司是她的知音，而现在这个公司的男上司却从一开始就表现出反感，多次提醒她要注意自己的形象。楚洋洋压根儿没放在心上，她想这又不是银行、机关、法院，穿那么中规中矩干什么？既然互不欣赏，她在许多方面表现出对上司的冷淡和疏远：凡可以电话请示的，就不和他正面接触。上司向她交代工作，讲完了她扭头就走，没有表情，也没有多余的话。

后来，上司对她的印象变得越来越差，她稍有过失便惹得他大发雷霆。明明是他告诉的传真号不对，他倒怪楚洋洋发错了地方；楚洋洋刚把忙了几天才写好的报告交给他，兴冲冲地把办公桌上的文件整理妥当，准备去吃饭，却看见上司气冲冲地从办公室走出来，把刚才的报告扔回桌上，当众指出其中错误的地方，要她马上修改妥当，面对上司的责骂，她感到又惊又怒，甚至很想跟他大吵一顿，以泄怨气……最终，楚洋洋终于忍受不了上司的“刁难”，愤愤地辞职了。

其实，楚洋洋原本是可以得到更好的机遇，发挥自己的能力的，但是她却因为不注重穿着打扮而给自己招来了麻烦。

那么在职场里，穿衣打扮应该注意哪些问题呢？

首先，着装最基本的要求是整齐干净，得体大方。工作是严肃的事情，因此工作时间应该穿一些比较正规的服饰。整天坐在办公室的职员，或是经常和顾客打交道的职员，要是穿着脏兮兮的衬衫，皱巴巴的裤子，一副邋遢散漫的模样，或者穿得古里古怪，就会让人觉得很别扭，谁都不会对他产生好印象。

还有，你应该注意到所在单位里对穿着的不成文的规定。如果领导们穿的都是暗色的，保守式服装，那你就不应该穿时髦服装；如果领导的穿着时髦轻松，你就不应该穿过时的衣服。另外，如果你也成为领导者，就不应穿得和秘书一样。

如果你不能肯定所选的衣服是否适合上班的话，最好还是不要冒险了，不妨向有关服饰专家请教，或是留意你身边人们的穿着并选择类似的衣服，最好注意与环境及他人保持一致。关于着装，在职场中有这样一件滑稽的事：

有一次，沈小伟同老板一起外出洽谈一项业务。他一改平日里的休闲着装，换上新买的皮尔·卡丹西服，想通过“包装”给客户留下良好的第一印象。跟客户见面时，客户看到沈小伟的气派样，眼前为之一亮，紧紧握住沈小伟的手，说：“经理真是年轻有为啊！”

沈小伟的穿着不同凡响，客户把他误当作了“主人”，把一身旧衣服的老板当成了“随从”，晾在了一边。直到谈判快结束需要签字时，对方才知道穿旧衣服的才是“主角”。结果，业务没能谈成，还被传为笑话。

后来，老板就对沈小伟“另眼相待”了，有业务外出时再也不要他陪同，一个人才就这样被老板“冰封”了。

不合适的穿着无疑会妨碍我们的前途。我们不能过于前卫，我们也不能太迂腐，而最好的着装规则就是中庸之道，不让别人一眼就注意到我们穿了些什么，却能够立刻发现我们值得信赖。所以，从现在起，你就应从着装的细节上去改变自己，避免造成不好的影响及后果。

升职细节

穿衣打扮在当今这个时代是小事，但也不是太小的事。说小，是因为这毕竟是个人私事；说不太小，是因为它关系到你的形象，进而影响你与上下左右的人际关系。

不要小看一句问候

也许你会认为，跟别人问好无关紧要，对熟人是这样，对生人更是如此。也许你向别人道早安时连身边的人都听不到，或蜻蜓点水似的一带而过或者极不情愿，毫无感情色彩地例行公事而已，或者看一眼别人便一声不响地坐下。也许你上班、下班，与人碰面从不打招呼，对面来人了赶紧将头扭向一旁。你想没想过这一细小的做法会给自己带什么样的影响呢？

不要小瞧了见面打招呼这一细节。虽然与人沟通感情的最初阶段只是打招呼，但不要忘记，在人的内心里有思想和感情两个方面。心与心之间的轴要想系上轮带，最初的方法就是打招呼，由陌生到认识再熟悉。如果连最简单的如“您好”“再见”等日常的招呼也不会的人，怎么能成大事呢？在职场中，你不与人建立联系，就为自己的发展筑了一道心理上的高墙。而且，你可能也有亲身体会，比如在早上见到同事互相之间问候一声“早上好”，就会使大家在开始一天的工作时都有一个好心情，这种心情肯定会影响到你做事的效率。问这一声“早上好”就是打破了从昨天下班之后到今天早上一直处于停顿状态的同事关系，重新开始新一天的人际关系。所以问候别人是一件重要的事。

有这样一个小故事，说明了问候的作用。

在一辆载着员工去上班的车上，大家一上车就找了个座位坐下，有的在听音乐，有的躲在自己的报纸后面看报纸，彼此保持着距离。汽车在树木光秃、融雪泥泞的道路上前进。

“注意！注意！”突然一个声音响起。

“我是你们的司机。”他的声音威严，车内鸦雀无声。

“你们全都把报纸放下。然后转过头去面对着坐在你身边的人。转啊！”

乘客们全都照做了，无一人露出笑容，这是一种从众的本能。

“现在，跟着我说……”像是一道用军队教官的语气喊出的命令：“你好，早安！”

大家跟着说完，情不自禁地笑了笑。一直以来大家怕难为情，连普通的礼貌也不讲，现在腼腆之情一扫而光，彼此界限消除了。有的又说了一遍后彼此握手、大笑，车厢内洋溢着笑语欢声……

“你好，早安！”四个字一出口，彼此的界限就消除了。为什么这四个字有如此巨大的魔力呢？因为一句问候语，是亲善感、友好感的表示，更是一种信任和尊重。如果你缺少与老板、上司沟通的机会，那么一句亲切的问候就可以拉近彼此的距离，就能达到相互沟通的良好效果。

升职细节

问候的语言一旦说出了口，双方就有了亲切、友好的愿望，彼此间的距离就缩短了，不仅增进了信任，还沟通了感情。对上司和同事精神饱满地说“您好”，可以给对方留下很好的印象。

话要说得恰到好处

恰当的言语不但是一个人素质和修养的体现，同时也是展示个人形象的重要方式。在职场中，要想为自己营造出良好的人际关系和工作氛围，就一定要注意恰当地运用自己的言语。而且要时刻提醒自己，言语是否恰当不仅关系到自己的个人形象，还关系到整个公司的利益，因为你所代表的是你所在的公司。

在南京某饭店曾经发生过这样一件事：一天，一位来自香港的客人来到饭店前台订票，要求订5张后天的91次软座票。服务员礼貌地跟客人打过招呼之后，见客人情绪不是很好，急忙把订票数据取出来，帮客人登记，当写到车次的时候，服务员习惯性地问道：“先生，万一这趟车订不到，500、505次列车可以吗？他们的发车时间是……”

还没等服务员把话说完，客人就不耐烦地说：“不行，不行，我就订91次列车，别的不要。”服务人员又强调了一下“万一……”这样的好心反而把这位客人惹火了。

"万一？什么万一？你们是为客人服务的，就不能这么找借口，不能这么说。"服务员意识到自己说话不妥，马上改口说："我们一定尽最大的努力帮您把票买到。"听了这句话，客人的脸色才稍有缓和。

第二天客人来拿票，根据前一天的经验，服务员一改过去公事公办的态度，微笑着说："先生，您的运气真好，车站售票处明天91次列车的票很紧张，只剩下三张了，全被我拿来了，看来先生您一定要发财了。"

客人听后十分高兴，不但没有追究没有买到的那两张票，还买了一大包糖感谢服务员。而且从此以后，这位客人每次来南京都住该饭店。

还有这样一个事例：

1991年11月，"金鸡奖"与"百花奖"的获奖名单同时在北京揭晓，在电影《焦裕禄》一片中饰演焦裕禄的著名演员李雪健同志荣获这两项大奖的"最佳男主角"奖。在发表获奖感言时，李雪健不无幽默地说："苦和累都让一个好人——焦裕禄受了；名和利都让一个傻小子——李雪健得了……"他的话音刚落，全场响起了雷鸣般的掌声。他运用对比的方法，恰如其分地表达出了自己的内心想法，既赞美了焦裕禄为人民服务的高尚品质，又表达了自己受之有愧的心情。就是这样两句简单的话语，不但打动了现场所有观众的心，也给人留下了美好而深刻的印象。

可以毫不夸张地说，把话说得恰到好处不但是语言的最高境界，也是一个人个人形象的最大提升。

有一位新秀歌手在一次歌唱比赛中获奖。当站在领奖台上时，主持人问他此时此刻有什么感受，他脱口而出道："我今天得了奖，心里很高兴。我不但赢得了奖金，也赢得了名气。"他的这一番话一出口，全场一片哗然。或许对于他来说，参加这次比赛的目的就是为了赢得奖金和名气，可在这样的公开场合说出来，只能给人留下一种浅薄粗俗的印象，即便在比赛中有多么精彩的表演，也会令他的形象在观众心目中大打折扣，从而得不到观众的认可。

一个懂得把话说得恰到好处的人，不但能够增强自己在他人心中的良好形象，把自己更好地表现出来，而且还能通过语言把自己的观点和看法巧妙地表达出来，并在一定程度上影响他人。虽然这样的人从来不勉强别人要与自己持有相同的观点和看法，但他们却总能在潜移默化中影响甚至改变他人的观点和看法。反观那些一味只想表现自己，却不懂得掌握说话技巧的人，结果只能是使自己越来越被动，直至陷入难以摆脱的困境。

升职细节

说话是一门语言艺术，尤其是在职场中，对这门语言艺术的要求更高。对于同样一个机会，能够把话说得恰到好处的人，抓住这个机会相对来说就会容易些，而那些不善言谈或者不肯恰当说话的人，就只能眼睁睁看着机会从手指缝里溜走。因为机会的施予者更愿意把机会留给那些说话得体的人，这让他们觉得放心，也觉得舒心。

别把私人事务带进工作中

上班时间不做私事，这是公司对每一位职员最起码的要求，并不是“无伤大雅”的小事。公司是讲求效益的地方，任何投入都必须紧紧围绕着产出来进行，上班时处理私人事务，无疑是在浪费公司的资源和时间。上班的时间是属于企业的，因为你按月从公司领取工资，就意味着你同意将一月内的某段时间交给企业，这段时间里你只能为企业工作，否则就是对企业的欺骗，你的工作时间就打了折扣。

每个公司都备有一部或多部电话，有的公司为了联系外地业务，还开通了长途电话业务。有些员工把私人的联系方式留成了公司电话，即使在上班时间也有不少私人电话打进来，这对公司开展业务造成很大的不便。而且，用公司电话打私人电话，不仅影响了自己的办公效率，还会影响其他同事的办公效率，给自己和公司带来一些利益上的损害，其直接后果就是增加了公司的通讯开支。

俞娜是一名经理助理，性情开朗，自然朋友很多。俞娜把公司的电话告诉了所有的朋友，于是，她的朋友们纷纷把电话打到了俞娜公司唯一的那部电话上。每次俞娜都不在乎是不是上班时间，只要有她的电话，她便眉飞色舞地聊上很长时间。俞娜也常常趁着经理外出的时候，偷偷地给朋友们打电话。

公司的电话几乎成了俞娜的专线，午饭和休息时间更是俞娜的专用电话时间，她中午一打就是1个小时，这使得本来想休息的同事都很难休息好。在同事的印象中，俞娜总是抱着公司的电话在说笑。在她心情舒畅地跟朋友说笑时，阵阵的笑声经常影响了那些专心致志工作的同事，但碍于面子谁也没有指责她的这种行为。

有一次，有一个很急的业务电话，对方打了几次，电话都在占线，一气之下对方解除了合约，这使公司莫名其妙地损失了一笔买卖。经过全面的了解，发现那天俞娜占着电话和朋友聊了足足3个多小时。经理大发雷霆，严厉禁止俞娜再用公司电话打私人电话，为了能让俞娜记住这次教训，经理还扣除了她3个月的奖金。

在外企公司，一般来说每个人的办公桌上都安有电话，而且因为业务需要，通常都开通了国内或国际长途。但仍有一些公司在走廊或休息区专门设置了供员工拨打私人电话的投币电话，目的是让大家明白，公司电话只能用于公司业务，而不可以用来随意聊天或处理私人事务。

很多公司不允许员工在公司电脑上打游戏，网上聊天自然也是被公司禁止的，但仍有人利用公司的内部网络“笑傲江湖”。一位员工通过互联网到一家国外的网站下载了许多图片，却不料这笔高额费用算到了公司的头上，清查之下这位员工很快失去了这份相当不错的工作，并且在个人形象方面也大为受损。

单位自然是工作场所，私人电话一般不应该在上班时打进来。实在有事，最好在休息时间打，这应该和亲朋好友都说清楚。万一有人在非休息时间打电话进来，也应该三言两语，简单明了，最好不要在办公室里接打超过10分钟以上的电话。

一天的工作时间就那么长，要学会安排自己的工作时间。比较好的做法是将私人电话好好安排一下。给自己一个限制，这样一来不会阻挠自己的工作进度，也不会影响别人。更好的做法是将私人电话全安排在固定时间里去打，如午饭后或工休时间等。这是一种对自己和工作都负责的主动态度。

有时，对方打过来电话，虽然你一直想早点挂断电话，可对方却唠唠叨叨地说个没完，遇到这种情况可以这样处理：“对不起，我现在要去开会了，有事下次再说吧！”或者说“对不起，我现在正好有客户来访，一会儿再回你电话。”

在这种情况下，即使说谎也是不得已的。因为在办公时间内，抱着电话谈私事是最要不得的行为。试想，你的老板来找你，可你正抓着电话，在与友人大谈昨晚狂欢之事，老板会有什么感受呢？

上班时间内有私人访客，又该如何处理呢？有些公司明文规定：“上班时间严禁会客。”如果公司有明文规定的话，遇到紧急状况就必须遵循正常请假手续，即使老板同意你会客也要长话短说。如果不能在短时间之内解决，就必须依公司规定办理请假手续。

很多公司都专门设有会谈室，通常来说不会允许客人进入到工作区。而且，在时间方面也有着较为严格的规定，一般只允许在休息时间接待这种来访，除非是急事，并且要求尽可能的简短。若突然有朋友因私事来拜访时，也应该委婉地向友人说明，上班时间不可以谈私事，最好等休息时间或下班后再谈。

一般公司都会给员工安排固定的工位，在上班时间内切不可随意离开工位去办私事。当然，要参加会议、因公事外出或上洗手间等，则属例外。如果每位员工上班时都可以随意走动，自行其是，那么，公司也就不能称为“公司”了，就与市集一般无二了。

员工若非离开工作岗位不可，应获得上司的允许，并将外出的地点告诉周围同事。等办完事返回岗位时，也要向上司报告。有时，可能并没有突然的事务打扰你，而你只是感觉困了，而产生离开工作岗位恢复精神状态的念头，这是可以理解的。这时要尽量克制自己，实在不行，可以借去洗手间的机会用凉水冲冲脸，使自己清醒一下头脑。

我们可能见过这样的场面：在某个庄重的会议或某种严肃的场合上，主持人总是要告知大家把手机关掉。这样做的目的，就是怕手机的铃声影响别人。

员工应养成不随便接听手机和发短信的习惯，要知道，你的手机声音只会让身边的同事感到厌烦，尤其是在老板跟你谈话时，或者在重要的会议桌上。最好是把你的私事放在上班时间以外。上班时，可以把手机的声音关掉或调至静音或震动，等到休息时再给对方打过去。不要让手机的嘈杂影响你和同事的工作。

工作需要高度集中注意力，不要在工作期间长时间聊与工作无关的闲话。它不但会影响你个人的工作进度，也会影响其他同事的工作情绪，甚至妨碍工作场所的安宁，而招来上司的责备。偶尔与同事、朋友聊聊天是再正常不过的事了，但关键在于当你的谈话变成一种习惯，而不是你真的想说什么时，麻烦就来了。这时，你就应该学会管住自己的嘴或缩短话题。

在工作期间，要分秒必争，不能有丝毫懈怠。用心工作，并要和同事积极配合，把工作按时、高质、高效地完成。只有把这些都做好了，你才能在下班以后，轻松自在、无忧无虑地办理自己的私人事务。

升职细节

工作时间处理私人事务的习惯，很大程度上反映出员工的工作心态。有些老板通常把私人事务的多少当做一位员工是否积极上进、安心本职工作的考核标准。因此，公私不分，工作时间处理私人事务，影响的不仅是你的工作质量，还有你整体的工作形象。

守时不只是个人修养

守时不只是一种美德，更是现代人所必备的素质之一。戴尔·卡耐基曾说过：“如果你想和有影响力的人结交朋友，就应该遵守最基本的时间规则。”所以，无论是上下班或是出席会议晚宴，都应做到正点到达。这不仅是对他人的尊重，也是对自己的一种肯定，是一个优秀员工所必备的良好习惯。

汪宁是上海一家软件公司的副经理。在一次的月底评测中，他发现手下的一名员工小刘，在一个月内居然迟到了十几次。对于这个情况，汪宁觉得是自己管理不够严格，以致放任这个员工一而再，再而三的犯同一个错误。原来，汪宁所在的公司主要从事软件研发。他手下的职员多为软件编程人员。这类人大多有“夜猫子”的工作习惯。有时因为要完成工作，会在深夜进行编程。对此，做软件出身的汪宁表示理解，对于公司员工的迟到现象，大都不太苛求。

上个月，小刘连续三天迟到，见到汪宁，只是不好意思地表示因为工作到很晚，以致隔天没能准点上班。看到对方一脸疲惫的笑容，本想通过批评他来给其他员工敲以警钟的汪宁，最终还是忍住了。可这个月，小刘的迟到次数竟多达了十余次。以致其他员工也受影响陆续出现了迟到现象。面对这个情况，汪宁感到很棘手。对于迟到这个问题可大可小，因为工作的特殊性，如果批评得太厉害，汪宁担心员工的承受能力，可如果不批评，迟到现象会不断传染，一时间，汪宁很是苦恼。

就“迟到”这个现象而言，我们不能由此认为员工不热爱自己的工作。因为他迟到的原因，很可能是因为前一天加班工作到很晚，以至影响到休息，错过了上班的时间。也可能是因为遗忘了什么重要的文件，在往回赶的途中不小心错过了班车。但无论是什么理由，都不能掩盖他迟到这个既定的事实。迟到是一种惯性，自己很容易因此而习惯懒惰，而你的领导也容易就此产生对你不利的看法。公司既然规定了上班的时间，员工就一定要去遵守，不然还有什么纪律性可言。一个总是迟到的员工，即便他其他方面再怎么出色，也会影响到自己在同事和上司心目中的良好形象。

其实有很多种方法可以防范迟到。比如每天将闹铃提前10分钟，或是将表拨快一刻钟等。只要我们愿意，即使工作到很晚，也照样能按时上班工作。

大凡遵守时间的人都有很强的自律意识和责任心，他们善于尊重别人，办事讲求效率，做人做事讲究诚信严谨。反之，不遵守时间的人就会表现出没有自制能力，凡事放纵自己，严以律人、宽以待己，对事业对工作没有责任心，遇事先考虑自己，工作得过且过，什么事都无所谓，甚至不尊重他人，为人处世不讲信誉。

大学毕业后，牛刚来到一家私企，尽管表现不错，但经常因为一些他自认为是“小节”的问题，被主管批评。主管对他的评价是“大毛病没有，小毛病不断”。牛刚觉得自己是一个男生，大大咧咧点是很正常的事情，但主管却对这些“小节”很认真。

牛刚每天上班时有迟到的情况，因为这个主管没少找他谈，并且告诉他，作为一个员工遵守时间是最基本的职业操守。不过，牛刚并没把这当回事儿，他总是觉得虽然迟到了，但我并未影响工作，有什么可大惊小怪的。

如果部门开会，牛刚总是最后一个到场，会议刚结束，他就第一个走，这些都被主管记在心上。后来终于有一次又迟到了，主管扣掉了他当月的奖金。

有一次与一个重要客户洽谈业务，牛刚竟然也迟到，回到公司之后，主管非常生气，他解释说是因为塞车而迟到的。主管厉声道：“塞车根本就不是迟到的理由。明知道那个时间段会塞车，为什么不提前出发？你就是没有从根本上重视。”

牛刚现在很郁闷，工作也提不起精神来。他觉得遵守时间不过是一件小事，主管不必那么苛刻。像他这样把迟到几分钟看作是无所谓的员工大有人在，也许他们并不是把工作看得不重要，只是觉得几分钟不至于影响工作而已，但正是由于这一点，他们的主管认为他们的时间观念不强。其实上司正是从这些日常的小事来判断他的员工对工作的态度和重视程度的。

一些年轻人刚到新的单位，对规章制度看得较轻，工作上虽然十分卖力，却不遵守时间，经常迟到早退。很多优秀的公司不能容忍迟到早退，他们觉得遵守时间是一个员工最基本也是最重要的素质。身在职场，就应该知道遵守时间的重要性。这也是各种职业交往中最基本的承诺，也是体现诚信最基本的要求。不遵守时间，别人会认为你不诚信，会给人留下一种做事拖拉的感觉。你想，上司怎么会放心把重要的工作交给这样的人去做呢？

遵守时间和诚信是紧密相连的，守时与守信是一名优秀员工最基本的要求。不少人把“言而有信”看得很重，但忽视“相约准时”。其实，遵守时间是在与时间有关的问题上的守信。守时就是诚信的基础，无突发意外而不守时，实际上就是没有诚信的表现。

同样是年轻人的马强去一家私企工作，在培训的时候，他就意识到这是一家时间观念很强的公司。同样都是新员工，在上班的第一天，马强是第一个来到公司的人，这样一个小细节让上司感觉他是一个十分重视工作的人。在以后的工作当中，马强每天都是第一个来到办公室，最后一个离开。没过多久，上司就把一个重大的项目交给他去完成。项目的另一方是韩国人，韩国人的时间观念很强。洽谈业务的当天，马强提前 10 分钟到达，熟悉了一下周围的环境，在原地没等多久，韩国人来了。马强以自己过硬的专业技能让韩国人诚服，项目谈得也很愉快。双方签完字之后，马强以主人的身份带着韩国人浏览了一下四周，韩国人还以为马强的公司就在附近，马强说：“不是，我的公司距离这里很远。只不过我早到了一会儿，在周围转了一下。”韩国人投以赞赏的目光。回到公司之后，因为马强这次任务完成得这么顺利，上司也就更加信任他。半年之后，马强被提升为部门主管。

故事中的马强正是通过“遵守时间”这一点，让上司与韩国人对其产生了信任，也正是遵守时间这一细节让他赢得了迅速晋升的机会。

升职细节

在职场中，如果你想得到升职，不要将公司的纪律当成儿戏。公司既然制定了上班的时间，就必须要去遵守。不要因一时的侥幸逃脱，误把它认为成老板的默许，从而毁掉自己在他人心目中的形象和信誉。

容貌和衣着体现个人气质 

据有关调查显示，通常只要30秒的时间，面试人员或客户就能对面试者或者从业人员下定“最终的判决”。能否被自己心仪的公司所录用，争取到企业的业绩订单，也许就取决于从业者的某个措辞或者手势。以台湾的职场为例，现在很多的企业看重BMW型人才，即Body figure（优质的体态）、Good management（良好的管理能力）与Wisdom（智慧）。其中，“优质的体态”尤为重要。在台北的街头，随处可以见到体态轻盈的骨感美人。根据从业人员的分析，这主要是由于台湾的产业形态链已逐渐由原来的制造业转为服务业。所以，外表就成为求职的主要因素之一，很多白领为此开始进行疯狂的减肥，以拓宽自己的求职道路。

除容貌因素外，很多其他的细节内容，也是提升从业人员的“职场魅力”的关键所在。掌握这些技巧，可以为求职、洽谈平添有益的助力。现在，简单为大家介绍四种提升“职场魅力”的有效方法，来帮助大家将自身最美好的一面进行展示。让自己变得更加自信，成为在求职的道路上最具魅力的成功者。

方法一：注重声音的训练

对于声音方面的训练，国外就有专门的机构就职场声音进行教学。在国外教学的课程中有这样一条建议：要求每个学员在谈话时，将身体慢慢放松，尽可能使身体保持挺直。将身体的重心均衡的分配到双脚上，并控制双脚的位置。另外，注意将声音的语调适当降低，最好能够略微低沉一些。语速保持快慢适中的平稳步调，不要因过度的紧张而方寸大乱。尽量用一些短小的停顿，对他人进行谈话性的引导。这样，就能使言谈更加稳妥权威，给人留以深刻的印象。

方法二：注重仪态的优雅

成功者之所以容易受到他人的信赖，很大程度上与他们的仪态举止是分不开的。当一名外表端庄优雅的员工与一名慵懒颓唐的员工同时出现在客户面前时，客户一定会选择那位端庄优雅的员工。因为这位员工的仪态气质更加值得信赖。

很多初入职场的员工，都忽略了这一要素，单纯地以为只要努力工作就可以了。

要知道职场并不是学校，员工的仪态举止代表着一个公司的整体形象。尤其是在与客户洽谈时，你所代表的不仅仅是你个人，更是你所在的企业单位。所以，一定要打起十二万分的精神，去面对客户的每一次提问，做到有礼有节，不卑不亢。另外，还有其他一些细节方面需要注意。比如工作时，不应弓腰驼背，流露出颓唐的姿态，应时刻保持腰板的挺直，以饱满的情绪进行工作学习。当然，也不要因过度重视礼仪姿态而给人浮夸的感觉，这样很容易引起上级对你的不满。

方法三：注重想法的表述

语言艺术是展现个人魅力的最佳途径，然而，很多时候却被人们所忽视。大多数人认为只要把想表达的内容叙述清楚就足够了，至于其他并没有什么影响。以职场女性为例，很多女员工在新的工作环境中，会习惯性地将自己的一些想法隐藏，有时还会胡乱猜想，甚至影响到自己的工作情绪。

李小姐是北京一家广告公司的新职员，为了能够更好表现自己，在某次活动策划中提交了自己的一套方案，却被部门主管退了回来。李小姐觉得自己比较失败，辛苦了近一个月的工作成果得不到应有的回报，为此她沮丧了好几天，认为自己可能有些不太适合这份工作，后来再说到提交方案的时候，李小姐也不那么积极了。在同一部门的同事杨先生也曾有过提交方案被主管退回的经历，但是他并没有就此气馁，而是积极与主管进行沟通，弄明白自己为何会失败。最终，杨先生结合了领导所提的建议将企划重新修正，并将重做后的方案再次提交给了主管，同时还向对方阐述了该方案的依据，主管也被他的充分理由所说服，最终采纳了杨先生提交的方案。

其实，女性职员应该尽快改掉自己脆弱、敏感的弱点，通过与他人有效沟通，尽可能将自己的想法告诉给对方。这样，即使遭遇拒绝，你也能够知道失败的具体原因，只要修正这些问题，还是会有机会成功的。

方法四：注重真诚与尊重

无论是平时与人沟通，还是与客户间的商谈，真诚与尊重都是必不可少的关键因素。有的人之所以具有“人格魅力”，是因为他们在与他人沟通的过程中，注重将注意力集中到对方的身上，并时刻同对方保持一定的眼神交流。

作为一个好的聆听者，你并不用过多的语言，给对方一定的适宜空间，以对方为中心，进行适当的交流。通常语言方面的交流占总比重的49%为最佳表现，这样会给人留以谦和温驯的印象。并且要注意自己的态度，一定要温和，给人以充足的信任感，让对方感受到自己的言论对你而言是重要的。一个富有个人魅力的人士，不但是一个值得他人尊敬的聆听者，更是一个忠诚的秘密守卫者。请相信，当你给予他人真诚与尊重的同时，对方也会回报你同样的支持与信任。

升职细节

现代职场通常以人的外貌来判断其品质与才能。从某种意义上来说，许多职场人士之所以能够取得成功，赢得老板或客户的信赖，更多是仰仗他们的职场魅力。由于他们看起来很像成功人士，所以比一般的员工更容易给人以“可靠”“值得信赖”的感觉，这也是他们通往成功的主要秘诀。

谈吐透露职场达人修养

交谈是我们生活中一项必不可少的活动，从一个人的言谈举止间可以看出他的个人修养与气质。所以，我们更应从细节做起，从而更好地注意自己的举止修养，做一个有内涵的职场人士。那么，怎样通过谈吐，来体现自己过人的修养呢？

首先，要注意说话时的姿态与动作。

人的姿态是一种内心状态的外部表现，主要依赖于自己的情绪、感觉与兴趣而定。姿势不是衣服，更不是那些死板的动作，你可以根据自己的欲望将姿态随时调整改变，而且这需要依靠你的内心感觉，才可以很好表现出来。像某些人在说话声音越高越响的时候，常会将自己的双手高举。这种真情流露，也会使他的动作与姿态显得自然。有时，会因为心情畅快，将双手在空中挥动；有时会因为心情悲苦，忍不住会握拳，将其靠在自己的胸前；当出于愤怒的时候，更有可能举拳猛击。当然，这种动作与表现姿态，都要以自然与灵活为第一要素。

除了演讲活动以外，大部分的谈话，都是有机会坐下来说的。关于“坐”这个问题，有着很多种的不同方式，例如，一些人喜欢坐在人们的中间，这样别人就可以围坐在自己的身边；一些人喜欢坐在会场的角落，不让别人能够清楚地看见自己；一些人喜欢坐在听众的外围，主要用意是不让他人注意到自己。其实，要是你选择座位的话，就应该选在一个中间的位置，让别人都能清楚地看见你。另外，在坐下的时候，你的姿势应该自然，并且要保持端正，最好不要斜靠在椅子上。再有，像一些盘腿或将手臂搁在椅背上等会引起他人轻视的动作，必须要加以注意。

其次，要注意说话时的语气态度。

调整说话时的态度是掌握谈话技巧的一个基本原则。这里所谓的“态度”并不是指你的行动，而是指说话本身。因此，你必须留意自己所说的话有哪些地方需要注意。当你与他人闲聊的时候，用不着装成十分正经的态度，只要一切顺其自然就可以了。

如果你想让自己的说话态度显得比较自然，还有一种方法，就是将自己当做是一位讲师。这样你所说的话，就像是对一般学员的讲解一样，他人会尊敬你的意见。你不要有什么恐惧，更不必去担心什么，自己内心的思想就让它自然地流露出来。

一些人学鸟叫，可以学得十分逼真，几乎让人听不出那是人模仿的，可却总是无法让人感动。是的，如果听到树上真正的鸟叫声，很快就会感动，有一种难以言表的喜悦感，这些就是自然与不自然的区别。如果你能够充分调动自己的情绪，使话语自然地流露出来，那么你所说的话，一定会显得格外动听。

不知道你是否留心过，如果有人把一种主要意见，用很诚挚且容易让人感动的语气对你说出来，你的心里就很难产生与之相反的意见。因此，如果你准备给他人留下一个良好的印象并要对方赞同自己的想法，就一定要记住，激发起他人的感情，这要比引起别人的思考会带来更多的好处。

再次，要注意自己的肢体语言。

肢体动作也是一种语言的表达方式。从你在别人眼中出现，一直到你正式说话之前，这一段时间，其实你都是在说话，只是并非用语言文字来进行表达而已。在你说话之前，你的眼神、你的动作以及你的全身都在表达着某种意思，而这些你所表现的内容，会让他人准备来听你说话，或是不想听你说话，从而使他人对你产生敬意或者是厌恶感。所以，在说话之前的这段时间，你必须要特别注意自己的肢体语言。

另外，在你正式说话之前，你必须要用你身体的全部，向那些听讲的人们，传达你对他们的好感与敬意，并且要暗示出你所要讲的内容的重要性与它的基本色调。这不仅在演讲中需要注意，即便在平时说话的时候也应该如此。在闲聊的时候，当朋友都聚集在客厅之中，原本坐着的你忽然站了起来，或者将你的座位向对方移近一些，或者在众人之中，重新选择一个良好的位置，又或者是采取了一个不寻常的姿势。只要你能够做得自然得体，对你的言语表述就会有很大的帮助。

升职细节

我们的双手最会“说话”了。但是，需要注意的是，我们不应给每句话都配上相应的手势。有时手势太多，反而会让人觉得不自然。在重要的地方，配上一些适当的手势，就会引起人们的注意。如果能够让人们在听你讲话的同时，还能有的看，那么你几乎不用担心对方的注意力会从自己的身上离开。

准备好一套你的职业装

在公司里，员工的形象代表的不仅是个人形象，还代表着整个企业的文化及品牌效益。合适得体的职场打扮，不仅可以给上司、客户留下良好的印象，更可以为自己加分，为工作平添一份良好的助力。

如何选择适合于自己的职业装，变成了无数职场人士关注的要点。其实，对于职业装的选择只要合理把握好色彩的搭配，便能找到理想的搭配效果。

在选择职业装前，我们首先要了解什么是职业装。职业装是一种既能用于标明职业特征，又用于工作的服装。可以从内到外形成一种凝聚力和形象力，塑造出白领阶层质朴、稳重、干练和充满自信的形象。另外，人们通过外表的装束看到工作的认真态度。一般来说，中性色是职业装的基本色调，如白（漂白、乳白等）、黑、米色、灰色、藏蓝、驼色等。

春季可用较深的中性色，夏季可用较浅的中性色。按照不同场合、不同时间，选择不同色彩与之相配，这样就能迅速判断所选衣服是否符合需要，是否与自己衣柜里其他衣服的色彩协调。

目前，较为流行的职场套装主要以男士西服套装与女士的套裙为主。其中，男士西服的挑选主要注意其质料、款式、颜色等几个方面。西装的面料首选毛料，它有极好的垂感而不易起褶皱，保持西服的直顺板型。并且，毛料的良好透气性使它在各个季节穿着都很舒适。

对男士来说，除了西服套装的搭配外，如何选择适宜的衬衫，也是一个重要的问题。一般而言，白色与蓝色衬衫是男士们所选的主流色彩。不过，也有部分男士偏爱其他的色彩。比如米黄色、淡粉色等。其实，每个人的爱好各不相同，喜欢的色彩也多种多样。不同的色彩可以带给我们不同的新鲜感受，不同行业的人也应该选择不同颜色的衬衫来体现自己的职业风范。

多数人对特定的颜色都有近似的感觉。例如：蓝色给人冷静沉稳的感觉，红色给人热情大方的感觉。正由于人们对色彩的心理效应，不少企业会以穿制服的方式来传达企业精神。不过对于不喜欢受约束的年轻上班族而言，公司上下都穿相同的制服未免显得古板，所以就有了现在的星期五休闲日。这一天可以不必穿正式的西服，而用其他的服饰来展示自己的个人魅力。

其实，想为自己的专业形象加分，除了在衣服颜色的选择上多下点工夫，平时还可以多学习一些不错的着衣方式，适时地提升一些自己的职业气质。比如，领带的搭配、西裤的颜色也都需要一并考虑。

和男士着装不同，在选择女士的职场套裙时，职场女性应当考虑利用裙子的修饰美化作用“扬美遮丑”，要是不得体的裙装，不管多么新颖时尚也不会给人以美感。

从专业角度上来讲，每个人适合的颜色范围、款式是不相同的，这与个人的色彩类型与风格有关。一般情况下，职场套裙一般以两件套或三件套为主。其中，两件套即上身是女式西装，下身是半截式裙子。三件套除原有的女式西装上衣、半截裙外，还添加了一件小坎。目前，职场上流行的女士正装颜色以素色为主，为的是体现出着装者的典雅、端庄和稳重的职场气质。其他颜色，比如藏青、炭黑、紫红等稍冷一些的色彩亦可。但是，对于正装服装颜色的选择，不宜用过于鲜亮抢眼的色彩。

升职细节

对于职业装束的选择，最主要的还是要清楚着装目的。不管是日常工作还是会议谈判，只有明确着装的目的，才能恰当地选择职业装。这里要提醒各位读者，职场用装有别于日常休闲，应分清场合谨慎着装，以免造成不良影响。

名片代表个人和公司形象 

名片的出现，可追溯到封建社会。一直到了明代，才形成正式规格的前身，也就是所谓的“名帖”。早期的“名帖”，长约七寸、宽为三寸。它作为文明时代的交往工具，为人们的沟通交流搭起了一座便捷的桥梁。到了现代，名片的功用更是得到逐步强化。虽然只是一张小小的卡片，但却是现代社交中不可或缺的工具。在日常的人际交往中，通过互换名片，可进一步了解熟悉对方的情况。

在现代职场交际中，名片一般可分为两种：企业名片与私人名片。一般在企业名片上会注明企业的名称、联系方式及企业地址。私人名片通常会标注企业标识、单位全称、所在部门。除此之外，上面还应附有姓名、行政职务、单位所在地址、邮政编码、办公电话。至于其他内容可根据个人需求进行添加。

通常情况下，国内名片的规格分为5．5×9（cm），国外的名片规格则为6×10（cm）。在材质上的选择，名片可分为：纯金、银、石材等材质。现在市面上制定的名片，其材质大多为再生纸制作。这种材质的名片经济实惠又环保，不失为节能上佳的材质。另外，需要注意名片的底色最好选择浅色单色系色彩。

名片应体现简洁、明快的整体风格。除了企业标志、产品图案外，不要加与内容毫无关联的图案，以免破坏名片的整体设计感。名片上的字体，一般采用正楷，印制的文字最好使用简体字，这样便于识认。如果需要印制两种语言，可使用正反两面，千万不要都挤在同一面印制。不然会给人杂乱无序的感觉。另外，要切记名片是作为传递个人信息的媒介，不要在上面加印其他的内容，以免增加辨识上的难度。

切记不要在原有的名片上进行涂改，如果地址、电话有所变故，应定期重新制作。切不可随意涂抹，那是一种不尊重他人的表现。此外，订制名片时，一次最多只能提供2～3个头衔。所以，在众多头衔的选择上一定要谨慎。通常建议选择一些有代表性、针对性的头衔。过多的头衔，不利于对方对自己的了解，容易造成认知混乱。最后需要说明的是，一般在名片上不提供私人信息，主要包括：家庭住址、家庭电话等。这样做是为了防止因私人信息的外泄，造成不必要麻烦。如果有特别的需要，可自己酌情添加。

在公共交际场合，像商业会议或宴会，遇到需要递送（索取）名片的时候，出于对对方的尊重应先将自己的名片，双手递送出去。待对方接受时，再索要其名片。这里需要特别提醒，不要随意向他人索取名片，这是一种不尊重对方的表现。为避免尴尬的情况发生，一定要先递送再索取。另外，在递送名片时要特别注意，应手握住名片的上方位置，将印有姓名的一面向上，笔直递送到对方的面前。在接受名片时，应双手握住名片底部位置，并认真查看。有不明白的地方，应及时向对方请教。如需出声诵读名片上的文字，一定要注意语气的把握，以表示尊重。如果在接受对方名片后，发现没有名片可做交换，应主动进行解释，并告知自己的联系方式。

一般在职场中递送名片，需要掌握基本的礼仪规范。递送时，一定要将名片递给年纪较大的长者或地位较高的人士。再有，名片在递送时应该按照由近到远的顺序，将名片最先递给自己旁边的人士，然后逐一类推，将名片递送到周围其他宾客的手中。如果是在圆桌周围递送名片，应以顺时针的方向进行传递，以示对他人的尊重。

升职细节

随着名片的功用越来越受到人们的重视，现在它已成为职场人士交际应酬中的随身必备物品。在公共社交场合，名片所代表的已不仅仅是个人的形象，在很大的程度上可以从它了解到企业的文化形象，通过它可以展现出一个职场人士的社交面貌，以及所在公司的文化底蕴。

时刻注意日常职场礼节

一个人是否注重礼节，给别人的印象是不一样的。一个人如果能通过他的一言一行，合乎情理地表达出自己对他人的尊敬、祝愿或信任，那这个人就会让别人有一种受到重视的感觉，自然别人在对待他时，同样会以礼相待；如果一个人的言行举止都太随便，那么别人就会产生自己不被尊敬和重视的感觉，那就很难形成一种

互尊互敬的良好交流氛围。不讲究礼节的人常常被人认为缺少教养，或者被认为是对别人的不尊敬，如果给别人留下这样的印象，显然不利于我们与别人进行良好沟通与交流，也不利于我们生活的愉快和工作的进步。

在现实职场中，有一些很有能力的人，虽然工作出色，但为人恃才放旷，上司的命令有时他也不服从，而是怀着一种优越感，自作主张，似乎处处比同事们高一等；工作中稍有不如意，就开始发脾气、抱怨；最终可能把整个公司的人都得罪了。老板没办法，为了维护公司的团结，最后不得不将他解雇。从某种意义上说，恃才傲物和满腹牢骚，都是不讲礼仪的表现，会严重影响到公司同仁的评价和其在公司的地位。

初到广告公司，穆仁雄心勃勃，极想干出一番事业。作为文案，他还兼职策划，他很敬业，常常加班；老板对他也非常欣赏。可是，穆仁对他的顶头上司——公司总监的做法极其不屑，因为他对老板极其恭敬，简直到了有点卑躬屈膝的地步。比如说，老板下楼，他会在前面开路；老板上车，他会抢到前面打开车门。老板说话，他会全神贯注地倾听，不管对错，从来不中途打断。

穆仁对此不以为然，他认为：人嘛，才华彰显就行了，不拘小节才能成大器。一天，老板来策划部小坐。漂亮的玻璃茶几上，长颈花瓶里插着一枝细长的兰花。穆仁随口说，太单调了，只有一枝。老板笑着说，那你想想办法，让它充实些；穆仁答应了，却并没有去做。

天热，穆仁随口抱怨了一句：这么大的公司，竟然没有空调。总监听了，与老板对望一眼，什么也没说。

有一天上班，正赶上清洁工在打扫楼道卫生，纸屑扬起，落在穆仁的脚面上。穆仁不禁抱怨了一句：这鬼地方，哪儿是人待的？总监听了，看了他一眼，就进了老板的办公室。过了一会儿，老板让穆仁过去，穆仁以为是要加薪呢，原来却是要辞退他。穆仁结结巴巴地问："凭什么啊？我这么努力，这么上进……"

老板说："是啊，你是一个难得的人才，可是恃才傲物是不可取的；我送你两条忠告：第一，对上司要尊敬。有什么想法或建议直接跟上司表达。第二……"经理往墙上一指，那是员工守则。第一条就清清楚楚地写着：本公司员工，抱怨两次至两次以上的，予以辞退。

原来如此，穆仁无言以对。离开了广告公司，穆仁奔波在求职路上。当他跨进另外一家广告公司时，老板对穆仁的表现非常满意。尊重上司与绝不抱怨两条，穆仁做到了；他常常对新来的员工说，牢骚太盛防肠断，有抱怨的时间，不如踏踏实实地做事。

的确，在职场中，一个人的言行举止所体现出来的礼节实在太重要了，它直接影响到你在上司、同事以及客户心中的形象；空有才华未必能成大器，唯有做事拘小节，不怨这怨那，努力进取，职场上的路才能越走越宽。

升职细节

在职场久了最容易忽视的就是对人的礼节，以为跟周围人相当熟了，言行举止大大咧咧，给别人留下一种与之身份不相符的印象，而让自己的形象大打折扣。做一个有涵养的人，才能得到同事的亲近与上司的青睐，才能提升自己的人格魅力……

不要在自己身上留下污点

不少人在日常工作中，不善于控制自己的言行举止，也不考虑工作中会不会犯什么大错；不经意间就给自己身上留下了污点，而让自己大打折扣。人就像一件产品一样，如果外观上存在什么缺陷，就算功能再好，也不会为消费者所喜爱。

众所周知，在学校时，一旦在档案里留下“留校察看”或“记过”等黑材料时候，会给你未来发展中，带来很多麻烦；不管你以后实际表现怎么样，在你人生关口上，一旦让别人看到你的这些污点，可能会对你全盘否定。工作中也是一样，许多人不留意自己的一些行为，其实也在给自己留下污点。虽然当时可能还爆发不出它们的威力，但在你升职加薪的关键时刻，它们的杀伤力就暴露无遗了。

张萌在公司的职位不高，但在公司里可以成为元老级人物了，在公司一待就是十二年，很多同事都升到经理了，他却还坐在主管的位置上雷打不动。他是一个工作能力比较强的人，公司一些比较完善的管理体系都是他建立起来的，但就这么一个人却在每年的升职潮流中，一直与升职无缘。为什么会这样？关键的原因就在于他给自己留下了污点：他是个桀骜不驯，很好斗的人；有时候一些高层打压他，他立马予以还击，并且通过一些手段干掉了几个高层，还把这些事迹当作荣耀般地到处吹嘘。正是他手段比较毒辣，干掉了不少高层，也导致了没有一个公司领导愿意重用他。

刘宁办事能力不错，但就是有个毛病：对钱看得太重，喜欢占些小便宜。公司原本包伙食，按5元每顿的标准，同时也规定员工出差可以享有15元的餐费。于是他常常以出差为名，在外面吃顿5元钱的快餐，然后回公司报销15元。久而久之，他的小气在公司里出了名，也让经理看不起。所以不管他工作怎么表现，都得不到经理的重用，也与升职无缘。

在工作中，不经意间留下的污点对你的发展所起到的制约作用相当大：很多时候，你的努力和全盘计划可能因为你身上的一个污点而全盘泡汤。这好比建房子，一块块砖头辛苦地砌起来，等快要大功告成的时候，却因为一块砖头松了而倒塌。上司想要升一个人，他自然会考虑得非常清楚，下属有没有什么缺点，一旦你在上司心中留下负面的印象，对你的职业发展非常不利。这些污点包括你对上司的威胁、失败的经历、性格与人品问题等。一旦上司认为你是个威胁，他会压制你，一旦你有些不光彩的过去，或者性格和人品上存在缺陷，他会从内心瞧不起你。

升职细节

一个人的名声非常重要，如果给自己身上留下一些污点，而在上司心中留下不良的印象，他就会戴着有色眼镜来看你。不管你工作表现如何，一旦上司对你持有排斥感，你的一切努力都将付诸东流。

别让小节毁了你的形象

不要以为小节无伤大雅，每天我们都置身于不同的场合，作为社交一分子，我们要做的就是让自己的行为与场合、身份相称。恰恰会因为你的一个不经意的不雅动作，让你的形象在公众当中大打折扣，而这些不经意的小动作也一定是你从未关注过的细节。比如，不分场合地让口香糖在嘴中嚼得“叭叭”作响，还自以为时尚；正式场合也不修边幅大大咧咧；大庭广众之下哈欠连天；急着打断别人的话而发表自己的“高见”……不拘小节常常被一些人看作是大度潇洒的表现，认为“大礼不辞小让”，做大事的人哪里顾得了那些鸡毛蒜皮的小事？错矣！其实，所谓小事，可以从细微处反映出一个人的修养，是一个人潜在的形象及人际资源方面的投资，若不加注意，易招人反感，甚至会失去机会。

刘法明是一家公司的经理，他有一个中学时的同学，在公司的销售部做业务员，每当几个要好的同学聚会时，趁这个同学不在的时候，其他同学都对刘经理说：“你是经理，也拉拉同学啊！”刘经理每次都回答同学说：“别人都行，唯他拉不了。”大家很惊讶：“大家都是同学，为什么呀？”刘经理说：“我何尝不想拉他，可他还和往常一样，小动作太多，这么多年了，他还是一点儿长进都没有，我听着他嚼口香糖的声音就想吐。还有，我拉他去跟人家谈判，他的形体语言太夸张了，时而摇头晃脑，时而拍手大笑，让对方觉着我们跟人家不在一个层面上，怎么拉他一把啊？”

事实上，他的这个同学人不错，也有不少其他优点，但修养、礼仪上的这些小问题竟然给他带来如此大的负面影响，真是出乎人的意料。但又似乎可以理解，毕竟这些举动给人带来不快，甚至无形中耽误了正事。

细想一下，社会上确实不乏这样不注意小节的人。有些耳痒的人，只要他看见什么可以用，就会随手取来掏耳朵，尤其是在餐室，大家正在饮茶、吃东西的时候，他那掏耳朵的小动作，往往令旁观者感到恶心，这个小动作实在不雅，而且失礼。有些头皮屑多的人，在社交场合也忍耐不住皮屑刺激，随时随地搔起头来，头皮屑乱飞，不仅难看，而且令旁人大感不快，试想，如果你是老板，看到这样的员工会不会感到丢脸？并且觉得此人不稳重，而不可托付大事呢？还有的人也许腰缠万贯，但却言辞不雅，举手投足好像个乡巴佬；有的人口袋里没几个钱，衣着也非名牌，但举止大方，气度不凡，让人不敢小瞧。比如说走路这样一个再平常不过的行为，有的人走路时低头驼背，无精打采，有的人则挺胸抬头，器宇轩昂；有的人左摇右晃或连蹦带跳，有的人则端庄大方，沉稳干练；等等。同样的道理，站姿、坐姿、吃相、着装等无一不向别人传递着你的修养品味、性格学识等多方面的信息。

升职细节

礼仪无小事，社交中要注意从小处入手，从举手、投足等日常行为方面有意识地锻炼自己，养成良好的站、坐、行姿态，做到举止端庄，优雅得体，风度翩翩。树立自己良好的形象，全方位地完善自我。

良好形象为自己加分

在《杜拉拉升职记》这篇小说中，作者对杜拉拉的形象描写得极其简略，大概就是：染成栗色的长发，身段曼妙，有着修长的美腿，她标志性的服装就是耐克牌的蓝色休闲运动装，下班后或出差时，还常常带着副大墨镜。

“蓝裤子”的绰号，是她出差时遇到的一个叫李都的男人给起的，“她不但身段好，尤其动态非常不错，她的年龄估计在三十出头，看着像个级别较高的白领”从李都对拉拉的第一印象中，我们就知道，不论是在公司里，还是在生活中，拉拉绝对是个注重个人形象的人。

人们总是比较重视第一印象。比如，在人际交往中，人们往往根据初次见面时对方的仪表、风度、性格、态度所留下的印象来作出判断，并以此作为今后交往的基础。因此，在职场上，我们要非常注意自己在同事或上司或老板面前的“首次登场亮相”，争取让自己的第一印象为自己加分。

人们初次见面，首先引起注意的往往是服装和仪表。人的穿着打扮，不仅反映了一个人的容貌、气质和风度，更反映了一个人的素质和审美观。工作中，如果你穿得非常邋遢，别人是不会相信你的；而一个穿着整洁大方的人，会使对方一眼看上去就值得信任，别人就更容易接受你、喜欢你。俗话说，人靠衣装马靠鞍。在职场上，我们也需要在外表上好好包装包装。

两年前，学中文的姗姗经过层层面试，终于进入一家心仪的单位任文员。其实，能顺利进入这家单位，除了过硬的硬件指标（上学期间发表过多篇文章，文笔好；面试问题回答严谨，思辨能力好）外，她谦虚的态度及良好的礼仪都为她加分不少，当然，那身花500元买的小西装及刻意收拾过的容貌也取得一定效果。求职时，每个毕业生都知道形象分很重要，可是进入工作岗位后，有些人就开始忽视这些，姗姗就属于这种。牛仔裤，T恤衫，再随便扎个马尾，这就是她的长期形象。有一次，部门几个同事吃完中午饭后顺便去逛街，也邀请姗姗一起去，在服装店里，当几个职场老人给她参谋如何买衣服时，她却莫名地产生了一点反感，甚至有些固执地认为：年轻，就是资本，不用刻意打扮。直到有一次，一位同事要带她去参加客户会谈，在临行前的一个晚上，这位同事打电话给她："明天的会谈很重要，你待人接物方面我很放心，但要稍稍注意一下职业形象。"一句话让姗姗醍醐灌顶般明白了，原来，自己的一言一动，一鞋一帽都代表公司的形象。此后，姗姗在职业形象方面注意起来："容貌是先天的，无法改变，后天能做的就是弥补不足，在原有的基础上加分，一个精致的淡妆，一套合体的职业装扮，这都是对同事的尊重，对客户的尊重。"工作之余，姗姗也留意一些形象管理的书籍，经过一年多的磨炼，现在的她已经成为一个标准的职场丽人。

就此来说，职场交际的"包装术"首先要符合和遵循一般的规则和惯例，给人一种信任感、稳重感。所以几套合适的"行头"是必备的，在比较正式的场合，西装革履也必定是需要的。

在交际中，人们往往重视了外在的"硬包装"，却忽视了内在的"软包装"。所谓"软包装"主要指的是在精神、气质、思想方面的准备和设计，这就需要在平时多注重自己的言谈举止。因为，一个人的言谈举止反映着他的人格修养，得体大方的言谈举止，可以为他赢得别人的青睐和赏识；反之，就会惹人厌恶，从而使人远离他。

总之，良好的形象无疑会给自己加分，对于职场上的男女来说，都需要学会适当地自我包装。

升职细节

职场形象是一个人在职业生涯中反映出的长期印象的总和，它是一种综合素质，一种外在与内在结合的、在活动中给人留下的印象。注意打造与期待职位相符的、为用人单位所信任的良好职场形象，是提升你职场竞争力的一种重要策略，是你获得提升的重要途径，会帮助你叩开晋升的大门。

做一个有涵养的职场人士 

对一个合格的管理者的素质要求是全面的，而不只是专业方面的，如果不慎你在素质修养方面出了差错，那么你可能就会失去将要到手的成为管理者的机会。

刘伟坐在电脑前，百思不得其解："为什么自己被拒了呢？"真没想到，在T公司那么完美的面试表现竟然会被拒，难道他们公司就是打着招聘的幌子来给自己做广告？刘伟参加了T公司的副经理招聘面试。面试分两部分，第一部分是用英文对自己的父母作介绍。很多应聘者都准备了自我介绍，没想到公司却独出心裁，让介绍父母，结果弄得很多人措手不及。而刘伟，一向应变能力较好，所以这关过得比较轻松。第二部分是分组讨论。招聘单位将应聘者按小组为单位，让组与组之间就一个论题进行正反方辩论。在学校里刘伟就经常参加辩论活动，所以对刘伟来讲也是就轻驾熟。

两轮过后，招聘副经理部门的经理对刘伟说："基本上过了，只是还需总经理最后确定。"接着，刘伟被秘书带进了总经理的办公室，准备接受总经理的最后检验。当时总经理在会议室会客，所以刘伟被单独留在了总经理办公室。十分钟后，秘书小姐进来告诉刘伟，总经理有急事必需处理，现在没有时间见刘伟，所以，他可以先走了。

回家后，回顾整个的面试过程，刘伟的表现都是很出色的，可是怎么莫名其妙地就被拒了呢？难道大公司就可以无条件地拒绝别人？不行，刘伟准备要把问题弄明白，于是他决定第二天去T公司问个清楚。当刘伟来到T公司后，前台小姐没有再拦他，也是说："刘先生，这边请。"坐定之后，总经理开门见山："刘先生，我很欣赏你的坚持，所以我同意见你，而且我将告诉你落选的原因。你一定对面试的全过程都记忆犹新吧？那天你在我的办公室里等我的时候，翻看了办公桌上的文件是不是？这就是落选的原因。"喝了一口茶，他接着说："事情虽小，但表现的却是一个人的修养问题。没有经过别人的同意翻看别人的东西，这是不尊重人的表现。万一这些文件有公司的机密呢？这使人对你的忠诚度很怀疑。在我的眼里，一个忠诚的，尊重人的员工远比一个仅有能力的员工要强。”

此时的刘伟脸涨得通红，从T公司落荒而逃。是的，在办公室里百无聊赖的等待中，刘伟随手翻了一下桌子上的文件夹，可是当时他并没有特别的想法。而这一切都被设在总经理办公室的监控器录得一清二楚。T公司的这一堂课让他想了很多，很多。一个细节的不慎就抵消了他前面的所有完美表现，细节的强大力量他是真正地领教了。

我们的习惯开始于无意的观察、细节的暗示与经验，它像带着一点点内容的蜘蛛网，随着实践长大、积累、成熟起来。习惯就是由网发展成铁链的，它控制着你每天的生活。你每天的成功与失败的经验都在证实和主持着你目前的自我意象。

自我修养则在培养一种习惯。自我修养反复地用语言、图画、观念和情绪告诉你，你的哪些行为会帮助你达到个人重要的胜利，它能使你的自我意象或思想产生持久的变化。

如果一个人没有自我修养的品质，即使你具备其他一切成功者的素质条件，也是毫无价值的，根本不可能成为成功者。因为，即使你有自我促进的愿望，即使你自己处于最佳状态，即使你设想登上南极，如果没有自我修养提醒你对生活细节的注意，那你将永远也不能达到自己的目标。所以，归根结底，自我修养是一种对生活的自我暗示，一种对细节的执著追求。

升职细节

一个人最不容易完成的人生任务就是自己的修养，修养的内容太广博、太深奥了，可以说就连世界上最伟大的圣人也修养不到让自己完美无缺的程度。但修养对一个人来说确实是不可停止的事，尤其是要注意修养细节的加强；因为细节的修养代表着品质与素养，也关系着你的前途。

第五章 搭建职场人脉，开启晋升之门的金钥匙

当上司要晋升下属时，一定会首先想到去提升那些上有贵人相罩、下有良好人缘的人，这不仅是为了避免出现抱怨，更是为了防止发生部属之间的争端。一个人事业的成功，80%的功劳来自人脉。对于任何一位职场达人来说，做好缔结升职关系的细节，把握了职场的人脉之道，就等于找到了开启升职大门的钥匙！

细节 成败

靠细节建立超级人脉圈

如果一个人只是因为特别关注别人的名字，而最终获得了高位，此事乍听起来，让人不可思议，然而，这却是事实。这一听起来毫不引人注意的细节，却让一个人成了一个不同凡响的人物。

吉姆很小时，他父亲就去世了。母亲拉扯他和另外两个兄弟辛苦度日，过着饥一顿饱一顿的生活。后来吉姆不得不放弃学习，到一个砖厂去工作。但艰苦的打工生活并没有改变这个天生乐观的爱尔兰后裔。他为人热情、讨人喜欢，对什么事都抱着乐观的态度。无论他出现在哪里，都会受到人们特别的欢迎。正是凭着这种性格上的优势，他后来从政了，成为一名著名的政治家。

他甚至从未见过中学是什么样子，但在他46岁以前，4所大学已聘请他为名誉教授，他成为民主党全国委员会的主席、美国邮政总监。在吉姆还比较小的时候，他就发现了一个秘密：那就是人们对自己的名字很关心。人们只要发现别人能够很熟悉自己的名字，就会对对方表现出格外的热情。从那时起，他就下决心记住他所接触过的人的所有名字。这可不是一个简单的决定，试想，我们每天都可能遇到许多人，可我们能够记住的人实在是相当有限。不说名字，就是我们见过的人，在以后我们连印象都没有了，何谈记住他的名字。可能绝大多数人对这个现象并不在意，以为这是一件根本不重要的事情。一来这些被我们忘记的人本来不重要；二来别人的名字本身不重要，如果下次再遇上这个人，叫不出名字，那就再问他一次就成了，用不着专门去记住他的名字；这就是绝大多数人的想法。可要知道，下次再遇到一个曾经见过面的人，能够叫出他的名字和不能叫出他的名字，跟他交往的效果将绝对不一样。在吉姆还是一个小孩的时候，他就确立了这个信念，他因此开始学习记住别人的名字。

最初，他也很烦恼，别人的名字，他不是不想记住，而是记住之后不久就会忘记。后来他终于发现，要想记住别人的名字，必须把别人的更多的情况都连同一起记住。他从此试着按照这个方法努力，每当他结识一个新人时，他总是要问清对方的姓名、家中人口、职业特征等；当他下次再遇到这个人时，尽管那是一年多以后，他也能拍拍对方的肩膀，问候他的妻子及儿女，问他后院的花草。就是这一句简单的问候，他赢得了许多人的敬爱和友谊。随着年龄的增长，他的这个优势使他成为许多交际圈中的核心人物；渐渐地，在他周围聚集起了许多追随者。

吉姆的这个优势不但使他成为政治明星，而且，他还运用自身的这个优势帮助罗斯福顺利地进入白宫，成为美国历史上的一段佳话。在罗斯福开始竞选总统之前的数个月中，吉姆一天写数百封信，发给西部及西北部各州的人。然后他就开始行动了，在19天中，他用轻便马车、火车、汽车、快艇游历了20个州，行程12000里。他进入一个城镇就同他们真诚地交谈，然后再赶往下一站。在这个行程中，每一个听他谈过话的人后来都收到了吉姆寄来的一封恰到好处的恭维私函。这一个行动为罗斯福赢得了许多选票，使罗斯福成功入主白宫。

对于吉姆的成功，当时的社会上有许多报道，绝大多数报道中都把他的成功归结为一点，那就是“苦干”。但有一个人不这么认为，他就是钢铁大王卡耐基。有一次，卡耐基问吉姆成功的秘诀，吉姆毫不犹豫地按照通俗杂志上的总结给他答复：“苦干！”卡耐基回答说：“不要开玩笑。”他反问卡耐基不是苦干那是什么？卡耐基说：“我知道你能叫出1万人的名字来。”“不，你错了，”他说，“我能叫出5万人的名字！”说完，两人会心地大笑。只有他们两人能够于此发出会心大笑；因为只有他们两人把名字的细节发挥到无与伦比的境界。

卡耐基也是自小时候开始，就懂得如何利用名字的细节去实现自己的目的。那时，他得到一只公兔和母兔，不久母兔就产下一窝小兔——可是没有东西喂它们；但他有一个聪明的办法，他对邻近的孩子们说，如果他们愿意出去采集充足的蒲公英与金花菜喂兔子，他可以用他们的名字给兔子命名，以纪念他们，这一计划取得了神奇非凡的功效。在未来的商业场上和企业管理中，他时时不忘尊重别人的名字，并利用自己的这一优点，获得了许多意想不到的成功。有一次，他同意用普尔门的名字命名他构想的一家新公司名字，获得了普尔门的同意，两人由竞争对手成为合作伙伴，共同成立了普尔门皇宫卧车公司。

人脉就好比一座无形的金矿，拥有了这座金矿，就掌握了取之不尽的财富。人脉圈里互相依存的内容跑不出生活和工作两大现象，而且相互间紧密关系的建立及加深无不是从远到近，相托的事由小至大。

升职细节

建立和维护关系需要技巧。通常这不是什么高难度的动作，仅是小事或随手可办的细节，但运用得好，常能起到四两拨千斤的作用，比如及时回复短信，总以自己的回复为收尾，答应的事情及时兑现等；还有，凡事多替他人着想；尤其要以诚挚之心待人，善解人意。这是一种习惯，养成后融入生活的常态里，根本不用刻意去表现。

学会赞美，用微笑打造好人缘

在职场中，不仅要培养良好的人际关系，还要学会赞美他人。赞美不是虚伪的奉承，也不是夸大其辞的吹捧，而应该是一种真诚的鼓励。赞美不仅能使人的自尊心、荣誉感得到满足，更能让人感到愉悦和鼓舞，从而会对赞美者产生亲切感，相互间的交际氛围也会大大改善。因此，喜欢听赞美就似乎成为了人的一种天性，是一种正常的心理需要。

学会赞美他人，在他人需要鼓励的时候，在他人取得成绩的时候，适当地给予赞美，这对他人来说无疑是一种鼓励和示好，他人对自己的印象也会变得良好，不会时刻保持敌意的状态，这对改善职场的人际关系有很大的帮助。

有一家大型公司的清洁工，在公司他是一个最被人忽视、最被人看不起的角色。但是，正是这样一个人，在一天晚上公司保险箱被窃时，与小偷进行了殊死搏斗，维护了公司的利益。事后，有人为他请功并问他的动机时，答案却出人意料。他只是简单地说：当公司老板从他身旁经过时，总会真诚地赞美他“扫的地真干净”。而老板这样一句简单而真诚的赞美，就让这个员工深受感动，在关键时刻奋不顾身地维护公司的利益。

管理大师洛克菲勒曾经说过："要想充分发挥员工的才能，方法是赞美和鼓励。世间最足以毁灭一个人热情与雄心的，莫过于他上司的责备和批评。一个成功的管理者应当学会如何真诚地去赞美人，诱导他们去工作。"

由此可见，赞美的力量是惊人的，有时候一句赞美的话语甚至能改变一个人的一生。但是，很多管理者都认为要让下属好好工作，只有加薪加福利，却往往忽视了最简单的方式：语言的赞美。一名员工做完了他的工作，除非完成得一团糟，否则绝对不可以只提到工作中的缺点或错误，一次二次还好，长时间一来，员工必然会觉得自己的工作无法得到上司的赏识。这种对自信心的打击，绝对可以颠覆你上次给他加薪带给他的信心。

生活中，每个人都希望得到赞美，如果一个人经常听到真诚的赞美，就会对自己的人生价值做出正确的定位，并有助于增强自尊心和自信心。赞美是一种巧妙而隐秘的鼓励，但是在这看似简单的鼓励背后，隐藏着一种巨大的力量，它可以使濒临死亡的人找到生活下去的勇气，也可以使一个平凡的人找到属于自己的位置，从而显示自己的才能。

有一个人被判处终生监禁，生活在寂寥的狱中，回想起二十多年的人生岁月，未曾记起哪个人曾对他说过哪怕是一句赞美和肯定的话。他想：如果再记不起，那就结束自己的生命。冥思苦想中，他终于记起来了，那是中学时他随便涂了一张"画"当作业交给美术老师，老师说："你画的是什么呀？不过色彩还不错。"就这半句赞美的话，使他活了下来，得到几次减刑，出狱后，他成了一名画家。

或许这位老师的一句话只是当时随便说的，但是他却不曾料想，仅仅是"不过色彩还不错"简简单单的几个字，就把一个几近崩溃的囚犯从死亡的边缘拉了回来，而且还成就了一名伟大的画家。

"良言一句三冬暖，恶语伤人六月寒。"每个人都爱听赞美，这是人的天性，每一个人都需要赞美，都希望得到赞美。当我们感受到别人的赞美时，我们心中不仅可以得到慰藉，更会因为得到别人的肯定而奋发图强，去迎取自己新的希望。做一名善于交际的人并不难，如果你学会了真诚地赞美别人，那你就已经成功了一半，因为赞美可以使对方感觉到你对他的肯定与尊重，此外你的一句赞美的话，可以让对方在同你的交流中时刻保持快乐情绪，相处起来关系自然也会融洽许多。

打动人的最好方式就是真诚的欣赏和善意的赞许！美国著名女企业家玛丽·凯曾说过："世界上有两件东西比金钱和性更为人们所需——认可与赞美。"能真诚赞美同事或下属，必能使他们的心灵需求得到满足，并能激发他们潜在的才能。美国哈佛大学专家斯金诺，通过一项实验研究结果表明，连动物的大脑在收到鼓励的刺激后，大脑皮质的兴奋中心也会开始调动子系统，从而影响行为的改变。同样的道理，人类作为万物的灵长，期望和享受欣赏是最基本的需求之一。

陈女士是一家大型跨国公司一个分部的经理。为扩大销售量，她前几天刚刚召集员工出谋划策，收效非常好。员工刘先生和赵先生根据多年的营销经验研制的一套新的营销方案受到了总部老总的赞扬，陈女士自然非常高兴，可是她嘴上并没有说什么。今早上班她早到了十多分钟，刚刚步入大厅时，正好听到了有人对话。她于是驻足细听——"老兄，上次我们俩研究的新营销方案，真的是一流的工作呢，还是只是我们自己的空想?"这是刘先生的声音。

"哦，我们运用自己的营销方案已经见效了，这个星期的销售量不是明显提高了吗?"

"我敢说这个营销方案是一流的!"赵先生的声音很激动。

"是啊，可你能相信她居然对此只字不提? 我知道她是个要求很高的老板，希望我们每个人能尽心尽力地工作，但她至少应该有点表示啊!"

陈女士自然知道，这里的"她"指的就是自己。一般情况下，中国人做事不喜欢自我邀功，但是这并不代表他们不需要赞美。如果你对员工的成就无动于衷，就不要幻想他们会做出高质量的工作。

微笑，就像货币一样，是人们进行交际的一种手段。微笑虽无声，但它蕴涵着丰富的内容，表达出许多意思：欢悦、赞许、尊敬和宽容……微笑可以缩短你跟上司、同事间的心理距离，也可以融化他们之间的陌生和隔阂；可以将接纳他人的态度传给对方，也可以把愉快的气氛散播出去；可以让人看起来平易近人、友好、开朗和容易相处，也可以将一个尴尬的场面活跃起来。

在工作中，善于利用微笑来面对周围一切的人，不但工作得心应手，而且还能给自己营造一个良好的工作环境，每个人都对你印象非常好；这样，你一旦工作有麻烦时，很容易求助于别人；当业绩考核时，同事们都会给你高分；上司也因为你每天甜甜的微笑而对你留下了一个良好的印象，甚至把你吸收为心腹，倍加重用。

微笑是打开别人心扉的钥匙，在建立好与同事及上司间良好关系中，无往不胜。因为你给别人一份温暖，给人一个好心情，别人也会回报你一份暖意。微笑是一种不用花钱的感情投资，但它取得的功效却远远超过金钱。

升职细节

获得别人的肯定和赞美是人们共同的心理需要，一旦得到满足，便会成为其积极向上的原动力。赞美其实是对别人的一种肯定与尊重，学会了赞美别人，你就拿到了与人交往的通行证。赞美别人是我们搞好人际关系、拓宽业务面的必备功夫。

不错过人事关系带来的机遇

人事关系机遇，是指由于你的良好作为或其他方面的优秀品质，受到了本单位的器重或群众的拥戴，而使你借此走上高位的一种途径。人事关系机遇与其他的机遇相比，有着更为重要的意义。这是由于，在其他机遇里，由于受益者是一个群体，个人受益的概率就要小一些；而因人事关系机遇所受益的人只是少数，对于个人来说，受益的概率就大一些。

比方说，某医院拟从中层科主任中提拔一名副院长，那么，凡是院内的中层科主任都具有被提拔的资格。假如有10名科主任，这个职位机遇的受益者为10个人，每个人的提拔概率为1/10。假如上级对提拔者又加了两项明确的政策性条件——“研究生毕业、45岁以下”，而符合这两项条件的仅有6人，那么，这两项政策机遇所受益者为6人，每个人的提拔概率为1/6。如果这6人中有4人缺乏良好的人际关系，有2人的人际关系较好，那么他们2人被提拔的概率就各为1/2。同是中层科主任，同是研究生毕业、同是45岁以下的人，最后被提拔的概率将由人事关系的好坏而定。因此，我们可以认定，在诸多的机遇里，人事关系机遇受益的概率最大。

人事关系机遇表现为单位内部的人事关系和单位外部的人事关系两个方面。

（1）单位内部的人事关系机遇。这种机遇表现为：

其一：个人与领导的关系。在仕途上，人的提升主要取决于领导。在一个职位空出的时候，先是有资格的人方可参与“竞选”；而在有资格的人中，往往又是符合政策条件的人才有进入岗位的可能。在这些条件都具备的人中选谁最好，那就看谁和领导的关系好一些了。

其二：个人与群众的关系。在提升的方式和某些环节上，群众的意见有时会起到决定性作用。一个人如果有好的群众关系，就有可能为自己带来晋升的机遇。

其三：个人在新的人事格局中的位置。比如，当领导最器重的人因为某种原因离开他之后，领导为了开展工作需要，可能会选择新的骨干人员构筑自己施政的核心层。如果你具有某些才能，领导就不得不重用你；即使你过去和他没有什么个人关系，只要你不曾与他存心作对，他不会对你视而不见的。

（2）单位外部的人事关系机遇。这种机遇通常表现为：

其一：上级部门的领导和同事为你创造的机遇。如果你与上级机关有着良好的人际关系，而你本身的素质又不错，那么你会有很多机遇被调到上级机关工作；即使上级机关没有调任你的意图，当你在本单位受到不公平的对待时，他们也会为你寻找相应的位置。

其二：亲属或朋友为你创造的机遇。他们通常是为了工作和事业的需要，请你到他们那儿任职。他们请你的出发点在于看到了你的才华或你忠诚的品德，知道你到那儿能胜任一项重要的工作或者是能够使他们对某一个岗位感到放心。这种聘请属于正面聘请。我们应当积极利用这种人事关系机遇，去开拓自己仕途上的事业。

区分是为了辨明，解说是为了实践。在现实职场中，无论人脉关系是来自单位内部还是单位外部，无论是基于血缘亲情还是职业关系，无论是何种性质的“关系”，只要能巧妙借力，助推自己实现晋升，就都是你应当珍惜和把握的。

升职细节

人生中的许多机遇，都是在与其他人的交往过程中出现的，有时甚至是在漫不经心的时候，朋友的一句话或者是关心、帮助都可能化为难得的机遇。每一个伟大的成功者背后，都有另外的成功者。在很多情况下，人们都是靠着别人的推荐、提供信息和其他各方面的帮助，才获得了难得的机遇。

冷庙烧香也是一种策略

人们常常把目光锁定在公司的高层及其身边的红人身上，鞍前马后地巴结他们，希望换取对方的赏识而得到提拔；但对于失去权势的人却很漠视。其实暂时失去权势的人有时更值得你去投资，至少不要轻视他们；因为他们身上还有余热，也非常有可能东山再起。

人往高处走，水往低处流。人的眼睛常是往高处看的，眼睛里只有一些很起眼，很红火的人，为了得到他们的欣赏和提拔，往往对他们点头哈腰，想方设法地帮他们做事，在他们面前努力表现，希望能得到赏识；而对于一些暂时失势的人，往往不屑一顾，甚至还要加以嘲笑和落井下石。其实，要知道世间万物的一切都是发展的，三十年河东，三十年河西，今日失势的人往往会知耻而后勇，再加上自己的能力，翻身非常容易，而如果这时候你忽视他们，甚至轻视和攻击他们，就可能会给自己的将来埋下祸根。

李广在一次打了败仗被革职后，有一天晚上带着几个随从过关。此时城门已锁，而李广的随从自恃主子德高望重，上前对县尉说："这是前任李将军。"可这个县尉就是不给面子："现任将军也不能违犯宵禁，何况是前任将军？"县尉说的在理，李将军便只能屈尊在驿亭过夜。不久，匈奴入侵，过关斩将，来势汹汹。情急之下，皇帝又起用李广，任他为将军，而李广上任后的第一件事就是带兵去将那位侮辱他的县尉处死。

世事变化无常，人不能只盯着眼前的利益，而去趋炎附势；其实冷庙更需要烧香，一些失势的人，眼前可能很落魄，但不用多久就能东山再起，如果现在不搞好关系，等他翻身后再去抱佛脚，是没有一点价值的，而如果你平时就烧好了香，到那时他就会非常信任你、重用你。有时候，失势的人比当前得势的人更值得你去投资；因为得势的人正春风得意，对他溜须拍马的人非常多，根本不可能注意到你，而且也关照不到了，最后劳命伤财，空忙一场；而一时失势的人就不一样了，你这时候去尊重他、帮助他，效果就完全不一样了。历史上有很多名人在关键时候就是做了这样正确的选择。

三国时，曹操与袁绍在官渡决战，那时曹操军队才七万人，而袁绍却是七十万人，一比十，曹操完全处于劣势。这时曹操有许多文官武将暗中写信，想投奔袁绍，都把赌注压在占尽优势的袁绍一边；而郭嘉却看定曹操能以弱克强，反败为胜，于是一心为曹操出谋划策，最后一举灭了袁绍势力，郭嘉也成了曹操身边的第一谋士，受尽恩宠。同时代的诸葛亮也是这方面的高手。很多人不明白当时他为什么不去投奔孙权，而是选择缺兵寡将、几乎没有容身之地的刘备。但事实证明诸葛亮的选择是对的，因为当时孙权的确比刘备占尽优势，但孙权已是有基业的人物，身边谋士极多，根本没有他表现和发挥的机会；而刘备不一样，身边就几个武将，又很有潜力，所以投奔过去后就立即被放在最重要的位置上，最后大功告成，官拜丞相。

职场中，人们眼里盯着的都是一些比较有权势的经理等头面人物；而对于有潜能而暂时没有升上去的同事不加以重视，对于犯了错误，或者在争斗中处于下风的管理者甚至抱以轻视和嘲笑。以这种态度和方式去经营与管理层的人际关系，最后可能要吃大亏。其实经营与公司管理层的人际关系，就像买股票一样，在股票高价时你拼命买入，最后可能要吃大亏；而如果在股票低价时买入，可能就有大钱赚了。

升职细节

在职场中，得势的高层你可以去尝试一下与其搞好关系；但同时对于暂时失势的管理者，你也要去尊重他们，努力与之建立关系，要记得“冷庙也要烧香”，而且其往往还非常灵验。

得罪职场小人要不得

在今天职场中，如果你正全力争取晋升，不敢保证众人当中能够找到愿意诚心诚意帮助你的朋友，但可以保证一定能够找到小人，给你下绊子的小人。所谓的小人无事都可心生歹意，如果你不慎得罪了他，他更会千方百计地破坏你的好事，因此说要升职别得罪小人，但是要不得罪他，首先要会识别和分辨他，小人按照不同的划分方法也可以有不同的类型，按照其表现可以将小人划分为三种。

第一种人是呆小人。这类人智商不高，但是喜欢在领导面前搬弄是非，在同事之间挑拨离间。他如果对别人有什么意见或者不满，一般不会跟那个人直接说，而是跟他周围的人说。这类人以为周围所有的人都是他的死党，于是什么都告诉他们，殊不知他们之中还有小人，会把他所说的话告诉他所中伤的人，这类人往往会把群体搞得乌烟瘴气，固然是损了他人，但自己也没有落下好名声。这类人比较单纯，不会转弯抹角，但是也不是什么好人，因此还是需要提防。虽然这类人在组织中并没有多少前途，但是他会影响到别人的前途。我们没有必要和这类人在组织中明争暗斗。这类人容易被人利用，容易被人当枪使，所以如果这类人找我们的麻烦，那么要好好提防的是他背后的人。

第二种人是阴小人。这类人比较阴险，他们会表明自己和谁作对的立场，但是会煽动别人去散播谣言。他们往往有自己的死党，往往会将自己保护得比较严密。尽管如此，这类人一两次得手之后，同事们就会明白是谁在暗中捣鬼。这种阴险小人很容易暴露自己的身份，他们往往会把一些蠢小人当枪使，让他们为自己卖命，因为他知道蠢小人智商不高，往往会直通通地诽谤人，他们需要的就是这个效果。

第三种人是伪君子。这类人隐藏得最好，他和众多的人称兄道弟，也颇有几个朋友，在名利面前他往往表现出高姿态，优先考虑别人的利益。他们做人做事往往比较低调，不喜欢过多地抛头露面，但是到了紧要关头，他们又会针锋相对。这类人的危害很大，在很多时候他能够蛊惑群体，让所有的人对他十分信服。他们往往看得比较长远，也看得比较透彻，他们追求至高的个人利益，往往也能取得成功。这类人十分聪明，左右群体的能力很强，而且总是一副道貌岸然的样子，有时即使是智者也很难分辨清楚他们是真君子还是伪君子。如果你发现在你的身边也存在这样的小人时，切莫被他们所欺蒙，而在职场中处世提防小人的最好办法就是坚持宁可得罪君子，不可得罪小人的原则。君子得罪了，他往往会大人大量，而小人得罪了他会记仇的。

在职场中，小人对自己的利益看得过重，并且通过各种方法来保障自己的利益，一旦有人触犯了他们的利益，他们会立即把所有的污水泼给你，致你于身败名裂而后快，所以，在职场上千万不要得罪小人。

在职场中，不要得罪小人，就要求不要在人格上看不起任何人。如果你在人格上看不起某些人的话，你首先就把他当成了小人；因此必须在你的意识中清除那种看不起人的观念。也许一个人是你所不喜欢的，但是仅仅可能是他处理事情的方式让你厌恶，而可能并非他的为人让你觉得肮脏。从一开始，就不应该有太强的评价人品的意识和留下让人不满意的情绪。

此外，在职场中，不要得罪小人，自己也不要标榜为君子。越是标榜自己越容易招来小人从中捣乱，给你的晋升带来麻烦。

升职细节

在职场中，不要得罪小人，指在言辞上不要和小人争执。你越是争执，越是容易把自己和他归为一类。如果他愿意和你争执，他自然会想方设法地来诋毁你，或者设计各种陷阱来套你的话，来让你发泄对别人的不满；如果他不愿意和你争执，自然会在背后给你出难题，给你穿小鞋。

不可小视职场“饭局门”

饭局是职场人不可或缺的一种交际方式，杯盏交错之间，可以化解很多恩怨，可以和陌生人迅速熟悉起来，认识更多的人，结交更多的朋友。前微软总裁比尔·盖茨设宴款待国家元首，借此交流了彼此的文化见解；李敖的大陆之行也是通过一场饭局谈成的……饭局是一个平台，可以用它来巩固自己的地位，扩大自己的人脉，解决自己解决不了的问题。

周兰在朋友的介绍下进入一家公司，开始时只是一个部门的业务员，如今她掌控的部门每年的预算费用都超过千万，周兰每天都有很多的饭局，有别人请她的，当然也有她请别人的。周兰的饭局上有各种各样关系的人，上司、下属、朋友、同学、客户等。周兰把饭局作为一个沟通的平台，在饭局上她可以愉快地和别人进行沟通。无论有什么样的事情，她都喜欢用吃饭的方式来解决。参加的饭局一多，见识自然就宽广起来。可以说周兰正是凭借饭局成长壮大起来的。所以，周兰对饭局的利用也颇细致入微，公司每接待一个大客户，周兰在吃饭之前，就了解了一些客户的饮食习惯；掌握了第一手资料，自然就会知道应该避讳什么。饭局安排在中午，中午的时间并不宽裕，周兰在客户没有到之前就点好了菜，但是每一道都令客户十分满意，客人吃得愉快，心情当然也非常好。这个时候，周兰又和客人进行了一场关于美食的谈话，讨论的全部是客户喜欢的食物。饭局快要结束的时候，客户称赞她是一个美味专家，并表示合作一定会非常愉快。不久，客户就会与公司签订合同。

俗话说：民以食为天。即使是一个工作狂，也会有自己喜欢的食物。而不断地参加饭局，是自己积累美味和品位的一个重要基础。在和客人谈话的时候，一切从美味谈起，这样就可以迅速地拉近彼此的关系。周兰的成功经验就是不会错过每一场饭局，即使不吃，也会去看看。饭局是积累关系的饭局，如果是和女性吃饭，周兰就和她们讨论某道菜的做法；如果和男性吃饭，周兰就和他们谈论哪家饭店菜的味道最地道。饭局参加得越多，积累经验也就越多。而这些有效的积累，又为周兰成就了很高的人气。虽然身居高位，但是下属们觉得和周兰讨论起美味来，是那样的平易近人、和蔼可亲。周兰因为不断地积累饭局的经验，人气节节攀升，职务自然也会晋升。很多和周兰熟悉的人都知道，她是一个喜欢以饭局建立关系的专家。

对于许多其他人也一样，年底总是最忙碌的时刻，人事关系变迁，开年终总结会等。这个时候，饭局也渐渐多了起来。有一位贾先生在年底的时候，常常喜欢参加各种饭局。贾先生觉得饭局是一种比较轻松的交流方式，能锻炼自己的交往能力和应变能力；而且在饭局上，很多事情都容易谈；比如说借机和领导聊聊自己对工作的看法，因为气氛轻松自然，发表起意见来也可以不用拘谨。

贾先生现在是部门经理，而这次的提升就是因为去年的那场饭局。贾先生工作一向很努力，对公司的发展也有一定的构想，但是一直没有找到合适的机会对公司的总监谈起。年底的时候，他听说公司的几个同事要请总监吃饭，于是贾先生决定"入一股"，也加入这场饭局。

吃饭的时候，气氛相当愉快，总监的心情也非常好。有几个人谈到了公司的发展，贾先生抓住时机，把自己的想法和提前想好的策划都告诉了总监。总监听后，对贾先生的想法和创意大加赞赏。其实贾先生在饭局以前就知道，这场饭局是考察饭局，因为大家知道在年后，公司会提升几个人为部门经理。贾先生觉得这是一次难得的机会，一定要抓住这次机会让总监对自己的印象深刻；所以，在饭局以前，贾先生就提前做好了准备。

贾先生的努力果然没有白费，他在饭局上的意见果然让总监留有很好的印象。

在新年过后，刚上班的第一天，贾先生就被叫到总监的办公室。贾先生从总监的话里已经听出了他准备升调自己的意思。果然，一个星期以后，贾先生的调令下来了，他成功地升职为部门经理。

经常参加饭局的人都知道，饭局上常常充满了机会。一些默默无闻的，平时不被领导关注的人，只要善于把握饭局上的机会，就可以在这样的地方大放异彩；所以，想要升迁或者让领导对自己有一个深刻的印象，千万不能放过饭局这样的好机会。饭局有的时候和面试非常相似，面试也许是领导初次对你进行了解，那个时候，你可能还不知道公司相对应的发展情况；但是，在饭局上，你已经在公司经过了一段历练，也知道公司发展的目标和方向，如果这个时候能提出精彩的意见，无疑是给自己一个精彩的第二次面试的机会；而这一次面试很可能就会达到自己的目的。

升职细节

完美的饭局，于公于私都有百利而无一害。在生活上，既可以使亲朋好友间的沟通交流更顺利，使彼此的感情更要好，又可以扩大交际圈，以备将来某个时候，发挥交际圈的巨大作用；在事业上，饭局无疑可以给交际关系穿上一层亲密的外衣，从而在生意、业务往来中起到一种神奇的促成作用。透过饭局，反映出的是潜移默化的政治利益、社会关系和人际关系。

善于发现别人的长处和优点

在职场中，难免有形形色色的人，有的职场人士就难免会出现这样的感慨：办公室里似乎有那么几个看起来很不顺眼，让人感觉非常讨厌的人，他们性格古怪、马屁不断……但是，不知道这些发出感慨的人想过没有，为什么价值观、性格相差这么大的人能成为同事呢？

或许很多人都没有想过这个问题，而是以一句“林子大了，什么鸟都有”来表达自己的不满罢了。有的人，甚至对这种情况，采取了冷处理原则：不接近、不疏远，保持“安全距离”。但是这种处理方法是否正确呢？

王含章是一个年轻活泼、富有朝气的女孩。在公司工作了三年，和大多数同事相处还算融洽，但是，只有一个男同事，让王含章觉得自己和他格格不入。不止王含章如此，公司里的其他同事对这个男同事意见也很大。所以，在王含章看来，这个男同事就是自己的“职场冤家”。对这位同事，王含章总是刻意和他保持一定的距离。当听到别的同事议论他的时候，她也通常跑去掺和几句。

“尽管看起来他很好相处，但是，他几乎什么事情都想争第一。老板刚提出加班，他马上会第一个举手表示赞成，好像他是全世界最勤奋的人一样，害得我们都成了绿叶，他成了红花。”王含章愤愤不平地说。

但是，不久前发生了一件事，让王含章对这个男同事的看法完全改变了。那是一次非常意外的情况，老板把王含章叫进办公室，没想到老板的办公室里还站着一个人。王含章一看正是让人讨厌的男同事。原来老板手头有一项非常紧急的任务，希望王含章能和这位男同事合作，共同按时完成。尽管王含章心里一百个不乐意，但是，这位男同事却一本正经地听着老板的指挥部署，一副认真的样子，王含章只好把到嘴边的话又咽了回去。走出办公室时，王含章甚至还有些抓狂的感觉，“今天怎么会这么倒霉啊？”

然而，王含章在和这位男同事经过了几天的合作之后，王含章却发现情况并没有想象中的那么糟糕。尽管这位男同事平时那么让人讨厌，但是他为了赶工作进度，每天都加班加点，而且有时他看到王含章过于辛苦，还会主动帮助王含章承担较为复杂的工作，让王含章先回去休息。

“原本在我看来他很讨厌的缺点，比如要强心很重，在合作时却似乎转化成了他的优点。若不是他凡事追求完美、效率，或许我们的工作进度不会有这么快。”王含章在这次合作中有了深刻的体会。“原来我以前一直戴着有色眼镜看他，所以一直没有发现他的优点。”

在公司例会上，老板特意表扬了王含章和这位同事。王含章在例会上，突然想到：同样的一个人，原来远观和近看，竟然会有这么大的反差。

这样的职场故事相信也在我们身边发生过，那些看起来非常让你厌恶的同事是否也被你打入“冷宫”了呢？你是否努力寻找他的闪光点了呢？当我们摘下有色眼镜，然后再去看同事的时候，我们往往会发现，原来我们误解了同事，本来在我们眼中的同事的缺点，几乎全都是优点。换一种眼光或者说是换一个角度去看同事，很多时候，我们往往更在乎别人的缺点，却因此忽视了别人的优点。所以，在职场，我们不妨多多留意他人的闪光点，我们看到的情况就会完全不同。

升职细节

身处职场，我们每个人都不可避免地要与同事合作，所以，在平时，我们不要总是戴着有色眼镜去看身边的同事，在看到同事的缺点的时候，更要去努力发现同事身上的闪光点。公司的发展以及个人业绩的取得也是依赖于整个团队的合作。

多一个朋友，多一条路

在职场中，同事之间是竞争的关系，但是，这并不意味着要时时刻刻防着同事，把同事当成自己的“敌人”，除了竞争关系，同事之间更应该做好彼此之间的合作。而很多人，往往因为利益的关系，以及个人的主观判断，为自己增加“敌人”，在与他人交往中，必然会造成人际关系的紧张，对自己的职业生涯有很大的恶劣影响。

曹勇目前已经是一家公司市场部的总监，工作可以说是顺风顺水，老板对他更是青睐有加。但是，在这份让很多人都羡慕不已的工作和大好状况下，曹勇却犹豫着是否要辞职。

目前不景气市场，让很多人想要寻找一份这样好的工作是非常困难的。所以，曹勇在这种矛盾心理的影响下，经过多番考虑，曹勇寻找了一家专业的心理咨询机构寻求帮助。

咨询师询问曹勇为什么要辞职，曹勇支吾了半天才说出原因，他很不喜欢公司的人事部总监。这位总监和他是平级，曹勇对这位总监的言行非常不满。他觉得这个总监有些装腔作势，常常会跑到老板那里打小报告。几天前，有个同事因为一件小事被老板辞退了，曹勇自己认为就是这位人事部总监暗中使坏造成的。

而曹勇因为工作，却需要经常和这位总监打交道，这让本来就厌恶这个总监的曹勇非常痛苦，觉得自己无法和这样的人相处，于是他想到了辞职，离开这家公司。但是，如果就这样离开公司，他又有些不甘心，因为到了新公司一切就得从头开始，收入和地位都会受到很大的影响，这对他的职场生涯是很不利的。

咨询师还发现，曹勇的上一份工作也是遇到了类似的情况才辞职的。本来和曹勇同级的一个同事被提升成了他的上司，但是曹勇却觉得这个人喜欢阿谀奉承，做人很虚伪，对这位同事非常厌恶。他还觉得这位同事常常把别人的功劳据为己有，因此才会爬得这么快。曹勇无法忍受这样一个人来领导自己，实在忍无可忍，无奈之下，他只好选择了辞职。

曹勇自己也很纳闷，怎么自己无论到哪家公司都会遇到这种类型的同事呢?

咨询师经过分析认为，曹勇所遇到的这些问题并不是别人的问题，而是他自身出现了问题，因此才会导致这样的情况接二连三地出现。咨询师将曹勇不喜欢的这几个人称为他所设置的“假想敌”，那么，这样的假想敌是如何出现的呢?

其实，在职场中，我们难免会遇到一些自己认为不公平的现象，为了给自己内心的愤怒找到一种平衡，最方便、最实际的方法就是给自己设置一个“假想敌”，这是比较常见的现象。因为，即使我们保持中立和客观，依然无法摆脱内心好恶的影响。于是，我们就经常会如同曹勇一样把自己的愤怒转移给他人。

其实仔细想想，我们就会发现，职场中的人对于某些事情或者某个人的不满或者厌恶，常常混杂着属于自己情绪的东西。正像曹勇的情况，他很讨厌阿谀奉承、爱打小报告、装腔作势的人，于是就把这些负面的东西映射到人事部的总监身上。其实，这些负面的东西都是自己的情绪表现。

由此可知，像曹勇这样的情况要想恢复到正常的工作状态，最好的办法就是主动向这些同事表示友好，对他人的接纳就是对自己的接纳，完全的接纳自己是一个人走向成熟的标志。

曹勇认识到这些问题后，开始反省自己的问题。他认识到假想敌其实并不存在，都是自己所造成的，于是曹勇开始调整自己的状态。很快他就对自我有了新的认识和觉察，在处理同事关系上也更自如了，他对未来的工作和生活重新充满了信心。

在职场中，很多人对周围的人都心存戒备，很容易用自己的主观意识来评价他人，更因为利益的关系，给同事或者上司都打上了有色光环，对他们的评价就会越来越主观。其实，不妨放下心中的偏见，尝试着去接受他人，一切问题便不再成为问题。

在职场，是无法避免不和自己的同事、上司、客户等各种人打交道的，只有维持正常的人际关系才能保证自己在职场中顺利发展。如果因为个人厌恶别人的为人或者忍受不了他人的缺点，就想远离他人。这样做，无疑也是在孤立自己。身在职场，就一定要学会圆滑行事，面对各种人际关系，我们只有做到八面玲珑，做个职场的“多面手”，才能游刃职场。

陈伟毕业后进了一家不错的广告公司，对这份来之不易的工作他非常珍惜。与他一起进公司的还有小刘，小刘能力很强，但是整天油嘴滑舌，常爱和同事说说笑笑的，有时还拉起一堆同事去吃吃喝喝。陈伟很不屑小刘的这一套，甚至有些厌恶和反感。他认为，只有做好自己的本分工作才是第一位的，其他的事情并不重要。小刘对他开玩笑，他总是漠然视之；小刘拉他跟其他同事一起出去玩时，他也总是不理不睬。有时，陈伟看到同事围着小刘聊天时，他也像躲瘟神一样躲得远远的。

有一次，陈伟所在的部门分配了大量的任务，仅仅靠个人能力根本没办法在规定的时间内完成。当陈伟还在孤军奋战的时候，小刘早就招呼同事们来帮忙。结果，小刘自然是按时完成了部门分配的任务，而陈伟虽然通宵达旦，还是没有按时完成任务。不久之后，小刘便被提升为部门主管，陈伟心理非常不服气，无奈之下，负气辞职了。

陈伟辞职后，凭借自己的能力很快进入了另外一家实力很强的公司，这次他吸取了上次的教训，告诫自己一定要做个圆滑的“多面手”，不再一味地埋头苦干。

陈伟最初是和一位刚毕业不久的大学生一起共事，这个大学生由于刚开始工作，所以，业务不熟悉，陈伟也是一样，陈伟和这位新同事的工作受到了诸多限制。而这个时候，公司里一位叫李尚的老员工给予了他们很大的关心和帮助。他常常向他们介绍公司的情况，传授给他们很多的工作窍门。这使刚进公司的陈伟和这位初入职场的大学生非常感动，他们觉得李尚为人既亲切又平易近人，因此对这位老员工非常尊重。

但是，随着相处的时间一长，陈伟很快发现李尚是那种八面玲珑、很会搞关系的人。他在公司里已经待了五年了，在公司里八面玲珑，是个吃得开的人物。尽管陈伟的内心对这种人有很大的抵触情绪，但是，有了上次的教训，他知道如果和李尚的关系搞不好，就会把自己孤立起来。李尚在公司有很强的实力，而且他的身边也聚集了不少支持他的同事。于是，陈伟一面加强自己的能力，努力工作，一面和李尚保持友好的交往。

和陈伟一起共事的那位大学生，几乎和当初的陈伟一样，性格耿直，看不惯李尚的“虚伪”。而下班后李尚叫陈伟和这位大学生一起吃饭时，这位大学生总是找借口推脱掉，而陈伟会很高兴地一起去。时间一长，李尚也就不再叫这位大学生了，而这位大学生也渐渐地与其他同事拉开了距离，把自己孤立了起来。

没过多久，李尚得到了升迁，成为公司里的高层领导。李尚在升职后，并没有忘记当初支持过他的陈伟，很快就找到一个合适的机会把陈伟提拔到了部门经理的位置。而这个时候，曾经和陈伟共事的那位大学生，却依然在原来的职位上默默无闻地工作着。

在职场中，要想生存就要适当地放弃自己的性格，偏执和退避都会导致职场失意。陈伟走上经理的职位既是幸运的，也是必然的。对照陈伟前后的例子，对比陈伟和与他一起共事的那位大学生就可以看到原因所在，陈伟的因时而化，才让他取得了事业的成功。

很多时候，职场的成功也许只要多一次微笑或者多一声迎合就能获得。在复杂的人际关系和职场争斗中，置身事外是无济于事的，想在职场中成为中立者，在夹缝中生存下去是非常困难的，而聪明人的做法却是在保持平等的前提下，尊重相互之间的个性，承认别人的成绩，能够放下架子，不搞个性独立，做到有张有弛地坚守自己的原则。因此，只有成为八面玲珑的“多面手”才能在职场中找到属于自己的位置。

升职细节

在职场，少一个“敌人”就会多一个朋友，多一个微笑，就会多一份支持。所以，在职场，不要以自己的主观感情来评判他人，在保持平等的基础上，尊重他人的个性，承认他人的成绩，真正地融入到团队之中，这样你才会获得更多的支持和帮助，才能真正地在职场立足，从而取得更大的成绩！所以，在职场请不要为自己设立“假想敌”！

在家靠父母，出门靠朋友

俗话说：“在家靠父母，出门靠朋友”，朋友多了路好走，人脉就是财富，可以让一个人的成功之路越走越宽。在职场更是这样，尽管说能力、品德等都是成功非常关键的因素，但是，在职场，更需要有广泛的人脉，这是最宝贵的财富，是成功的助推剂，在关键时刻发挥的作用是难以想象的。

人脉关系是一种资源，更是一种成功的资本，是一笔越多越好的财富。职场做事更需要有广泛的人脉，一个好汉三个帮，有了人脉才会有助力，有了助力才能在职场获得更多的帮助和支持，才能真正地立足和发展。广泛的人际关系，更是职场人脉之道的重要内容，是升职加薪的重要保障，更是个人获得成功不可或缺的因素。

红顶商人胡雪岩的故事，很多人都知道。而读过历史小说家高阳笔下的《红顶商人》的人，一定会为胡雪岩高超的交际能力感到惊叹。学者曾仕强在分析胡雪岩的过人之处时说：“对事情看得透，眼光够远，从不会轻忽小人物。”

读过《红顶商人》一书的人一定知道，胡雪岩最初的发迹，靠的就是浙江巡抚王有龄。

王有龄为什么会帮助胡雪岩呢？

因为王有龄在当初不过是一介书生，胡雪岩那时候也只是一个店员，胡雪岩挪动公款大力支持王有龄，王有龄必然对胡雪岩的全力相助念念不忘。虽然胡雪岩被老板炒了鱿鱼，但是，王有龄上任浙江巡抚就等于胡雪岩的投资有了收获，接着就是收获果实了。

“投之以桃，报之以李”，在王有龄的全力帮助下，胡雪岩的人生向前迈出了一大步。

不管是官场也好，职场也好，说到底就是一张巨大的关系网，是一张利益交错的关系网，只有拥有了广泛的人际关系，才能真正地把网织好，从而捕捉到最大的利益。很多人在职场都忽略了这一点，只是简单地认为把事情做好就够了，其实，这是完全不对的。建立广泛的人际关系，是把事情做好的前提条件，更是一个人在职场取得重大成功的重要条件。

中国台北“身心灵成长协会”的创办人赖淑惠，对很多人来说很陌生。早年在她做房产中介的时候，就有这样一个“结交小人物”的故事。

那个时候，赖淑惠做一栋大厦的房产中介，就住在这栋大厦里，她在经过仔细观察之后，发现了这样一个问题，很多对大厦有兴趣的买家，第一个询问的人肯定会是大门的管理员：“最近有要卖房子的住户吗？价钱是多少呢？”

但是，令人感到有趣的是，管理员的回答几乎每次都是：“您可以去问问住在八楼的赖小姐，她就是做房产中介的，这样您就不必再找其他的中介商了。”

不仅如此，这栋大厦哪家人需要急用钱，赶着卖房子的消息肯定也是第一个传到赖淑慧的耳朵里。正因为能够第一时间掌握客户和房主的信息，赖淑惠仅仅在这栋大厦一个物业就整整赚了1000多万元。

为什么大门的管理员会介绍客户去找赖淑惠，为什么赖淑慧能够第一时间知道哪家要卖房的信息呢？

原因就在于，她将每个人都当成家人一样关心。赖淑惠在每天出门、回家路过大门的时候，总是会主动向当日值班的管理员打招呼，出差回家的时候总是会顺道带些当地名产聊表心意。

就这样，慢慢积累了人脉。尽管大门管理员是一个小人物，但是，小人物依然能够起很大的作用。很多人看不起小人物，认为小人物没有多大作用。其实，事实上完全不是这样。就像赖淑慧做的房产中介，相信很多生意都是管理员把客户指到她门口的。

提起比尔·盖茨相信很多人都知道，他一度成为世界首富，原因在哪里？很多人都认为比尔·盖茨成为世界首富的原因，是因为比尔·盖茨掌握了世界的大趋势，以及他在电脑上的超凡智慧等。比尔·盖茨成功的原因，除了上面说道的那些之外，还有一个最关键的因素，那就是比尔·盖茨的人脉资源是非常丰富的。

在比尔·盖茨创立微软公司的时候，他也仅仅是一个无名小卒，但是，正是人脉资源的帮助，让他在20岁的时候，签到了一份大单。

不妨看一下比尔·盖茨的人脉资源。

一、比尔·盖茨亲人的人脉资源。

前面提到了，在比尔·盖茨20岁的时候，他签到创办微软后的第一份合约，而这份合约的合作者正是IBM，当时全世界的第一强电脑公司。

那个时候，比尔·盖茨还是一个在大学读书的学生，根本没有多少人脉资源，但是，为什么他能够跟IBM公司签约呢?

原来，比尔·盖茨能够签到这份合约的重要原因就是因为一个中介人，而这个中介人，不是别人，正是比尔·盖茨的母亲。而比尔·盖茨的母亲当时就是IBM的董事会董事，比尔·盖茨正是她介绍给董事长的，妈妈介绍儿子认识董事长，这自然容易得多。而这一单生意，给比尔·盖茨带来了很大的发展空间。

二、合作伙伴的人脉资源也要懂得利用。

比尔·盖茨最重要的合伙人是保罗·艾伦及史蒂芬。他们不仅将自己的聪明才智贡献给了微软，他们的人脉资源也成为了微软发展的重要因素。

三、国外的朋友也是比尔·盖茨重要的人脉资源。

在日本，比尔·盖茨有一个非常好的朋友彦西，彦西让比尔·盖茨了解到了日本市场的特点，帮助比尔·盖茨找到了第一个日本个人电脑项目，从而得以进军日本的市场。

四、寻找优秀的人来为他工作。

比尔·盖茨曾经说过：“在我的事业中，我不得不说我最好的经营决策是必须挑选人才，拥有一个完全信任的人，一个可以委以重任的人，一个为你分担忧愁的人。”

总之，人脉资源是我们做事、创业的宝贵财富，有效的人脉资源是我们最宝贵的资本，要像爱好金钱一样重视人脉资源，人脉资源是一个用之不尽的金矿。在美国，有句名言是这样说的：“二十岁靠体力赚钱，那三十岁靠脑力赚钱，四十岁以后则靠交情赚钱。”

升职细节

人脉是金，但是，人脉又贵于黄金。因为黄金有价，人脉是无价的。良好的人脉就是我们在职场取得成功的重要资本。良好的人脉是我们事业成功和生活幸福的源泉，广泛又良好的人际关系，是我们做事事半功倍的基础，是我们成功人生的必备因素，更是职场人士在职场立足和发展的重要内容!

把情感当成长期投资来经营 

许多人都有一种体会，去政府办事，如果没有关系，送钱都没人收，办事比登天还难，而倘若与当中某人有交情，甚至不用花钱，事也办得非常顺利。在职场中也一样，有时候甚至可以这样理解：工作就是一种人际关系的经营。人际关系好的人，工作做得顺利，爬升也非常快；而人际关系比较糟糕的，办什么事都头疼，例如找别的部门办点事，一拖就是几天，而关系好的话，第一时间就给你办；与财务出纳有矛盾的话，报个费用不断给你挑毛病；与上司关系一般的话，可能会被长期晾在那里，升职加薪与你无关。

良好的人际关系并不是一天两天就能建立起来的，需要你长期用心去投资；比如说平时多关心一下同事，帮他们处理点困难，下班的空闲时间跟他们多去聚一聚，吃吃饭，逛逛街，关系就密切了。跟上司关系也一样，平时多与之沟通，多回报一下公司，哪怕见面时友善地笑一笑，也会引起他对你的好感和关注。不要等着有求别人的时候才忙着与之建立关系，而是要把与别人的良好感情当作长期投资来经营，有些人现在可能对你没什么用处，但关键时候他对你可能至关重要，左右着你的成败。

上世纪三十年代，有一位犹太传教士每天早晨，他总是按时到一条乡间土路上散步。无论见到任何人，他都会热情地打一声招呼：“早上好！”其中，有一个叫凯瑞的年轻人，对传教士的这声问候，起初反映很冷漠，因为在当时，当地居民对传教士和犹太人的态度很差。但是，年轻人的冷漠并没有改变传教士的热情。每天早上，传教士仍然会和这个一脸冷漠的年轻人道一声早安。终于有一天，这个年轻人脱下帽子，也向传教士道了一声：“早上好！”

转眼几年过去了，纳粹党上台执政。有一天，传教士与一群犹太人被纳粹党集中起来，送往集中营。在下火车列队前行的时候，一个指挥官在前面挥动着棒子，叫道：“左，右。”被指向左边的是死路一条，右边的则还有一线生机。当传教士的名字被这位指挥官点到的时候，传教士浑身颤抖，走上前去。当他绝望地抬起头来，目光一下子和指挥官相遇了。传教士习惯地脱口而出：“早上好!”指挥官的表情虽然没有过多的变化，但仍禁不住还了一句问候：“早上好!”声音低得只有他们两人才能听到。最后，传教士被指向了右边——生还。

在物欲的背后，其实还有人的温情。有时候，人是很容易被感动，而感动一个人靠的未必都是慷慨的施舍、巨大的投入；往往一个热情的问候，温馨的微笑，就足以在人的心灵中洒下一片阳光。只要平时真诚热情地对待别人，你与别人之间的关系纽带就会越来越强，没有必要完全靠利益去获取，往往只需相聚时给对方一片温情，“人缘”的获得就是这样“廉价”而简单。

升职细节

人们常认为利益是维持人与人关系的纽带，脱离了利益，人与人之间就什么也没有，仿佛一切都是赤裸裸的利益交换。其实靠利益维持的关系是虚假和短暂的，感情才是最好的投资，没有利益的付出，却能收到永久的回报。

广蓄人情，赢得别人的信赖

对大多数上班族来说，身在职场就难免与人相处，很多人都只想着利益最大化，没有想到情义长久化。很多人怕吃亏，为了一点利益就斤斤计较，遇到一点困难掉头就跑，这样自然很难赢得同事的友情，人际关系只能是一句空话。

不怕吃亏，对任何人都应该如此，只有懂得吃小亏的人，才能赢得人际关系，广蓄人情，这样才会赢得别人的信赖和帮助，才能把事业做大，做事才会一帆风顺。其实，不管是大亏，还是小亏，吃点亏不要紧，落个人情，以后肯定会有成倍的回报。主动付出，看似是明处吃亏，实则为暗中得福。

著名的“红顶商人”胡雪岩本来是一家店铺的伙计，经过小打小闹，逐渐成为了江浙杭州一个小商人。虽然他只是一个小商人，但是他很会做人，常常只是一些小恩惠就能把周围的人聚集起来，为他出力。小打小闹自然不能让胡雪岩知足，因为他一直想成就一番大事业。他想得很长远。

当时的王有龄，不过是杭州一个非常不起眼的小官，有向上爬的志向，但是，他没有钱，在那个时候，没有钱就等于没有升职的敲门砖。当初，胡雪岩与王有龄只是略有交往。随着两个人交往的加深，他们发现两个人都有共同的目的，可以说是殊途同归。王有龄对胡雪岩说："雪岩兄，其实我也不是没有门路，只是囊中羞涩，想要升职没有钱是不行的。"胡雪岩坚定地说："我愿倾家荡产，助你一臂之力。"王有龄说："我富贵了，定然不会忘记胡兄的帮助。"

胡雪岩变卖了自己的部分家产，为王有龄准备了几千两银子。王有龄这才去京师求官，而胡雪岩则依然操其旧业，对别人的嘲笑一点也不放在心上。

几年之后，王有龄官至巡抚，亲自登门拜访胡雪岩，问胡雪岩有什么需要帮助的，胡雪岩说："祝贺你福星高照，我并无困难。"

但是，王有龄是个非常看重交情的人，当年胡雪岩的雪中送炭，他自然不会忘记。于是，利用职务之便，多方照顾胡雪岩的生意，胡雪岩的生意自然也是越做越好、越做越大。他也更加看重与王有龄的关系。

正是凭着能吃亏的这种功夫，胡雪岩迅速发展壮大起来，可以说是吉星高照，后来被左宗棠举荐为二品大员，成为清朝历史上唯一的"红顶商人"。

良好的人际关系不仅能使一个人和谐地融入群体，为群体所接纳，还能使自己的知识和能力得到极大的拓展，而且是开展与他人合作，实现互惠互利伙伴关系的基础。为了使自己的努力获得最大成功，我们需要别人。所以，缔造良好的人际关系是我们职场生存和发展的一个重要方面，而且是一个不能忽视的方面。

总之，学会吃亏，才能广蓄人情，才能慢慢建立起自己的关系网。一个能吃亏的人，在他人眼中是一个豁达、宽厚的人，这是比金钱更宝贵的财富，能够让他人心甘情愿地帮助你，为你办事。学会吃亏，这也是职场做人做事的一个重要秘诀，只有懂得吃亏，才能缔造良好的人际关系，而这也是赢得他人信任的关键，是升职加薪的重要因素之一。

升职细节

对于每位职场人士来说，最大的财富就是人际关系，良好的人际关系是开启成功之门的金钥匙。为了让自己的努力换来更大的成功，我们离不开社会环境，离不开周围的人。所有成功的人都有一个共同的特性——他们都懂得如何有效地同别人打交道，缔造良好的人际关系。

摸清上司套路，虚心请教上司

职场中有一条很隐蔽的规则，那就是上级更愿意把机会提供给那些能让自己放心的下属。如果你能积极主动地向上司靠拢，与其保持一致步调，试着用上司的惯有思路去想问题，他就会对你投之以桃，报之以李。

运用知己知彼的方法与上司建立良好的工作关系就是建立一种适合双方的工作风格，建立一种符合双方的目标和期望值的关系。而与上司建立良好的工作关系就是意味着要能够适应不同的工作风格。

有一位下属，他与上司的关系不错，但不算十分好。他在上司手下工作了三个月后发现，他的上司在开会时常常开着开着就变得漫不经心，有时说话还显得有些生硬。他自己的缺点是讨论问题时受东拉西扯，遇事要寻根问底。他会从眼下正在讨论的问题扯到它的背景、几种可行的解决方法等。而他的上司根本无心讨论细节，一旦下属把话题扯开，他就变得心不在焉。

认识到他们工作风格的差异后，这名下属在开会时就特别注意，讲话时简洁明了，讨论问题时直截了当。为了做到这一点，他会在开会前将要讨论的议题写个简短纪要作为发言提纲。开会时，在他认为需要把话题扯远一点的时候，他首先要申明原因。他对个人风格的改进使会议更富有成效，他和上司彼此也不再感到不合拍，从而使上下级关系得到了改善。

有一位韩国小伙子在他刚大学毕业的时候，面临人生的第一次选择，一是去美国当外交官，一是去印度。去美国自然很风光，但美国消费水平高，要想攒钱贴补家用就很困难；而去印度，条件较差，却能攒下一大笔钱，最终他选择了印度。虽然目的地不太称心，但他觉得事在人为，只要自己肯努力，一样有出头的机会。

同时，他也认识到，除了自己的才华外，在自己前进的路上还需要一位贵人，他觉得这个人最有可能的就是自己的上司卢信永。

卢信永是韩国驻印度总领事，他有着极其丰富的外交经验，但表面上却很冷漠，这让很多人对他望而却步。

不过，这位小伙子却发现了他冷漠外表下潜在的热情，主动去接近他，经常向他请教问题，从而渐渐拉近了两人之间的心理距离。后来卢信永担任了韩国国务总理，他马上就想到了在印度与他共事的那位韩国小伙子，便立即把他推荐到总理府工作，后来又破格提拔他担任了总理礼宾秘书、理事官。最终，这位小伙子登上了联合国秘书长的讲台。他就是联合国秘书长潘基文。

在职场上，适当地赞美你的上司，会让对方的脸上显示“晴天”的表情，那么，他又怎会不喜欢你不器重你呢？也可以说，一名员工是否能获得上司的青睐，很大程度上取决于他能否给予对方心理上的满足感。

但是，给上司提供满足感并不仅限于对他歌功颂德。歌功颂德一般被认为是一种低级手段，运用得不恰当的话，还会弄巧成拙，有溜须拍马的嫌疑。很多时候，诚心诚意地向上司请教，是许多人为满足上司虚荣心的惯用招数。

杜威教授曾说过：“人们最迫切的愿望，就是希望自己能受到重视。”不管你承认不承认，在现实工作中，那些表现出色，从不出事，也不需要老板来指点的人，并不一定能得到重用和认可。因为面对你的完美，上司无法展示和发挥他的指导才干，而你也就不会和“进步”或“改正”之类的词挂钩，这时候，完美就是你的缺点。

倒是那些大错不犯小错不断又喜欢和上司接近的人却容易获得更多的机会，因为他们给老板预留了发挥的空间，让上司很有成就感，即便他们日后升了职也会被其骄傲地冠名为“我培养出来的苗子”。如果你想成为一名职场高手，就得学着去了解上司的心思，让他们获得满足感。

其中，顶头上司对我们的晋升起着至关重要的作用，如果能与他建立良好的关系，我们的晋升就容易得多，否则的话，即使你有一身的本领，也可能会毫无用武之地。

当然，在与上司的交往中，谦逊是很重要的。要主动找上司谈话，请他对自己的工作多作指教，这可以增强自己工作方面的能力；有不对的地方要虚心地接受他的批评，这样他会觉得你是一个求上进的人，并认为你是“孺子可教也”。

升职细节

每个上司带出来的团队都会有这个上司本人的特征，你要主动向上司的风格靠拢，才能融进他的团队，才可能得到升迁的机会。

保持良好的上下级关系 

职场上，有些人不乏才智，但一直晋升不上去，问题往往就在于与领导关系上出现纰漏。

上下级关系较同事关系难以处理，这个问题的根源并非来自上级或下级，而是来自于长期封建社会中形成的一些观念。下属要得到上司的欣赏，就要充分了解处理上下级关系中的各种难点，特别是不要犯了处理上下级关系中的各种忌讳。具体说，应注意别在以下细节上出差错：

首先，眼睛别总盯着上面而忘了下面。如果你把眼睛往上看，和上级搞好关系，而与周围和下级关系紧张，这样久而久之，也是不会取得上级的信任的；因为你的上级会担心和你关系密切而失掉更多的人，这无疑是与上级关系当中的一个大忌。

其次，切忌对领导有的热有的冷。领导和领导之间，顶头上司和间接领导之间，领导和下级之间，有些工作上的矛盾是正常现象，如果你在这些矛盾冲突当中，只对一方负责，就未免患了“近视眼”，这是典型的“短期行为。”

再次，切忌在领导面前发牢骚。“怎么总是有这么多的事要干？成天有，总也干不完，讨厌死了！”“唉！我这件事还没做完，怎么又让我做别的事？我有三头六臂怎么着！”哪个领导会喜欢不热爱自己的工作、不尊重自己的人呢？在领导面前，不要发牢骚，而应该任劳任怨，热爱工作，觉得它很有意思，并且努力去做好工作。

再其次，切忌不扒拉就不动弹。“下级就是听‘吆喝’的，上边让干什么，你就干什么，其他与己无关。”这种人一上班就等着听令，没事就坐在那里喝茶、看报、打呵欠。对于稍有事业和责任心的领导来说，这种行为会让他很不高兴。他喜欢对工作负责并且有主动精神的人，而不喜欢推一推才动一动、不推就不动的人；喜欢关心工作、积极出谋献策的人，而不喜欢视工作为负担，成天说“工作烦人”的人；喜欢会办事的人，而不喜欢躲着走的人。

此外，切忌随意自我夸耀。比如，三国时的许攸，刚投奔曹操时，曹操非常看重他。后来，在击败袁绍、占据冀州的战斗中，许攸又立了功，他因自恃有功，在曹操面前便很不检点。有时，当着众人的面直呼曹操的小名说道：“阿瞒，要是没有我，你是得不到冀州的！”曹操在人前不好发作，强笑着说：“你说的不错！”内心却已十分忌恨。许攸并没有察觉，还是那么信口开河。有一次，他随曹操进了邺城东门，他对身边的人自夸道：“曹家要不是因为我，是不能从这个城门出出进进的！”曹操终于忍耐不住，将他杀掉。

最后，切忌越级报告。不论赛场内外，越位，都是一项危险的动作。在工作中，越级报告则意味着越过顶头上司，向更高层的上级说明你的看法，或争取权益。若想任何事情都回避顶头上司，这并非是个好主意。尝试越级报告的人，往往会伤害到自己。即使你是“对的”，你仍不免破坏部门的运行秩序，并使高级主管头痛。

以上所介绍的几种情况，据实践证明，都是容易在升职努力中被忽视的细节，这也是常常让许多优秀人才失去了晋升机会的原因所在；所以对于每一个想要晋升的人来说都该严加注意。

升职细节

良好的上下级关系的建立不是一朝一夕的事情，而且这种关系也永远处于动态的发展变化之中。这就需要每个人在及时解决矛盾、消除障碍中不断发展上下级之间的良好关系。需要强调的是，和衷共济，不断开创组织工作的新局面，是保持良好的上下级关系的落脚点。如果单纯注重关系，必然陷入误区。这也是处理与领导关系的大忌。

尊重领导，不要怠慢你的领导

王飞是刚参加工作的一名大学生。他为人谦和，工作任劳任怨，很得上司的赏识。最近，王飞所在局的局长秘书被提拔重用了，这个位置出现了空缺。处长认为小王很合适，就极力在局长面前举荐，美言了一箩筐。局长听后，虽没明确表态，但也没反对，算是“基本同意”了。一天上午，局长开完局务会，从会议室到局长室，途中路过小王他们的办公室，就径直走了进去。办公室坐着的几个人，一见局长大人亲临“寒舍”，受宠若惊，纷纷站起来，恭恭敬敬地问局长好。

这时，小王正趴在电脑前赶一份材料，这份材料是早上上班时处长交办的，明确要求他十点前必须弄完，并报到分管副局长那里。局长进屋后，小王没有像其他人一样，马上起立并问好，而只是抬头冲局长笑了笑，又低头干活去了。局长站在办公室中间，和其他几个人闲聊了几句，然后来到小王办公桌边上，笑呵呵地问：“事情不少吧？你叫什么名字啊？”小王这才放下手头的活，站起身回答道：“局长，我叫王飞，正在赶一份材料。”局长说了句：“接着忙吧。”就走出了办公室。

过了两天，选秘书的事情就有结果了。局长把和小王同办公室的小林调去了他身边。这让小王感到很失落，他不知道问题出在哪里。他鼓了鼓勇气，跑到处长办公室想问个究竟。

到了处长办公室，还没等他开口，处长就一脸不高兴地数落起他来：“你这个人到底怎么回事？怎么能对局长这么没礼貌？那天局长为什么要到你们办公室去？就是为了专门去看看你。你倒好，其他人都站起来迎接局长，你的屁股倒沉得很，坐在那里动也不动。”

“我当时正在赶材料，您说十点前要，那时已经九点半还多了，我不抓紧就完不成了。我见局长来也没什么事，就觉得，反正自己有要紧的事做，也就没在意。不过，我是冲局长打了招呼的。”小王极力解释道。“要紧的事？再要紧的事还有局长要紧？局长到我办公室，我打了半截的电话都得先挂掉。你和局长又不熟，怎么这点礼节都不懂？你们办公室六个人，就你一人忙？”处长对小王的解释极不满意。这件事后，小王算是真明白了关系的重要性，但一切都晚了。

小王的教训值得我们汲取。虽然领导进屋起立迎接，路遇领导上前问好，这样的事说起来算不上什么大事，但在领导看来，却能体现出一个年轻人的品格素养。有时，在领导面前表现出刻意的恭敬，是相当必要的。虽然小王没有起立不代表他对局长不尊敬，但至少没让别人，特别是局长看出对他的尊敬。尤其是多人在场的情况下，别人起立了你没起立，别人打招呼了你没打，不但会让领导感觉你眼里没他，而且会让他认为你是有意而为之，是在表达对他的“不屑一顾”。光这一点就够你喝一壶的，要提升你除非是没人了。

升职细节

领导掌握着生杀大权，掌握着你的前途，所以对于公司领导，不管出于什么原因，都不要表现出对他们的丝毫怠慢，否则一旦引起他的不舒服，就可能会让你长久地不舒服，所以对领导时刻要注意尊重。

学会低调，不要表现比上司抢眼

有一位先生近半年，一直都被老板“冷冻”着不闻不问。这闲暇时间多了，却让他心里发慌了。一段时间以来，他原以为只是公司事儿少，可为什么同事们都那么忙呢，如果自己有五十、六十的年龄，每天喝喝茶、看看报也好打发，而问题是自己还不到三十啊。孔夫子说了：“三十而立”，可这啥事都不干还怎么立啊?! 于是，他开始找老板要求任务，可是老板老是拿话搪塞着：“不急，不急，你就歇着吧，让他们做。”

想想当初，这位先生虽称不上是公司的顶梁柱，可也是一个人物啊；因为在工作中十分地精明强干，人又踏实，也很机灵，能适时地说些奉承话，所以在老板的眼里，是一位相当可靠的员工，老板也了解他的期望，因他工作也特别地卖力气，逐渐确立了在公司充当后备干部的地位。

那么，到底是什么事使得现在老板对他的态度前后反差如此之大呢？这个问题每每扰得他心情焦躁，不能成眠。难道经理在逼我自动离开？可这又是为什么？他忽然想到：早上，妻子拿出一件西装来，对自己说：“你怎么不穿西装，我觉得你穿这套西装特有型，就像一大老板。”此时，他一呆，一定是因为那件事自己才被“冷冻”了这么久。半年前，老板让他陪他洽谈一个项目。为了给老板长脸，他就咬咬牙下血本买下了这套西装。还别说，人就是要靠衣装，他穿上这么一身还真是那么回事。连老板见了面也夸他精神。可他怎么也没想到正因为这件衣服太适合他，麻烦也就来了。下午按双方约定的时间，他们见到了客户。

未等他开口介绍，客人已经紧紧握住了他的手：“田总，你好!”他一愣，马上明白是客人把他误当作了“主人”，而把一身旧衣服的老板当成了“随从”，他连忙抽手：“这位是我们田总。”当时，一丝不快在田总的脸上一闪而过。虽然有前面这样扫兴的事，但会谈还是比较成功的。送走客人后，老板说有事，直接驱车离去，而他则回公司上班。记得自从完成那个项目后，老板就再也没有让这位先生负责大项目了。看来就是这件事让老板对他的印象完全变了。想到这里，这位先生一把夺过妻子手上的衣服，恼怒地丢在地上：“都是它害的我!”

交际场上不要过于表现自己，如果你遇见一个极没有品味的老板，请不要试图用你自己的现身说法去影响你老板的品位，你应该明白这个看上去像个土老帽的家伙之所以能成为你的老板，肯定不是因为他会打扮的原因。

升职细节

一位形象设计顾问建议说，永远别穿得比老板还出风头，聪明地模仿上司的穿着，会让他在不知不觉中与你感觉亲密。不管你与老板的着装风格一致也好，不一致也罢，都要注意一点，你的穿着不要比上司更抢眼。

搭建人脉，制胜职场圈

人脉关系就等于能力，人脉关系就是一笔宝贵的财富。特别是在我们这个极其讲究人情面子的国度里，有了人脉，有了关系，更容易做成事情！有的人，看似官职不大，地位不高，财力未必丰厚，家庭也未必显赫，但是，却有令人惊讶的手段，所到之处，没有解不开的难题、过不去的火焰山，左右逢源，得心应手，这是什么原因呢？这就是因为人脉动力的作用。

“同事升迁、加薪与我无关”，很多职场人士遇到这样的情况都是这样的态度。或许，此刻还是郁闷地想升职加薪的为什么不是自己。对职场人士来说，追逐发展、晋升是每个人是职场中一个永恒的主题。到底是随波逐流、被动发展，苦苦等待被提拔的机会，还是主动出击，把握自我发展的主动权，制造并把握晋升的机会？职业的发展之路，晋升到底谁说了算？

肖红亮是一家公司营销团队的一位主管，他与公司里另一个营销团队的方经理在能力方面不相上下，业绩也是旗鼓相当，两个人都视对方为“劲敌”。但是，两个人也有区别，肖红亮和老板的关系一直不错，但是和手下的业务员关系却不好，非常紧张，而方经理却和他恰恰相反。

肖红亮自认为和公司里的老板关系非常要好，所以他很自信，认为方经理迟早有一天会成为他的下属。他相信只要老板一句话，自己就可以平步青云，获得提升，只要得到老板的赏识和认同，自己晋升是早晚的事。

没过多久，公司的销售政策发生了一些变动，这对公司里业务员的收入造成了很大的影响。这时，老板分配下来一项任务，要肖红亮和方经理给自己的业务员解释一下政策上的变动，以便能够配合好公司日后的工作。

但是，肖红亮却一直把主要心思都放在老板身上，和下属的关系一直没有得到改善，这样也导致了他手下的业务员对他也是充满了抵触情绪。当肖红亮向手下公布了公司的新政策后，他手下的业务员一致认为是肖红亮联合公司里的高层合伙“忽悠”他们。结果，不到两天，肖红亮手下的业务员全部跳槽了，他的业绩也因此跌入低谷。

尽管肖红亮和老板的关系非常要好，但是，依然没有保住他的职场前途。老板非但没有保护他，还因此降了他的职，处处挤对肖红亮，逼肖红亮辞职。他感到苦不堪言，欲哭无泪。

最后无奈之下，肖红亮辞职了。离开公司的那天，他曾经的劲敌方经理邀请他一起吃饭。酒后借着酒劲，他问方经理：“我们都是部门经理，这做人的差距怎么就这么大呢？”肖红亮一直想不通，同样的两个团队为什么他失败了，他甚至怀疑是方经理和高层有“特殊关系”。

方经理却很坦诚地说出了其中的原因。原来，在这场没有硝烟的职场斗争中，方经理之所以胜出，主要是因为他和业务员有良好的关系。面对老板新出台的销售政策，他说服了核心业务员支持公司的变革，然后，让核心业务员去逐一说服团队里的其他业务员。业务员的思想工作做通后，他很快又召集大家一起制订新的营销策略，从而超额完成任务，使大家的收入不受太大的影响。

结果，众人齐心协力，陈经理的团队很快渡过了难关。在年底总结的时候，陈经理团队的销售成绩居然比上年翻了一番，而且大多数业务员拿到的报酬都比往年多，陈经理逐渐因为领导有方得到上司的升职任命。

在公司里老板是最高决策者，在人事、提拔、加薪各个方面无疑是最有话语权的，所以在很多职场人士看来，“近水楼台先得月”，最重要的是把握和处理好与老板的关系。但是，事实上却完全不是这样，只有让老板认为你是对公司有用之人，认可你的能力，肯定你的业绩，这才是职场中立于不败之地的最重要的学问之一。老板作为公司之主，自然要对公司负责，他最终考核一个人是否能晋升的最关键因素就是这个人对公司做出的贡献，就是这个人的成绩。正因为这样，经营好人际关系才能为自己创造出更多的晋升机会，得到老板的赏识和认同。

很多人的职场的失利并不是因为他能力不够强，而是他不懂得经营人际关系，单纯地认为只要和老板搞好关系就可以加官晋爵，而没有搞好自己赖以生存的与下属的关系，最终孤立了自己，使自己业绩上一落千丈。从上面故事我们可以清楚地认识到，只有搞好人际关系，赢得人心才能寻求到晋升的机会。

在职场这个由多种人际关系组合的圈子里，到底哪种人际关系才是最有利于你晋升的呢？这就需要你善于观察、用心揣摩，做到八面玲珑，任何一种人际关系经营不善都有可能葬送你的职场前途。职场的成功只属于那些做事老道的人，经营好有利于你晋升的人际关系，将会给你打开走向职场高处的捷径之门。

升职细节

对于职场人士来说，尽管决定你是否升职、加薪的关键在于老板，但是，牵制你发展和晋升的另一个关键因素就是你的同事，你的下属以及你的客户，你的人际关系是老板给你评分的一个重要方面。只有把各个方面的人际关系搞好了，才能真正地为自己的晋升和加薪铺路。

第六章

创造升职氛围，环境是决定你晋升的锦囊

在职场上，一个人可以把自己周围的环境搞得一团糟，处处有反对的声音，处处有反对派，办事处处掣肘；一个人也可以把自己周围的环境变得很和谐，处处受欢迎、受尊重，遇到困难有人帮。很显然，在这两种截然不同的环境中谋求晋升，结果是不一样的。当然，现实中没有一个人会有意识地创造一个不利于自己的升职环境，但是，要特别引起我们注意的是，正是因为我们不能很好地注意某些细节，才造成了不利于我们升职环境的产生。

不要试图改变升职环境

李嘉诚14岁时就从内地来到香港这个陌生之地闯荡。当他来到这个竞争异常激烈的商业社会，他感觉一切都变了：这里拜金主义盛行，钱财成为衡量人价值的唯一标准，这与内地人与人之间的关系有着天壤之别。并且这里“商场如战场”，即使有万贯家财，也不能有丝毫懈怠，否则，一夜间就有可能身无分文，甚至负债累累。

对一个满脑子诗书礼仪的14岁少年来说，要在这样严苛和残酷的环境里养活一大家子人，并创立一番事业，其难度可想而知。那么，该怎么办呢？李嘉诚用行动做出了最好的回答，他决定从头开始，努力适应新环境，学做香港人。他果断转变观念，抛弃自己脑中那些不合时宜的思想，吸收新环境中优秀的东西，这才适应了陌生的环境并在其中建功立业。

从李嘉诚少年时代的经历可以看出，不断学习以适应环境，进而创造新的环境，是一种重要能力。从这个意义上来讲，与其说是香港造就了李嘉诚这一商界俊杰，还不如说是李嘉诚适应了香港、战胜了香港。

曾在一本杂志上看到一则关于美洲鹰的奇闻，说是美洲鹰原本生活在加利福尼亚半岛上，但由于当地人的大肆捕杀以及人类对生态环境的破坏，这种美洲鹰最终绝迹了。可是近年来，一名美国科学家、美洲鹰的研究者阿史蒂文，竟在南美安第斯山脉的一个岩洞中发现了这种美洲鹰的踪影。

阿史蒂文发现，在美洲鹰栖息的岩洞里，布满了奇形怪状的岩石，这些岩石之间的空隙仅0. 5英尺左右，有的甚至更窄。而且很多岩石就像刀片一样锋利，别说是美洲鹰这个庞然大物（成年鹰的两翼自然伸展后长达3米，体重达20公斤），就是一般的鸟类也难以穿越。那么美洲鹰是如何做到的呢？

为了揭开谜底，阿史蒂文在岩洞中捕捉到了一只美洲鹰，他用许多树枝将鹰围在中间，然后用铁蒺藜做成一个直径0. 5英尺的小洞让它飞出来。美洲鹰的速度迅速无比，他只能从录像的慢镜头上细看。结果发现它在钻出小洞时，双翅紧紧地贴在肚皮上，双腿却直直地伸到了尾部，与同样伸直的头颈对称起来，就像一个梭子一样轻松地穿越了岩洞。在研究中，他还发现，每只美洲鹰的身上都结满了大小不一的痂，那些痂也跟岩石一般坚硬，是美洲鹰在练习穿越岩洞时留下来的。

其实，职场中的生存法则同自然界一样——适者生存。外界环境是复杂多变的，别指望环境去适应你，现实是，只有你去适应环境！而且，适应环境也并不是你想象的那么难，一些动物尚且都能做到适应环境，更何况是我们这些比动物高级许多的人类呢！

升职秘笈

在当今变幻莫测的职场中，如果你想适应千变万化的环境，就必须与现实环境保持良好的接触，并根据环境随时调整自己的工作节奏，只有这样，你才能在职场上立于不败之地。在面对外界环境的变动时，你要具有较强的应变能力和平和的心态。只有这样，你才能在急剧的变化中保持镇静，从而做出正确的判断。

周围环境决定你的升职命运

在影响一个人升职的诸多因素中，环境因素无疑是重要的一项，这种升职环境有的是创造出来的，有的是靠发现和利用的。我国汉朝著名的将领卫青，他的脱颖而出就是凭借了许多的环境因素。

在中国汉武帝时，有个人叫曹寿，是汉初宰相曹参的后代，被封为平阳侯。曹寿娶了武帝的姐姐阳信公主为妻，所以，阳信公主便随了丈夫曹寿的封号，被称为平阳公主。平阳公主府里有个女仆，随夫姓叫卫媪。她先后生了一男三女，后与平阳县吏郑季私通，生了个儿子，便取名卫青。卫青字仲卿。幼年的卫青跟随老妈生活，少年后，老妈无力供养他，就把他送到了他生父郑姓男人家中，但是，郑氏家人根本瞧不起这个孽种，把卫青当成奴隶使唤，砍柴、放羊、担水，“少时归其父，其父使牧羊。先母之子皆奴畜之，不以为兄弟数”。少年卫青干尽了粗活，备受苦难，使他养成了沉默寡言的性格。

一次，卫青和伙伴们来到甘泉宫，一个囚徒看见他后，对他说：“你的相貌是大福大贵的，将来一定有前途的，说不定能成为王侯。”青年卫青身材高大，相貌堂堂，他也无法忍受郑氏人家的虐待，一气之下摔了自己的泥饭碗，离开郑家，回到了老妈身边。然而，老妈无法养活他，唉声叹气之后，苦苦央求他回到郑家，卫青当即表示，宁可自己流浪乞讨，死活不肯回去。母子俩人正在拌嘴，一个女人走到了卫青的背后。这个女人就是卫青后来的妻子——平阳公主。

平阳公主在后院听见卫青与老妈拌嘴，走过来看见身材高大、相貌堂堂的卫青，一下子就喜欢上了这个小伙子。在询问了卫青的老妈后，才知道卫青无事可干，于是就让管家打发卫青留下，以后专门为自己养马牵马，成为骑奴，身份相当于现代的专职司机。

尽管仍为奴隶，卫青却走进了大户人家，不仅学到了文化知识，也懂得了上层社会的礼仪。这时，卫青同母异父的姐姐卫子夫也随老妈在这里做工，只是，天生丽质的卫子夫是作歌姬，经常为平阳公主一家人表演歌舞。从此，卫青姐弟俩与平阳公主的关系更紧密了。

一切都在不经意间度过，一个细节改变了卫青，使卫青从一名骑奴成为官员，改变了自己的命运，也在以后的岁月中改变了一段汉朝的历史。一天，汉武帝去灞上出席祭扫和祈福仪式，回宫时顺便来到姐姐府中游玩，平阳公主立即摆开筵宴，令歌姬们表演节目。汉武帝身边需要有人端茶倒水，恰好卫子夫表演完了节目，平阳公主就让卫子夫服侍汉武帝。就这样，汉武帝认识了长发美女卫子夫，卫子夫给汉武帝留下了深刻的印象。

公元前139年春，卫青的姐姐卫子夫被汉武帝选入宫中。美女卫子夫卸下了歌姬的身份，前往皇宫开始妃子的生活。当她离开平阳公主家，出门上车时，平阳公主抚摸着她的背说：“哪天富贵了，别把我忘了。”汉武帝幸得漂亮的卫子夫，心花怒放，许诺赏给姐姐平阳公主黄金千斤。天生丽质的卫子夫很快吸引了汉武帝的眼球，不仅生下二个女儿，还为汉武帝生下一个儿子，自己也做了皇后。

美女卫子夫的受宠，为弟弟卫青铺平了政治进步的道路，卫青也被召到建章宫当差，成为国家的公务员，吃上了皇粮。这是卫青走入仕途的开始。这个时候，不仅卫青自己，周围的人谁也没有料到卫青会让汉武帝改变了对匈奴一再忍让的政策后，迅速成长为一代名将。

没有汉武帝到姐姐府中游玩，汉武帝也不会认识一头长发的卫子夫；没有姐姐卫子夫的受宠，也就没有了卫青的未来；卫青假如不能成为一代将领，平阳公主在自己守寡后，也难以让汉武帝同意自己嫁与卫青。这一切，都影响着卫青的人生，也影响着西汉历史的发展。

也正是由于美女卫子夫的受宠，遭到了陈皇后的嫉妒。陈皇后不能生育，看病花费九千万钱之多，仍没有医愈。为了保持自己的地位，克死卫子夫，陈皇后在宫中让一个名叫楚服的女巫带领300名侍女，利用魑魅巫蛊诅咒卫子夫，还央求自己的姑姑大长公主出面，安排陷害卫青，并亲自把卫青逮捕下狱，准备处死他；卫青被囚之后，表现出超人的忍辱负重和宽宏大量。危急时刻，卫青的好友，时为汉武帝骑兵侍从的公孙敖，听说卫青无故被押入监狱，非常气愤，带着自己的士兵强行砸开监狱的牢门，救出了卫青。

卫子夫并没有向汉武帝诉苦，可是，公孙放却将此事直接禀报了汉武帝，汉武帝得知后大怒，不仅对卫子夫更有好感，加封卫子夫为夫人，而且直接将卫青提拔为建章宫监、侍中，不久又提升卫青为大中大夫。

升职秘笈

人的成功，有时候是因为在一个良好环境中，捕捉到一些机会而获得的，一个再有能力的人，他也需要有外力，有平台去推动他成功，所以对于职场人士来说，要给自己创造一个好的前途，就必须选择一个较好的职场环境。

在逆境中修炼成才

人都希望能一帆风顺，然而职场像江湖一样，也是个风起云涌的地方；一个人不管是平庸还是能力非凡，在职场中都要受到各种挫折与压力；如果是个平庸的人，会面临工资低，受别人的指挥和歧视，整天被烦琐的杂事缠身；如果是一个能力非凡的人，受到的挫折会更多，例如上司的压制，同事的排挤与陷害。如果经受不住困境的折磨，可能整天会抱怨连天，甚至自暴自弃；而如果一个人能正确地面对困境，他的能力会越来越强，事业也将会越来越顺，因为困境会让你产生一种危机感，催人奋起，当已解决一个又一个的难题，你的应变能力会变得很强，同时也在一步步地向成功迈进。

江明刚开始工作的时候，是在一家公司负责培训工作，一加入公司就面临挑战：江明就一个下属，而且非常桀骜不驯，根本指挥不动，所以整个集团的培训就都压在他身上；大事要他做，基层的事也要他做，等于一个集团的培训就江明一个人在操作；对于没有接触过培训的江明来说，几乎要崩溃了，几次辞职都没有成功；几个月后他找了个机会调到了品质系统部，这时他才静下心来审视了一下自己，发现自己不但已经很精于管理培训工作，练就了胆量与口才，还练就了一项独特的本领：同时处理几项工作，就像《射雕英雄传》里的周伯通会左右互搏一样；这些本领让江明在品质系统部的工作中，得以一帆风顺。

每个人在工作过程中，都难免会遇到各种各样的挫折，每个人都有一本难念的经；就像崔永元所说的那样：人就像个饺子，一定要捏一下，挤一下，再放到滚水里煮一下才能成熟。的确，每一个挫折都是你职场道路上的一个据点，拔掉它，你就往成功迈近了一步；所以说，任何一个挫折，都是一个超越自我的契机。每个人都会面临各自的困境，成功者会把它当作一次磨练自己、警醒自己的机会；而失败者却只要遇到一些不顺的事，就会习惯性地抱怨老天亏待他，进而祈求老天赐给他更多的力量，帮助其渡过难关。

享有“森林之王”之称的狮子，有一天来到了天神面前说：“对你赐给我如此雄壮威武的体格，我深表谢意，让我有足够的能力统治整个森林。”

天神听了，淡淡地一笑：“这可能不是今天你来找我的目的吧！你是不是碰到了什么烦扰?”

狮子惊奇地说：“天神果真了解我啊！我今天来的确是有事相求。尽管我的能力很强，但是每天一到鸡鸣之时，我总是会被鸡鸣声给吓醒。天神！你可不可以再赐给我一个力量，让我不再被鸡鸣声给吓醒?”

天神笑了笑说：“你去找大象吧，在它那里你能找到想要的答案。”

狮子兴冲冲地跑到草原上找大象，还没跑到大象跟前，就听到大象直跺脚，发出“砰砰”的响声。

狮子不解地问大象：“你为什么发这么大的脾气?”

大象拼命摇晃着大耳朵，吼着：“有只讨厌的小蚊子，总是钻进我的耳朵里，害我都快痒死了。”

狮子一边走，一边回头看着仍在跺脚的大象，心想：“天神要我来找大象要答案，应该就是想告诉我：谁都会遇上麻烦事，而它并无法帮助所有人。既然如此，那我只好靠自己了！反正以后只要鸡鸣时，我就当作鸡是在提醒我该起床了，如此一想，鸡鸣声对我还算是有益处呢?”

其实，老天是最公平的，就像它对狮子和大象一样，每个困境都有其存在的正面价值。不要一味地抱怨，而应该学会如何把困境变成一次提升自我的契机，当你成功地战胜一个个困难的时候，你的能力和事业都会得到意想不到的收获，而别人在挫折面前低头，停滞不前，这样你就超越了他们，成了他们所羡慕的成功者!

升职秘笈

人都喜欢顺境，在职场中一遇到麻烦，就开始抱怨，而很少思考如何通过挫折来磨练自己。要知道困境是在所难免的，它并非是你成功的绊脚石，而是你成功的助推器；因为困境能让你正视一切，让你早日成熟。

做好自己的职业规划

其实，对于许多人来说，年轻的时候都有过很多的职业理想，比如：我要做哪个企业的总裁，要如何风光，可是我们错过了身边很多的机会。等到我们老了的时候，才发现自己全部的职场经历，从来未管过人，而是尽受人家管了。那么，我们为什么也努力了，也拼搏了，但最终也未混上过一官半职呢？那是因为我们只注重了主观的努力，而没有对自己的职场生涯进行规划，而让成功之梯靠向了一面错误的墙。

在职场中，我们要学会给自己的职业生涯做个规划，在不同的阶段应该做不同的事情。在我们刚进入职场的时候，选择最多的应该是学习的机会，而不应该是金钱，除非自己对金钱有十分迫切的需求。人在年轻的时候，贫穷一点未必是件坏事，人在贫困中能够养成很多好品行和好习惯，并鞭笞我们不断地努力学习、不断地提升自己。人年轻的时候，有一个好的学习机会是相当难得的。趁年轻多学一些东西，对自己的将来帮助会非常大的。如果我们安于自己的职位，安于做一些很简单和低级的工作，我们最后会发现自己已经陷入了一个职业瓶颈；如果有那么一天，这个职位被撤消，那么我们会发现自己已经陷入了一种无所依靠的境地。其实在职场中，这样不可预测的风险实在太多了。

在职场中，要学会抓住一个个小机会来不断发展自己。大机会的形成往往是小机会不断累积的结果，没有各种小机会的不断汇集，也就不会有大机会的出现。有些职场人士觉得小机会根本就不值得自己弯腰去拣，于是拱手让给别人，过后发现自己一个机会都没有。在职场中，各种各样的小机会都应该学会去把握，你把小事情做好了，老板才放心让你去做大的事情。

有一个公司招聘一名清洁工，有个大学生前来应聘。这个大学生每天的工作就是打扫一个厕所。面对这样的环境条件，大学生并没有觉得自己受到了侮辱，相反他将厕所打扫得很干净，得到了公司上下的一致好评。后来公司决定让他打扫两个厕所，结果他的工作做得同样优秀，很快就开始打扫四个厕所。工作量虽然加大了，但是他都很出色地完成了，而且没有丝毫怨言。这件事，如果发生在其他人身上，他做不到打扫两个厕所的程度，在指定他打扫第一个的时候，他就会走人了。然而，对于一个有头脑的人来说，意义就不同了，这正是自己在为自己造势，事实上不用多久，有利的形势就会倒向自己的一边。老板觉得这个大学生很不错，于是让他管理后勤。由于他养成了兢兢业业、耐心细致的工作习惯，他的后勤工作也做得相当出色。又过了一段时间，老板就将公司的全部行政工作交给他来做，而公司其他人要做上行政总裁往往需要二三十年，他只用了七年，而且足以让他骄傲的是，他是从打扫厕所做起的。正是这样一个人，在自己的岗位上，很用心地抓住了每一个机会，所以得到了最快的提升。其实在我们的工作中，我们遇到这样的机会实在是太多了，这些小机会都是应该把握的，它能体现一个人的精神。

在职场中，我们要时刻保持一颗进取的心。职场中，有这样一种现象：有些人很年轻的时候就已经取得较好的成就，但他们往往身不由己，将太多的时间用在根本无法提高自己的领域，或者他们已经满足于自己的成就，而不思进取。对于这样的年轻人，成就来得太快，去得也太快。要知道，成就是每天业绩的累加，只有保持一颗进去的心，不断往上攀登，你才能取得最终想要的大成就。

在职场中，要严格要求自己。一个人最害怕的就是对自己没有任何要求，没有任何要求，就意味着没有方向，对于没有方向的人来说，任何方向的风都是逆风。我们虽然不能跨越很多阶段，但是我们能做的是在每一个阶段获得最大的收获。

升职秘笈

一个对自己有要求的人，和对自己没有要求的人，最后取得的成就是完全不一样的。对自己有要求的人，对自己的工作会有很高的要求，他们的要求甚至比老板对自己的要求还要高。他们把自己的工作当成一件艺术品来完成，争取得到最满意的效果，而绝对不会把事情当成任务来完成。

关键时刻恰当地表现自己

身处职场上的人们，在关键时刻要懂得恰当地张扬，也就是“秀”一下，这种“秀”就是人为自造环境优势的细节动作，是一个引起领导注意的好办法。

有个建筑公司的老板，亲自督导一幢摩天大楼的兴建工作。在工地上，一名衣衫褴褛的小孩，走到大老板身旁，问道：“我长大之后，怎样才能像你那么有钱?”这位如今看上去是既有身份又财大气粗的老板也是由小工苦干出身的。他看一看那个小孩，然后粗声粗气地说：“买件红色衬衫，然后拼命工作。”那小孩被老板的语气吓了一跳。他显然还不明白老板的话的深意。于是，老板用手指指那些往来于大楼各层脚手架的工人，然后对小孩说：“你看看那边的工人，他们全都是我的员工，我不记得他们的名字；而且，他们之中，有些人我从未见过。但你看看那个穿红衣服的，他很特别，因为人家都穿蓝色的，只有他一个人穿红色的。而根据我近日的观察，他比其他工人都认真，每天来得早走得晚，工作时手脚又勤快。我之所以注意到他，是因为他穿着与众不同的衣服。我现在正准备与他谈谈，问他愿不愿做工地的监工。他肯干的话，日后也一定会升职，搞不好会当上我的副经理。其实，我以前也是这样干起来的。我要求自己工作比别人勤快，比别人好。我跟大家一起穿工人裤，但我的上衣是一件与众不同的条纹衬衫。这样，老板才会注意到我。我拼命地工作，最后真的受到老板的注意和赏识。升迁后，我存了一笔钱，自己开公司当老板。我就是这样创出今天的局面的。”

升职环境不会平白无故降临到自己的头上，要想获得它，就要善于表现自己，这样它才会注意到你，从而来到你的身边。在我们身边有这样的人，他在工作时非常卖力，又勤奋、忠诚、守时、可靠并且多才多艺；他为自己的事情付出许多心血，按理说他应该前途光明。但事实并非如此，他什么也没有得到。即使是比他差得多的人，都不断获得升迁、获得机遇、获得成功；原因就在于他不懂得表现自己，别人从来没有注意到他，机遇也没有注意到他。你是否也是这样？若是如此，就必须学会对这些细节的利用，注意表现自己，这样成功就会容易多了。

担任从事多种经营、旗下拥有数个子公司的美国主要建设公司副经理的路易斯·休特把创造机会诠释为“替自己的才华安装聚光灯”。他认为人应该在让大家看得到的地方工作，并尽力让自己的才华在众人之中凸显出来。于是，一开始他便将自己安排在容易创造机会的地方。在众多的职业中，他首选法律，一方面他认为以此为业既安全又可靠，另一方面他认为作为一名法学家还可以有许多机会在众人面前展露自己的才华。毕业之后，他便马上进入塔拉哈希市一家法律事务所工作。关于实务方面，他把积极参与社会活动作为自己的行动方针。没过多长时间，他便得到青年商会、军人组织等团体的认同。如此热情地参与社会活动，使他获得了第一次发展机会。

他在事务所工作不到一年的时间，就被塔拉哈希市的人们公认为是最有才华的、年轻有为的法学家，因此他在24岁时就被任命为该市的法院推事。直至今日，在佛罗里达州，他仍然是年纪最轻的法律推事记录保持人。这个职位，使他在当地的声望愈来愈高，州府对他也颇为器重。3年后，当他被任命为佛罗里达州饮料局局长时，他的第二次发展机会也翩然降临。由于休特特别善于注意和发现，在别人看来不看好的细节中发现环境细节的潜在影响，而往往总是旗开得胜。在休特30岁那年，他被沃弗逊任命为美国主要建设公司的助理总经理。这个旁人求之不得的大大机会，就是休特6年来不断创造环境细节的结果。

在沃弗逊的世界里，休特的事业快速成长。一年以后，他成为该公司的副总经理；未隔多久，他又成为经营着世界排名数一数二的庞大企业的总经理。路易斯·休特的成功，证明了善于推销自己，努力展示自己才华的重要性。善于推销自己的人才能赢得更多的机会。

升职秘笈

在某种特殊的场合下，沉默谦逊确实是一种“此处无声胜有声”的制胜利器，但无论如何你也不要把它处处当作金科玉律来信奉。在人才竞争中，你要将沉默踏实肯干谦逊的美德和善于表现自己结合起来，才能更好地让别人赏识你。

多做些职责以外的事

工作中，由于职责分工得比较细，每个人只负责自己的岗位工作，而对别人的事，似乎一概与自己无关，就连同事不在座位上时，他的电话响了别的同事也是充耳不闻。有时候，别的同事工作比较繁重，尤其是遇到困难工作解决不了时，许多人见了像没见一样，宁愿在自己电脑上磨蹭时光，也不愿意伸出援助之手，真有点儿“每家自扫门前雪，管他别人路成冰”的感觉。有时候由于内心的妒忌，许多人会将同事看成自己未来的竞争对手或威胁；所以当同事遇到麻烦的时候，很多人都无动于衷，一副幸灾若祸的样子，有时甚至还落井下石，想借机置对方于死地。

有两个大学生应聘到某公司同一个部门，负责公司的管理体系的维护。其中一个比较有经验，而另一个就是个生手。所以有经验的那位做事非常顺手，也深得上司的欢心，而另一位还主要处于学习和摸索阶段，上司又没时间教他，有经验的那位同事更是不愿教他分毫。所以上司派他们一起去做管理评审时，有经验的那位早早就把工作做完了，而另一位忙到下班事还没做完，出的报告更常被上司责骂。有经验那位看在眼里乐在心里，觉得对方没有一点竞争力，以后升职就不会有阻力了。就这样几个月过后，上司把没经验那位炒掉了，只留下有经验那位一个人顶着两个人的工作，结果苦不堪言。

这同一个寓言故事类似：两匹马在沙漠中拉一车货，有一匹马体力不行，而体力好的那匹马一点也不体谅，只顾高速地拉着车，让另一匹马疲惫地跟随着，连给它喘口气都不让。最后的结局就是，体力差的那匹马累死了，体力好的那匹马最后由于只剩自己拉货，没多久也累死了。其实职场中需要的是互相帮忙，互相照顾，这样的工作环境才会愉快，而且你在帮别人的同时，也为自己积累了好人缘，为自己多铺了条路。

俗话说：一个好汉三个帮。在当今职场上，靠单打独斗是很难成功的，毕竟一个人的能力与精力是有限的，很多情况下必须求助于别人：例如碰到专业问题，不得不向别人请教；有事外出，不得不请人顶班；工作忙不过来，不得不请人分担点任务；绩效考核，不得不请同事们帮你把分打高一点……其实，在公司里，大家就是一个整体，你工作能否顺利展开，要看同事们是否配合你、帮助你；而要别人认同你，帮助你，你就得放下私心，真诚地去帮助需要帮助的同事，那样人家才心存感激，才会滴水之恩，来日涌泉相报。其实，有时候你的资源闲置在那里也是浪费，用于帮助别人，换取未来别人的帮助，这也是一种很好的投资，或许在你困难的时候，能给你带来莫大的帮助。

升职秘笈

人们常常把工作局限在自己的职责以内，只是把自己的工作做好，每天自扫门前雪，不管别人瓦上霜。其实“职责”是束缚你成功的一道枷锁，只有跳出“职责”的框框，多做些职责以外的事，不仅提升了自己的能力，也为自己积累了人脉。

不要太张扬自己的个性 

许多刚步入社会的人，喜欢张扬个性，喜欢由着自己的个性行事，结果与环境格格不入。常常与别人的关系处理不好，与周围人关系非常紧张，于是不断换环境，但结果都是一样。有些人会不断埋怨别人的过错，指责别人的缺点，他们觉得周围的环境和人处处跟自己作对。实际上，他们没有意识到真正的问题不是来自于周围，而是来自于他们自身，正是身上的棱角在作怪。我们常常只站在自己的立场上看待事情，常常随着自己的喜好来做事，将自己的一套强加在别人身上，让别人按照我们的意志和个人规则做事，而不会去顾及别人的感受，自然就会倍受他人反感，并且一传十，十传百，最后把你名声搞得很烂，成了大家排斥的对象。

有一只鸽子老是不断地搬家。它觉得，每次新窝住了没多久，就有一种浓烈的怪味，让它喘不上气来，不得已只好一直搬家。它感到非常困扰，于是就把烦恼一股脑儿地告诉给一只经验丰富的老鸽子。老鸽子听后说：“你搬了这么多次家，其实根本没什么用，因为那种让你困扰的怪味并不是从窝里面发出来的，而是你自己身上的味道啊。”

与别人很难相处，问题可能不在对方，而往往在于我们自身。当时可能还感觉不出来，经过很多次挫折后，才可能会反思到。许多人都有过这样的体会：当自己变得很成熟的时候，回头去想想自己以前做过的荒唐事，有种不堪回首的滋味，觉得自己以前很幼稚。

集完美于一生的周恩来，从过去到现在，他的人格魅力至今还广为人们所追捧。人们很难在周恩来身上找到什么不满意的地方，就是当年与周恩来站在对立阵线的人，对周恩来也是由衷钦佩。周恩来的沟通能力非常强，就算跟一个陌生人，他也能在倾听中找到双方的共同点，让双方顺利交流起来。周恩来是一个从来不张扬个性的人，也不愿在别人面前表现出自己的强势。他一直保持以谦和的心态跟别人打交道，再难打交道的人，在周恩来面前也是佩服得五体投地。周恩来就是这样一个没有棱角，广受欢迎的人。

人的成功很大程度依赖于自己人际关系的处理，如果与别人关系处理得好，事业做起来就非常顺，如果常被别人排斥，到头来可能一个合作伙伴都找不到，又谈何成功？如果我们老是站在自己的立场上看待问题，以自己的思想原则去为人处事，自然容易遭人抵触。如果与别人起冲突的时候，我们能站在别人的立场上来看待事情，来审视自己，是是非非就一清二楚，我们也能看出自身的弱点：是不是太自私，是不是脾气太暴……通过反思自己在实际中的错误行为，更容易深刻地修正自己身上的缺陷。不要担心与同事一时的纷争，只要不断地修正自己，去掉自己身上的气味，我们就能成为一个合群的人；就像河里的石头一样，被流水冲刷掉了棱角，就成了块圆滑的石头。

升职细节

有些人常带着一些个性，并在与人的交往中表现出来，结果显得不合群。一个人只有将自己身上的棱角磨平，才能与大家在相处时融为一体，你要学会去适应环境，而不是让环境来适应你。

与同事保持适当的距离

对于很多职场人士来说，每天与同事相处的时间是最长的，但是，自从“私人空间”的概念被提出之后，我们就不能忽视合理的社交空间和公共空间，所以，与同事之间也应该适当地保持一定的距离。

王光磊和章海峰毕业于不同的大学，两人同时被某大型公司聘用，机缘巧合，两人在上班的第一天就认识了，而且还有一见如故的感觉。聊天后才知道原来他们还是老乡，于是又增加了几分好感。因为家在外地，所以闲暇时间两人常在一起聊天、打球。同事加老乡的关系，使两个年轻人慢慢地成为无话不谈的知己。王光磊的家境十分困难，家里为了供他上大学，已经欠下了许多外债，所以在工作之余，他又找了一份兼职会计的工作。他这种做法违反了公司的规定：凡涉及财务工作的人员，一律不许做兼职财务工作。

由于公司的这个规定，王光磊一直都没对章海峰说自己在外兼职的事情。但是，后来章海峰发现王光磊下班之后也忙得不可开交，仔细询问后才知道王光磊私下还做了一份兼职工作。起初，章海峰很同情王光磊的处境，因为他从小就过着衣食无忧的生活，还从来没有见过这么辛苦的同龄人。因为王光磊工作努力，而且业务掌握得很快，加上说话办事很有分寸，所以深受领导和同事的喜欢。章海峰就不同了，虽然业务掌握得也很好，但因为他从小就养尊处优惯了，不懂得与同事相处，所以很多人对他公子哥的作风都心有不满。

公司每年都会选派一名优秀的员工到德国著名的商学院进行培训，而员工再次回到公司时就一定会升职加薪，所以这是整个公司的职员梦寐以求的机会。经过层层选拔，最终王光磊和章海峰都被列入了候选人名单。此时，王光磊对章海峰说：“要是我们两人都能去，该有多好！”章海峰回答说：“希望如此。”

没过多久，公司就有人传小道消息说：“这次出国培训选定的人是王光磊。”尽管还没有进行正式公布，但是大家也觉得这个消息几乎可以确定了。这个时候，章海峰感觉极不舒服，情绪非常低落，因为他也想得到这次公派出国学习的机会，于是，他就给总经理寄了封匿名信，举报王光磊在外做兼职。

当结果公布时，章海峰榜上有名，于是，王光磊就找到经理，请求也让他参加这次培训活动。

经理看了一眼王光磊，然后冷笑道："你就别去了，因为你太忙了。"

王光磊没想到一句"你太忙了"会成为阻止他培训的理由。但是，总经理又是如何知道他做兼职的事情呢？这件事他只告诉过章海峰一个人，并且与那家小公司签约的时候，对方也答应过会替他保密的，那么答案只有一个，就是他被章海峰出卖了。

职场对每个人来说都是一样的，是一个竞争激烈的地方，最终目的不过是为了占取更多的经济利益，所以你的隐私会成为对方攻击你的绝招。所以，同事之间非常有必要保持一定的距离。

同事之间过于亲密还会给上司带来危机感，如果上司总是看见员工过于亲密地拉帮结伙，那么，势必会认为这样会削弱自己的势力，给管理造成不便。上司一旦滋生出这种想法，便会想方设法打击你的势力，压制你的能力，削弱你的影响力，甚至将你打入冷宫。

所以，与同事之间保持适当的距离，于人于己都有好处。

升职细节

身在职场，与同事保持一定的距离是非常有必要的。这也是一种保护自己的方式，避免自己受到伤害。同事之间要保持一定的距离，最好是"君子之交淡如水"，泛泛之交而不是投入过多的感情，可以真心诚意地共事，合作解决工作中的问题，但是一定要把握好同事之间的距离。

远离同事之间的是非

在职场中，难免有些心术不正的人，会在同事面前挑拨对手与他人的关系，或者诋毁对手的形象，以此达到传播谣言，打击别人，抬高自己的目的。遇到这样的同事，如果参与其"话题"，往往会卷入纠纷，为他人火中取栗，导致自己与其他同事的关系紧张，甚至无法在办公室立足。所以，身在职场，面对这样的是是非非，聪明人绝对不会将自己也卷进去，始终将自己游离于是非之外，而这样的人往往能成为职场的不倒翁。

章芳是一家公司的女职员，在办公室里人缘还不错。她平时工作非常努力，从不多说话，从不谈及那些有关同事负面形象的话题，与大家交流时始终保持着微笑，大家都很喜欢她。有一年，办公室来了一个爱出风头的女孩儿牛燕。牛燕每天都要表现自己，找不到表现自己的事情，就到处调查和宣讲一些同事的隐私。这样的人必然会激化其和同事的矛盾，由于牛燕家里有背景，同事们不喜欢她，也惹不起她，一句话，“惹不起躲得起”。于是，大家不是辞职就是请求调到其他办公室去。而新来的一些同事大多是男性，知道牛燕是什么人后，对她都不理不睬的。

最后，牛燕只有向章芳“倾诉”了。她向章芳讲那些男同事的“桃色新闻”，说那些男同事在办公室一个个西装领带的，私下的生活是多么“糜烂”……章芳对此只是默默地笑着、听着，从来不会插一句话。牛燕最初还不在乎章芳的反应，但是，后来她渐渐地明白章芳的沉默里更多的是厌恶，很快就不再找章芳“倾诉”了。

在办公室里，爱出风头的牛燕被彻底孤立了，没有一个同事愿意和她说话，无奈之下，她很快请求调到其他部门去了，但是，好事不出门，坏事传千里，其他部门的人对她也不理睬，不久，她也只好辞职了。而不久之后，章芳就被提为部门主管。因为上司认为章芳这个人很有涵养，不介入同事之间的是非，任何时候都能平静地对待工作。

在职场中,一些同事之所以喜欢搬弄是非,是因为有人听或者有人相信。办公室是敏感的地带,要搞好与同事之间的关系,千万不要卷入同事间的是是非非,不让自己成为那些搬弄是非者的市场。否则,一旦卷入其中,往往会把自己推入非常尴尬危险的境地。

在办公室里，同事间少不了要联络感情。但是，有些人却喜欢在联络感情时，倾诉自己在办公室所受的冤屈、发泄自己的满腹苦水。此时，作为同事，你一定要清醒地认识到，牢骚如同狐臭，是非如流毒，人人都是避之唯恐不及的，千万不能因为一时的同情或义愤去参与同事的这些事情。同事之间没有真正的朋友，没有必要为一个同事“两肋插刀”，而去得罪其他的同事。

同事之间难免会有矛盾和纠纷，这是不可避免的，是非肯定会有人搬弄的。不过，自己最好远离这些纠纷，最好采取超然的态度。千万不要身陷其中，不然就会剪不断，理还乱，自己也会被折腾得筋疲力尽，无计脱身。

升职细节

同事之间是最容易出现是是非非的，身在职场，一面要自己努力进取，另一方面又要学会置身事外，远离同事之间的是非之争，这也是一种对自己的保护。

牢牢管住自己的嘴巴

在办公室里，有的人特别喜欢向你诉心事。但是，知道别人太多的私事，对你来说却不一定是好事，尽管他或许把你当朋友才对你倾诉的。特别是在办公室里，更有可能给自己惹来麻烦，甚至埋下定时炸弹。

毕竟同事间夹杂了复杂的利害关系、人事关系，或许今天的好搭档，明天却有可能变成对手。所以，为了更好地保护自己，最好的办法就是不要轻易将感情放在同事身上，只要合乎礼貌，一般的人情就可以了。特别是同事对你倾诉的时候，尽量避免这样的情况，下一回，当某同事向你诉苦的时候，不妨改变一下态度。

可以关心同事，但是，尽量避免单独关心。即是说对方找到你，你明知他有大量“苦水”，不妨多找一个同事，一起去开导他。对方讲的私事，可以客观地给他分析，但是，提意见的时候一定要慎重，最好做到避重就轻。“我以为这件事不一定是好事，但我的意见并不全面，奉劝你重将整件事分析，再决定对策。”假如对方烦的是公事，那你最好只能当一位听众，千万别胡乱发表意见，以免卷入无谓的漩涡。

很多时候，或许因为你的一时口快，或者误以为对方早已知晓，就算是无心之失，把某同事的私人秘密说了出来，该怎么办？

比如说,你与某甲在一起吃午饭,某甲明明与某乙表面上很友好,而你却误认为两人关系非常好,将心比心,以为对方一定对某乙之事了如指掌,于是说话随便得很。你问:“某乙那天去见客户碰了钉子,真是倒霉!”对方瞪着双眼反问:“他究竟发生了什么事呢?”

这个时候，你再反应过来，你明白原来某甲不知道这事，你该怎么补救？无疑，你已经成了小道消息的传播者了。

你只能岔开话题，答非所问地说：“我是说某乙那天迟到，却正好碰到上司罢了。”可以随便找一件小事来岔开那个话题，装作一副漫不经心的样子，然后尽快另找一个话题，将对方的注意力分散。

这样的情况绝对不是少数，所以，你一定要做到对别人的私事守口如瓶，让那些破事烂在肚子里。不然你一旦成为小道消息的传播者，必然会受到人家的打击报复，到时候，你百口莫辩，只能眼看着人家背地里下黑手了。友情没了，自己在别人心中的良好印象也会一落千丈。

在很多时候，别人对你倾诉，你最好只做一个听众，而不是评判者。千万不要在别人的恩怨中掺杂自己的个人意见，不然你可能里外不是人了。其实，做个听众倒是不妨的，只是千万别做唯一的听众，因为容易陷自己于困境。总之，与同事保持距离乃上上之策，不参加意见，也不费神去理解，对你来说可以说是有益无害。

升职细节

在职场，有一个重要的原则就是要牢牢管好自己的嘴巴，不传播小道消息，更不能不负责地传播谣言或小道消息。任何一个上司都不会喜欢爱传播小道消息的人，你传播了，就会为自己的升职加薪带来无法逾越的障碍，所以，最明智的方法就是不去传播，更要做到谣言止于智者！

荣耀归于上司的正确领导

在职场，我们常看到这样一种现象，有些员工的业绩非常突出，却总是难以获得上司的信任，甚至遭到上司的无端猜忌。这是为什么呢？难道是上司妒贤嫉能吗？当然，原因肯定不全是这样，这主要跟这些员工对待功劳的态度很有关系。在职场上，任何一个员工取得了成绩，都离不开他人的协作，更离不开上司的正确领导和支持。如果一个员工取得了成绩，就借功自耀，而忽视了上司的领导和支持，把上司晾在一边，这样的员工又怎么可能获得上司的信任和重用呢？

所以，在职场上，对任何一个职场人士来说要想做上司的红人，获得上司的信任，千万不要在上司面前贪功，取得了成绩，一定要想办法淡化自己的功劳，把成绩的取得归功于大家的帮助，特别是上司的正确领导和支持。只有做了这样的铺垫，上司才不会猜忌下属，反而会认为自己领导有方，对取得成绩的下属平添几分器重，才会信任有加委以重用。

有这样一个寓言故事，相信对每一个职场人士都有所启示。

在西方，曾经有一位国王喜欢挥霍奢华。一天，他的总务大臣决定策划一场前所未有、最为壮观的宴会，以此来讨国王的欢心。

在总务大臣的精心策划下，全国最显赫的贵族以及最伟大的学者，都参加了这场为国王准备的宴会。一些剧作家甚至还为这次盛会写了剧本，并在晚宴时粉墨登场，予以表演。

在宴会结束之后，国王在大家的簇拥下一起参观总务大臣特地为国王修建的别墅、庭园和喷泉。而总务大臣本人也陪伴着国王走过呈几何图形排列的灌木丛和花坛，观看烟火和戏剧表演。宴会一直延续到深夜，宾主尽欢。在场所有的大臣、学者以及剧作家都一致认为，这是他们见过的最令人赞叹的盛事。当所有的观众都赞扬总务大臣办事有眼光、有魄力，是全天下了不起的人，是难得的栋梁之材的时候，总务大臣在众人的赞誉面前，飘飘然了，认为自己为国王筹办了如此盛大的宴会，奉献了如此壮观的杰作，国王一定会赏赐自己的。

但是，第二天一早，国王便下令逮捕了总务大臣，让所有的人都大跌眼镜。三个月后，总务大臣因私自侵占国家财产被判死刑，送上了断头台。

读完这个故事，我们不妨想一想，为什么国王会突然杀总务大臣呢？事实上，他被指控的罪行全部是得到国王许可的。但是，为什么国王要杀他呢？因为国王傲慢自负，他希望自己永远是众人注目的焦点，无法允许任何人抢占自己的风头。总务大臣搞了如此豪华的盛会，别人愈是赞美，国王心里愈是忌恨。而真正犯错的是这位总务大臣，他在别人的赞美面前忘乎所以，没有把荣耀归于国王的英明领导，这是导致他丢命的直接原因。

职场也是这样，作为下属必须明白，想办法让你的上司感到他比你优越，是获得上司青睐和信任的重要秘诀。身为下属，要想获得上司的信任，当然需要表现一下自己，展示自己的才华，但千万不要展示过度，尤其是当你取得突出成就时，千万不要忽视了上司的存在，一定要把荣耀留给领导，把利益留给自己。只有这样，才能真正地明哲保身，闷声发大财。

所以，对任何人来说，荣耀都是一把双刃剑，它可以助你成功，也可以让你过早地走向失败。身在职场，当你取得荣耀时，千万不要忘记了你的上司，你应在第一时间把这些荣耀归于上司的正确领导，同时要善于把你的荣耀和上司分享，和同事分享。随后你应该淡忘这份荣耀，继续保持不骄不躁的作风，向上司学习，向同事学习。只有做到了这些，你才能真正地在职场受到上司的信任和器重，才能真正地有所作为。

升职细节

对职场人士来说，荣耀是一把双刃剑，给自己带来荣耀和利益的同时，也会成为上司的眼中钉。而面对荣耀，只有平和地对待，把荣耀归于同事的帮助，上司的英明领导和支持，这样才能真正地让自己在职场立于不败之地。一个不能正确对待自己的荣誉的人不是一个成熟的人。职场如战场，有了功劳千万不要一个人独享其成，要懂得与人分享，尤其是与上司分享。对上司歌功颂德，绝不是一件坏事。高明的职场中人士每当此时，绝不会吝啬对上司的赞美之调，赞美上司就是赞美自己。

让自己成为上司的左膀右臂

在职场中，任何一位职场人士都深深地明白与上司建立良好关系的重要性，这是获得上司赏识的一个重要因素。作为下属，只有与上司搞好关系，让上司感觉到离不开你，让上司感觉你是他的左膀右臂，你才有可能源源不断地从上司那里获得实惠，玩转职场，从而有所作为。

杜甫《前出塞》诗云："射人先射马，擒贼先擒王。"一个人要想在职场上呼风唤雨，首先就一定要先想办法搞定自己的上司，让他在某些方面觉得离不开你，你对他有非常重要的作用。当然，搞定你的上司，并不是要你去要挟上司，而是想办法加强上司对你的依赖感，让他觉得离开你这工作就不好开展。

曹昕是一家销售公司的"销售业绩之星"，尽管她只是一位销售主管而已，但是她的上司对她有一种说不出的依赖感，一旦公司的销售业绩出现下滑时，顶头上司总要找她问对策。所以，曹昕每年的收入除了工资外，还能拿到数倍于工资的奖金。

对此，有人私下问曹昕，问她为何在公司里能够如此受器重。曹昕说，在公司里，业务重要，人际关系更重要。她由于业务能力突出，与上司的关系处理得相当好，很多客户的关系也很好。

当然。一旦公司在业务上与代理商出现某些分歧时，只要曹昕出面，这些分歧就会得到很好的处理。有些事情，甚至连上司亲自出面都不能很好解决的，曹昕都能够凭着自己良好的沟通能力和人际关系去把它处理好。她已经成了该公司销售方面的顶梁柱。如果她跳槽了，该公司的销售业绩会在短时间内出现大幅度的下滑，因此，她的上司对她特别优待。

曹昕说，在公司里，唯一有资格对你的业绩进行综合评判的是顶头上司。一个优秀的下属，不仅要业绩好，还要善于处理好与上司的关系，最好是让上司意识到你是公司里不可或缺的人才。这样，与上司相处起来就比较容易，而且可以从中得到自己应该得到的实惠。在公司里，尽管你像老黄牛一样勤恳，但如果你在上司眼里是可有可无的角色，上司是不会把你的业绩评估得很好的，也不会给予你太多的实惠。

曹昕的话非常有道理。在现代职场上，下属要从工作中获得应有的实惠，就应该"擒贼先擒王"，抓住上司对你那颗依赖的心，让上司把你当重量级的人才看待。

那么，在职场，如何才能成为上司的左膀右臂呢？除了要努力工作，掌握更多工作技能外，更要在重要的事情上提出自己的独特见解，在上司遇到麻烦的时候，要发挥自己的才能尽可能帮助上司解决问题，多为上司分忧解难；保持沟通，把自己的行踪告诉上司，不要跟上司抢功。这样上司就可能把一些重要的事情交给你去办，并慢慢地感觉到工作中离不开你。你的作用时刻都在上司的眼中，这样你就会逐渐成为上司的助手，升职加薪自然是水到渠成的。

升职细节

在职场，作为下属，只有成为上司的左膀右臂，才能让上司感觉到你的重要性，从而对你有所信任和重视。在职场上，作为下属，要想让上司离不开自己，必须要有过硬的业务素质和广泛的人际关系，你对公司的贡献必须是非常突出的，你的工作对公司来说必须是不可或缺的，作为职场中人士，要是能实现这一步，那么就会对你的升迁、晋职带来事半功倍的效果。

做一个不可替代的员工

当今职场的竞争非常残酷，条件优秀者层出不穷；在公司里，大家都瞄准着显耀的职位，造成群雄逐鹿之势；而另一方面，企业的过度性竞争导致许多企业大规模的裁员，或者有计划地淘汰员工；在这种境遇下，你如果不想出局，那你就要设法让你的工作不可替代，因为一旦你的工作随时可以被别人取代，那就显得你没有一点核心竞争力，自然也没有半点优势，又如何去与别人竞争呢？要知道，你身边能胜任你工作的人不乏其人。

当年科罗拉多州立大学的校长——威廉·摩根博士在接受该学校一个机械管理学院院长一职时，有一位校董事长对他讲述了一番语重心长的话："这个学院很需要你，你既然来了，就要马上动手解决问题。就算是一个陌生人，也能发现问题。全力以赴地去解决问题吧。你应随时回顾一下你后面。如果大家不跟着你走，你就谈不上领导他们。你应该记住：你并不是一个不可取代的人。在你忘乎所以之前，你应该坐在树底下好好想一想，你的幸运是由于天时、地利、人和等因素促成的。

如果这还不能使你保持谦虚的话，那么，你应该知道，有12个人可以胜任你的工作，其中有一两个可以比你做得更好。”

在职场中，你会面临许多压力和挑战，如果要保住你的位置，甚至想取得进一步发展，你就必须清楚周围的形势和自己的实力，做到知己知彼，你要清楚地知道，身边还有许多可以随时替代你的人，而你必须做得比他们更优秀，这样才能显示出你的优势，使你成为公司不可或缺的员工。或许有人会问：公司中显要的职位就这么几个，大部分处在普通岗位的员工又如何让自己不可或缺呢？的确，当前工作分工越来越细，大部分工作都是一些低端的、没有什么技术含量的工作，但这些工作同样可以让你显得不可替代，秘诀就一个：让自己做得比别人更好。

在一家电子公司里，近一段时间来，公司的业绩一直不景气，裁员势在难免。在本科、硕士成堆的技术部里，专科毕业的高洁无疑是首当其冲。不过裁员名单要两周后才能下来。此后的日子里，高洁依然笑容甜甜的，让同事们感到几分歉疚。上班一大早，见有人在复印一本厚厚的技术资料。“还是让我来吧。”高洁接过资料，走到复印机前，低头一份份地复印着……一整天里，高洁仍像往常一样，有条不紊地忙碌着，打印资料、翻译文件、收发传真、转接电话……

慢慢地，同事们似乎忘记了高洁的遭遇，又开始一如既往地找高洁，有的说：“快帮我查份资料。”有的说：“我出去一下，请帮我招呼一下。”有的说：“帮我发份传真。”高洁连声答应，并把事情一一办好。转眼两周过去了，裁员名单也在一片焦急等待中下来了，让大家感到奇怪的是：上面并没有高洁的名字。就在当天，高洁收到了一封信，里面有总经理写的一句话：像你这样的员工，我们公司永不嫌多。

在职场中，不管你处在什么职位上，只要你努力地把这份工作做得比别人更好，就算别人学历比你好，条件比你优越，但胜利的肯定是你，最忌的是不甘处在当前的岗位上而自暴自弃；否则不但升职、加薪无望，你还随时会被别人取代。一旦你的工作难以替代，就是你身上的一道护身符，另外它还有一个作用，就是你升职加薪的重要砝码；有一些表现比较优秀的员工，一旦公司给的待遇达不到他的要求，常常会以退为进，假装辞职，公司一急自然就会提高价码。

升职秘笈

人往往每天只顾机械式地重复做着自己的工作，认为工作缺乏技术含量，而不去思索如何把它做得更好。其实工作有好坏之分，有的工作很显要，很容易显露出业绩，有的工作就算很平淡，只要你把它做到极致，你也一样能让自己脱颖而出，不可替代。

第七章

修炼良好心态，助推职场晋升的强大动力

心态决定状态。正确的升职心理，对于保证升职成功极其重要。调整好自己的升职心理，做好充足的心理应对，才能创造出良好的工作业绩，才能为升职提供强大的助推。正确的升职心理，不仅包括如何看待职场利益的诱惑，而且包括如何看待自己，如何看待工作。“说起来容易，做起来难。”从心态上正视工作中的失误和挫折，以脚踏实地的姿态，平和镇定地做好本职工作，乃至于艺术地处理好升职后原来同事对你的异样眼光，都需要练就一颗强大的内心。如果你成功地掌控了自己的内心，你就朝升职加薪更进了一步。

细节 成败

保持好心态，才有好业绩

好的心态会成为你成功的助推，在职场中更是如此；而不好的心态则会成为阻碍你成功的绊脚石。那么，什么样的心态才算好心态呢？在职场中，好的心态主要表现为：热情、勤奋、忍耐、执着、积极以及勇气。如果你具备了这些品德，就能由平凡到卓越，由怯懦到勇敢，由脆弱到坚忍。保持好的心态是职场成功的重要法宝。

态度是一个人对待事物的一种驱动力，不同的态度将产生不同的驱动作用，良好的心态是成功的保障，不好的心态则会成为成功的障碍。职场是一座严酷的熔炉，只有真金才能够经得起考验，在困境中逆流而上，保持良好的心态，才能成为最终的胜利者。

莎莉·拉菲尔这个名字，在美国可以说是无人不晓，因为在她30年的职业生涯中，她先后被辞退8次，不过良好的心态让她从来没有被这些挫折打倒，每次被辞退，她都看作是自己向更高职位进阶的机会，从而确立自己人生的更高目标。

在莎莉最初就业的年代里，几乎美国所有的电台都认为女性不能够很好地吸引观众，所以没有一家电台愿意冒险雇用她。不过凭借她坚韧不拔的毅力，最后在纽约的一家电台谋到了一个职位，可是没有多长时间，她就被辞退了，原因是她的思想跟不上时代的潮流。莎莉没有想到，自己刚刚开始工作就已经落伍了，但是她很庆幸，因为这家电台让她知道了下一步她应该再学些什么，想到这里，她笑了。

之后的日子里，她又向国家广播电台推销她的节目构想，电台勉强答应了，但是要求她在政治电台先主持节目。“我对政治了解不多，恐怕很难成功。”她犹豫了，可是身上那种不服输的精神渐渐占了上风。她利用自己长期在电台工作的优势和平易近人的作风，坦诚地谈起即将到来的7月4日的国庆节对她自己的意义，另外她还邀请观众打电话来畅谈感受。观众对这个节目非常感兴趣，因为她们感觉自己不仅仅只是一个听众，而是一个参与者。莎莉也因此一举成名。

如今，莎莉已经是著名的自办电视节目的主持人，并且还两度获得重要的主持人奖项。在介绍自己成功的人生经验时，莎莉说："我先后被辞退了8次，本来可能会被这些厄运所吓退，做不成我想做的事情。结果相反，我让它们鞭策我永远向前。"这就是莎莉，一个永远乐观的女人，她知道凡事换个角度想问题，谁笑到最后，谁才是真正的成功者。

很多时候，我们现在做的事情不一定是我们想做的事情，但是，不管做什么事情，只有保持良好的心态才能做好，只有做好，才能为你的成功打下坚实的基础。巴尔扎克曾经说过："苦难对于天才是一块垫脚石，但对于弱者是一个万丈深渊。只有辩证地看待逆境，才能正确地面对它，通过不懈的努力，最终取得成功。"一个人，不管做什么，只要保持良好的心态，他就能从容地度过人生最艰难的时刻，从而成为一个真正的成功者。

有一位秀才赴京赶考，中途在一家旅店住宿。考试前两天的晚上他做了3个梦：第一个梦是梦见自己在墙上种白菜；第二个梦是下雨天他戴了斗笠还打着伞；第三个梦是梦见和心上人脱光了衣服躺在一起背靠背。

这三个梦到底说明了什么呢？秀才摸不着头脑，第二天他便去找算命先生解梦。算命先生听完他诉说的三个梦后一拍大腿："我看你还是打道回府吧！没有什么希望了。你想，高墙上种白菜不就是白种吗？戴了斗笠还打着伞不是多此一举吗？和心上人脱光了衣服却背靠背不是没戏吗？"

秀才一听，心一下掉进了冰窟窿，回旅店后便收拾包袱准备回家。店老板感到有点奇怪，问他还没考怎么就要回去。秀才把算命先生的解梦说了一遍。店老板听后乐了："在我看来，这次你一定要留下来，因为你有很大的希望。你想：高墙上种白菜不是高种吗？戴斗笠还打伞不是有备无患吗？你和心上人背靠背躺在一起不是说明你翻身的机会就要来了吗？"秀才一听，觉得挺有道理，于是一改心灰意冷的神态，精神饱满地参加了考试，结果中了个探花。

可见，不好的心态，是我们走向成功的障碍，良好的心态，是我们走向成功的助力。王国维先生所说："以我观物，故物皆着我之色彩"。良好的心态能够让我们自信地舒展眉头，面对一切。而不好的心态，只能让我们看到问题的负面，从而意志消沉，一事无成，最终成为失败者。

职场更是这样，任何一个职场人士的职场生涯不可能一帆风顺，而在职场中，保持良好的心态，积极乐观地面对职场的林林总总，才能真正地走向自立自强之路，从而为自己打开成功的大门。

升职细节

生活需要好心态，职场也同样需要好心态。拥有好心态，我们才能让工作变得更有趣，找到工作的乐趣，并且在积极的工作中，用自己的勇气和执着去战胜困难，走向自己职业生涯的顶峰！有了好心态，我们就能由平凡到卓越，由怯懦到勇敢，由脆弱到坚忍，打开成功的大门！

始终保持脚踏实地的心态

工作本身是没有贵贱之分的，所有正当合法的工作都是值得尊敬的。所以，不管目前你在做什么工作，都应该懂得珍惜，要脚踏实地地去工作，而不是好高骛远，总想一步登天。即使在平凡的工作岗位上，依然藏着极大的机会，只要你肯脚踏实地去做，最终一定能成就自己的梦想。

当今时代，经济飞速发展，万事变幻莫测，人心也会变得浮燥。但是请记住，万事万物的真谛永远不会变，坚持循序渐进，持之以恒的努力，永远是铸就人生辉煌的基石，在这样的时代，谁能静下心来踏踏实实地做事，诚诚实实地做人，那么谁就会与众不同，谁就能脱颖而出。

甘蝇是古代非常有名的神射手，只要他刚一拉满弓，野兽就会倒在地上，飞鸟就会从空中掉下来。徒弟飞卫跟着甘蝇学射箭，最后射箭的技巧还超过了他的老师。而后有个叫纪昌的人，又跟飞卫学射箭，飞卫就教导他说："你应该先学会盯住一个目标不眨眼，然后才谈得上学射箭。"

纪昌将老师的话铭记于心，等回到家后，他就仰面躺在妻子的织布机下，两眼盯着织布机的脚踏板。这样苦练两年之后，即使锥子尖快刺到他的眼睛时，他的眼睛也不会眨一下。纪昌把这个成绩告诉了他的老师飞卫。飞卫说："仅仅这样还不够，你还必须进一步练习眼力，要练得看小的东西像看大的东西一样，看细微的东西像看非常明显的东西一样，等你练到这种程度时再来告诉我。"

纪昌回家后，就用牦牛尾巴上的长毛系了一只虱子挂在窗口下面，纪昌面向窗口望着这只虱子，十天间，纪昌看见虱子逐渐变大了，这样苦练了三年后，纪昌看那只虱子就像车轮那么大。再看虱子以外的东西，就像看见山丘一样了。于是，纪昌就用燕国的牛角造的弓，搭上用北方的蓬竹造的箭杆，向窗口用牦牛尾巴上的长毛系着的虱子射去，箭从那虱子的心中穿过去，而悬挂虱子的牦牛毛却没有断。纪昌把这样的成绩告诉了老师飞卫。飞卫非常高兴，抚拍着胸脯说："你已经把射箭的门道真正学到手了！"

在纪昌学射这个故事中，我们看到飞卫教纪昌学射，是循序渐进的，一开始，飞卫要求纪昌先要学会不眨眼，纪昌勤学苦练了二年，练到锥子快刺到他的眼里，也不会眨一下眼睛的程度；然后，飞卫又教导纪昌，要进一步锻炼眼力，于是纪昌又练了三年，练得望见悬挂在窗户下的小虱子像看见了一个车轮那样大的程度，这说明无论学什么技艺，都要从学习这门技艺的基本功入手，循序渐进，锲而不舍地进行基本功的训练。

凡事只想一蹴而就，只想用一朝一夕的努力便获得真本事，这是懒惰者的幻想，这种想法在当今这种讲究实力与能力的年代是根本行不通的。在职场上我们常常钦佩和羡慕那些拥有真本领的同事或是上司，其实真本领的获得都是通过他们持之以恒的努力换来的。所以，如果你也想拥有过人的智慧，出众的才华，过人的本领，那么就只能通过持之以恒的努力换取，因为这里是没有捷径可走的。

凡事都要脚踏实地去做，不驰于空想，不骛于虚声，而唯以求真的态度做踏实的工夫。以此态度求学，则真理可明，以此态度做事，则功业可就。

一只饥饿的狐狸整天东游西逛，总想不劳而获，它非常懒惰，它不想像其他狐狸那样到大森林里捕杀猎物，于是她逛来逛去，发现一个养殖场有不少小鸡，它高兴地跳了起来，但遗憾的是鸡场门口有一只狗在守护着，使它无法得手。狐狸只好四处转悠，想伺机下手，可是这只狗非常认真，始终没有放松的样子。

狐狸很无奈也很饿，于是只好满脸堆笑地走过去，跟狗打招呼说："啊，狗大哥，你可真是死心眼儿，整天守着鸡舍多辛苦啊，还是回去休息吧！"狗瞥了狐狸一眼说："我不休息，因为我要保护鸡舍，这是我的职责！"狐狸又笑嘻嘻地说："瞧那些小鸡多灵活，它们已经能够保护自己了，你不用再多管闲事！再说你这么负责任地保护它们，它们也不一定会感激你，何必呢。"狗说："我不需要它们的感激，我只是在尽我的职责，我是在为自己做事，不是为它们！"

狐狸非常失望，恼羞成怒地喊道：“你以为自己是什么呀，整天无所事事，放着正经事不做，还是回去做点正经事吧，别在这里浪费时间了！”狗严肃地说：“我整天无所事事是为了更好地维护正义，而不是东游西逛想着要捞点什么好处，请不要把我的无所事事与你的东游西逛等同起来，我们的行动虽然性质相同，但本质不同，不能相提并论！”

在职场上，人们处在不同的职位上，承担着不同的职责，这是人人明了的道理，况且出色地完成自己份内的工作也能鼓舞自己的自信心，是证明自己能力的有效途径，但是有些人却不能认清这个道理，不但不能积极乐观地完成自己份内的工作，反而让工作牵着鼻子走，自然也就不能有什么好的工作业绩。所以，只要你能变被动为主动，相信你一定会有好的工作业绩！

升职细节

很多时候我们这些小人物们看到的都是大人物们创造的大事业，但是，你也要知道，这些大人物曾经也是小人物，他们的大事业曾经也是些小事业，但是他们最终干成了大事，成为了我们的偶像。那么，他们成功的秘诀是什么呢？那就是勤奋做事，诚实做人，一步一个脚印，做好小人物成就大人物，做好了小事业也就成就了大事业！所以，不要再临渊羡鱼了，一步一步地耕耘，一步一个脚印地前进，相信你也将迎来事业的辉煌！

不让利益诱惑你的心灵

21 世纪的竞争，归根到底是人才的竞争，人才是一个企业发展力和竞争力的体现，可以说，一个优秀的员工就是企业的一锭纯金，正是无数纯金的竞相闪耀，才映出了企业无上的光辉。但是，如果金锭没有忠诚的烙印，身在“曹营”心在“汉”，那么，它将为谁闪光？没有忠诚的表现，老板如何能放心地给你重任？而表现一个员工是否忠诚的重要内容就是看他是否为利益所动心。很多职场人士在高额的回扣，在高薪面前，毫不犹豫地背叛了公司，这样的员工又怎么能让老板放心呢？一个优秀的员工，值得老板信任的员工是不会为利益所动心的，对他们来说，公司的利益才是自己的利益。只有这样的员工才会受到老板的信任和重用，只有这样的员工才能获得更长远的利益。

建军从财经大学毕业后，进入了一家民营企业。凭借自己在业务上的突出才能，他很快成为了公司的业务骨干。建军所在的这家公司是一家经营机制比较灵活，非常注重对员工的再培养的公司。每年公司都会选一些员工到名牌高校参加培训，而建军却一直没有这样的机会。为此，建军找到了平时关系不错的某部门经理王某诉苦。王某说："怎么说呢，你的确很优秀，但你给老板的印象总是很不安定。虽然你是难得的人才，但是你在我们公司工作的时候却又盯上了别的公司。这些其实老板都知道。你说你这样，老板能放心把你送去培训吗？"建军听了顿时醒悟，原来这都是自己暗中接洽其他公司惹来的麻烦。

其实在职场中，有着建军这样遭遇和困惑的人不在少数。从理论上来说，员工和企业之间的选择是双向的。员工勤勤恳恳为企业工作，企业快快乐乐为员工付薪。企业需要人才来推动，但人才又怎能离开企业这个平台呢？身在"曹营"心在"汉"，即使再优秀的人才，再闪光的人才也不可能照亮所有的企业。当你真正表现出你不仅是人才，而且是只为老板奉献的人才时，老板才会更放心地在你身上付出更大的代价，培训、高薪、升职，不是水到渠成的事情吗？

在这个社会里充满了各种诱惑。好环境、高工资、广阔的发展前景，说不定什么时候我们就可能掉进陷阱。诱惑随时可以让一个人背叛自己信守的道德、情感和原则。很多公司都有这样的员工：他们为了一己之私，不顾老板和企业的利益，将企业的商业机密出卖给别人。虽然这样做能获得一时利益，但长期下来，损害的将是自己的职业声誉和前途。

春秋时期，宓子贱担任鲁国的单父宰相。有一次，齐国的军队要去攻打鲁国，但是单父是齐军行军进程路线的必经之地。

城中的百姓们听到齐国要进攻的消息后对宓子贱说："这个时候麦子已经成熟，很快就该收割。但是，齐国军队很快就要行军到这里了，此时已经做不到每个人自己收割自己种的麦子，请您让我们一起出城集体收割麦子，这样我们可以收割到自己的粮食，不会资助齐国人，可以说是一举两得。"

宓子贱听后却没有做出任何决定。很快，齐国的军队路经此地后将麦子抢收了。

鲁王因为这件事非常恼火，质问宓子贱为什么不去及时收麦子。宓子贱对鲁王说道："虽然今年的麦子已经没有了，但是我们明年还可以再种。我们如果在齐国的军队到来之前，让全城的百姓去收麦子，必然会出现哄抢的现象，其中势必会有不劳而获者，如此下去，我们的百姓定然会产生惰性，他们不去种地而整天希望敌国军队犯境，长期下去，鲁国很快就会衰落下去。单父国的麦子对整个鲁国来说只是九牛一毛，它的丢失不会让鲁国遭受多少损失，但是，假如我们将不劳而获的思想衍生出来，那将会有几代人因为那点麦子而受害啊！"

很多时候，我们要学会放弃眼前的蝇头小利，这样才能获得长远的大利。尽管眼前的利益让我们难以割舍，但是，想一想以后的大利吧，如果为了眼前和个人利益而不考虑长远利益的话，对一个人来说不会获得大利，对一个企业，一个民族来说贪图小利无异于饮鸩止渴！

对于每一位身处职场的人士来说，只有不为眼前的蝇头小利所动，才能获得更长远的利益。只有维护公司的利益，才能保证自己的利益，这样的员工才会受到老板的信任和重用。

升职细节

每一位职场人士都会面临来自外界利益的诱惑。而在诱惑面前三思而后行，坚定职业目标，关键是要全力维护公司和老板的最大利益。忠诚是对事业负责的动力，真正高层次的员工，忠诚应该体现在以企业利益为主的全方位考虑中，这种高层次的员工忠诚才是现代社会保持组织优势的根本基础，只有这样的员工，才能获得更长远的利益。

从心里把自己当作领导者

许多人可能都有这样的经历：小的时候被大人或老师问过长大后想做个什么样的人啊？而回答的结果多数与父母向自己讲过的人物有关，如果父母向自己讲得更

多的是关于科学家的故事，那回答就是长大要当个工程师、科学家。可如果父母讲得多是领导者的故事，那回答一定是长大要当个总统、市长，最低也是个经理什么的。而实践证明一个人将来要做什么，立志很重要，心理因素是关键，领导者一定是那些随时随地从一点一滴的行动上都坚定自己要做领导的人，为此，在他的行动目标中总是具有：

（1）主动做他人的领导者。

创业除外，每个人在入职前基本上都有一个先于自己存在的单位，一切人事都在我们之前安排好了，我们大多数在单位只是做了被领导者。因而许多人抱怨，总是找不到做领导的机会！解决这类问题的最简单的办法就是，你必须主动要求做领导。你可以先建议由自己来率领一个项目或一个小组。绝大多数人不会对一个项目产生太多注意，而且项目领导者也不是单位内法定的领导人，这样上级会很容易批准你的建议。查尔斯·加非尔德是加非尔德财团的总经理，有过许多平凡却能引人思考的经历。当他当上总经理的时候，有记者问他："是什么经历才使您锻炼出如此出色的领导能力?"他的回答让在场者无不感到不可思议："我有关领导能力的一切，都是通过领导我9岁儿子的足球队学到的。"这话一点都不假，他不仅从这个运动中学习，还通过与孩子父母的沟通改善了与他人的交往技巧。这看起来一点也不起眼的少儿足球队，也是一个集体，在这里同样能锻炼我们的领导能力，使我们获得做领导的机会。

（2）学会承担责任。

没有人不犯错误，也没有任何机构不出现失误。出现失误当然不是好事，但也不见得是坏事。有一个成功的软件开发公司经理曾说过他的故事。有一次，他所在的软件小组开发的软件出了问题，销售主管很生气，立即召集他们小组，让他们做自我检查。实际上，就是要他们承认整个开发的失败。这对整个小组来说，相当困难，包括负责人在内，人人你看我，我看你，都觉得很难为情。大家的发言都是试图提出各种理由来掩盖这次错误。最后他主动站出来发言："现在回顾一下，可以说我们得到了一些很有价值的教训……"然后，他说明哪些地方出了错，为什么，以及将来应该如何防范这种错误。他最后总结道："这些错误都与我有关，让我来对这些错误负责。"会议结束之后，他被任命负责下一个产品的开发。

很多人都怕承担责任，恰恰相反，在适当的时候，勇于承担责任，你就成为整个事件的核心人物；因为在许多平常的责任事件中，责任本身是很微妙的。如果有人站出来主动承担责任，他实际上不但获得了小组的同事的信任，而且同时获得了领导的信任；承担责任正是担当重任的一个非常好的开始。

（3）所有做领导的机会都从平凡开始。

一个大公司的 CEO 曾经介绍过一个成功的经验。当他还是一家公司的普通职员时，就开始寻找机会让人注意。后来他发现，公司每周都有一次业务例会；于是每次开会时，他都选择坐在经理对面的位置。这样有两个后果，一是他的位置刚好与经理形成另一个中心，使得人人都能看见他。再一个就是，他因为跟经理坐得较近经常有机会发言。如果他的发言经理很赞同，那他就进一步得到了经理的赏识。如果他的发言是针对经理提出不同意见，那他就因为坐的位置本身无形中代表了与经理对等的核心意见。他因此成为不同意见的代表者，他正在无形中成为一个与经理相当的领导人。从这个平凡的设计中，他逐渐坐上了领导位置。当然，这位 CEO 更主要还是以自己的业绩获得领导的青睐。

升职细节

所有的领导人在未成为领导人之前，都是最普通的职员；但就算做最普通的职员，也要试着做核心人物。世界上很多著名的领导人，在他们人生开始的时候，都充当了被别人领导的角色，并很快取得成功。

敢于正视自己的缺点

战国时，名医扁鹊进见蔡桓公，发现其有疾患，就要求为其治病。以扁鹊的医术来看，蔡恒公所患疾症不过是小毛病，但蔡恒公几次拒绝扁鹊的好意，直到疾病从皮肤蔓延到肌肉，到肠胃，再到骨髓，直到病入膏肓。千百年以来，不乏为蔡桓公叹息者，如果他当初听取扁鹊的意见，就算是没有感觉到不适，也应该让医生看一下，那结果可能就大不一样了。平时生活中看似很细微的事情，就是这样毫不留情地影响着整个事态的发展，也许它只是无数块砖头中的一块，却导致了整座大楼的倒塌；也许它只是一个棋子，却影响了整盘棋局的输赢；也许它只是蔡桓公身体里的一粒癌细胞，却让其烈火得以燎原。

从小，父母和老师就开始教导我们：要正视小毛病。可真要做到这一点并不那么容易。如今我们有些人已经是为人父母，也时时在教育自己的孩子：别怕认错。但自己总是做不到这一点，难道不让人觉得好笑吗？

一旦我们做错了事情或者是暴露了缺点，即使我们深知自己确实错了，我们也往往会想到通过掩饰把它隐藏起来。但是，正所谓纸包不住火，尤其很多错误都是当着公众的面，这就更难逃群众雪亮的眼睛，一味地掩饰只能导致欲盖弥彰；因为你要去掩盖第一个错误，必然要用一些非常手段，不得已犯下第二个错误，旧的蛛丝马迹可能不见了，但却留下了新的线索……依此类推，终会形成一个错误链，使你的神经越来越脆弱，担心某一处的薄弱而使你的整个心灵随之崩溃。

本田宗一郎是日本著名本田车系的创始人，在日本乃至整个世界的汽车制造业里，他可谓是一个重量级人物。但“人无完人”，1965 年，在本田技术研究所内部，人们为汽车内燃机是采用“水冷”还是“气冷”发生了激烈争论。本田是“气冷”的支持者，所以新开发出来的 N360 小轿车采用的都是“气冷”式内燃机。1968 年在法国举行的一级方程式冠军赛上，一名车手驾驶本田公司的“气冷”式赛车参赛。在跑至第三圈时由于速度过快导致赛车失控，赛车撞到围墙上后油箱爆炸，车手被烧死。此事导致本田“气冷”式 N360 汽车的销量大减。这时，技术人员要求研究“水冷”式，仍被本田拒绝。一气之下，几名主要技术人员准备辞职。本田公司的副社长藤泽感到事态严重，就致电给本田本人：“您觉得您在公司是当社长重要，还是当一名技术人员重要？”本田很是惊讶：“当然是当社长重要。”藤泽毫不留情地说：“那就同意他们去搞水冷引擎。”本田省悟出来，毫不犹豫地说：“好吧！”后来几个主要技术人员开发出适应市场的产品，而使公司的销量大增。这几个当初想辞职的技术人员均被本田委以重任。

1971 年，本田公司步入了良性发展的轨道。一天，公司的一名中层管理人员西田与本田交谈时说：“我认为公司中层领导都已经成长起来，您是否考虑一下该培养接班人了？”西田的话很含蓄，但却表明了要本田辞职的意愿。本田一听，连连称道：“您说得对，不提醒我倒还忘了，确实该退下来了，不如今天就辞职吧！”由于涉及移交手续问题，几个月后本田便把董事长的位子让给了河岛。

因此，真正的成功人士，之所以业绩卓越，正是在于他能比一般人更有勇气去坦然面对自己的缺点。也正是因为如此，他们的不足才会得到迅速地弥补，事业前进的方向才会得以持续地纠偏。

升职细节

一个人无论地位多高或者拥有多么巨大的成就，都不可避免地会犯这样或那样的错误，但重要的是能认识到自己的不足和错误，并予以及时纠正。职场达人也是人，正视并改正自己的缺点，你才能获得提升。

学会消除心中的阴影

当今职场上的竞争的确异常残酷，许多人刚开始工作时，往往充满了豪情壮志，梦想着某天能身居某个重要的职位，实现自己的人生价值；于是在工作之初，便开始规划着自己的职业发展蓝图。可是，上帝就是喜欢跟人开玩笑，在实际工作中，遇到的挫折一次次地把人推向痛苦的深渊，甚至让人陷入绝境；于是，以往的激情逐渐烟消云散，人一步步走向了悲观。确实，工作中确实有很多不如意的事，比如，你可能很有能力，但倍受同事的排挤和上司的打压，使你一直无法展现自己的才能；或者好不容易熬到某个职位，但面对越来越多的可畏的后生，使你日渐丧失光辉；或者是选错了公司或职业，失去了很多机会，看到昔年的同学早已出人头地，而你还一直碌碌无为。你一旦有了悲观情绪，如果处理不好，就会在自己心灵中留下一层阴影；从而变得越来越消极，对什么都丧失了兴趣，工作自然就会越来越不顺心，最后进入了一种恶性循环。

赵虎和权正坤原本是大学同学，毕业后一同去了湖南省一家房地产公司上班，他们分别担任董事长和总经理的助理。刚入职场就获此要职，两人都非常高兴，干事也特别勤快，尽心尽力；由此也深受两位老总的赞赏。但是好景不常，随后的工作中，不顺心的事接连不断。赵虎是个很实在、很直爽的人，常常根据自己的情绪做事，而权正坤则心比较细，由此导致了两种不同的职场结果。公司老总是个很好客的人，经常在公司宴请一些政府官员或商界朋友，常常让赵虎、权正坤两人作陪，湖南酒桌上的规矩很多，权正坤很会照顾场合，适时敬酒，而赵虎则常常只顾低头吃菜，由此引起了两位老总的不满，而后酒桌上就没他的身影了。一次，老总要赵虎去办公司执照，不懂人情事故的他被工商局的工作人员反复为难，一个月来，不知跑了多少遍都没能办成，让老总很生气；后来由权正坤去办，打点一下就成了；于是老总们开始看重权正坤而冷落赵虎。此后还有一些事情让赵虎在老总心中的形象越来越差，终于一年后，由董事长助理降为普通职员；而权正坤则一步步升迁，一下坐上了房产部部长的职位，成了赵虎的顶头上司。如此一来，赵虎就更为失落，上班得过且过，破罐子破摔。

在职场中，人往往就是这样，一旦受到许多挫折，就容易让自己深陷悲观之中，开始怀疑自己的能力，或者抱怨环境的不顺；从而在自己心中留下一层失败的阴影，很难让自己重新振作起来。

一位著名的政治家有句话对我们很有启示："要想征服世界，首先要征服自己的悲观。"悲观就像一个幽灵，笼罩着每个人的一生，如果你能征服自己的悲观情绪，走出失败的阴影；你便能征服职场上的一切困难之事。在人的职业生涯中，长期保持一个乐观的心态实在太重要了，它甚至在某种程度上决定了一个人的发展空间。职场中，有许多人喜欢抱怨时运不济，开始怨天尤人，甚至干脆向命运投降，自暴自弃。其实，工作中的挫折是难免的，毕竟有很多事不是由你的意志所决定的，就像一条布满荆棘的路，要往前走，总得把脚扎得鲜血直流；怯弱的人往往会让恐惧占据了自己的心灵，而裹足不前；而真正有抱负的人，他们不会老是看自己留血的双脚，而是笑对未来，勇往直前。其实只要你在任何时刻都保持乐观的心态，不被失败的阴影所笼罩，那么你永远都不会处于糟糕之中。想想看，假如事情真的是糟糕的，如果你在这时内心因之而处于消极的阴影之中，那对你的现状有什么帮助呢？没有，除了雪上加霜之外，什么都没有！而这时如果你保持一种临危不惧的心态，乐观的面对它，迎难而上，事情自然会迎刃而解；何况事情还未必真的那么糟糕，何苦自乱阵脚呢？世间，许多成功的人物都是经历了许多不如意的事情，但一直不肯灰心，勇于拼搏的人，最后才终于修得"正果"，如果看完某个人一生的经历，或许你会有所感悟：

他，22 岁，做生意失败；23 岁，竞选州议员，又失败；24 岁，他重操旧业做生意，又赔得一无所有；26 岁，他的情人不幸离开人世；27 岁，他的精神完全崩溃，几乎住进疯人院；29 岁，他再次竞选州议长失败；31 岁，竞选国会议员失败；47 岁，他竞选副总统失败；49 岁，他竞选参议员再次失败。在这个人的一生中，列满了一长串“失败”的清单，他曾忧郁和消沉得令他的朋友甚至于把他所能接触到的小刀、刀片之类的锐器都藏了起来，生怕他因为想不开而结束自己的生命。但是，这个人终于走过了生命的冬季，战胜了自己，战胜了命运，闯过了生命的黑暗，将生命之舟划向了辉煌的彼岸。这个人，在他 51 岁那年竞选总统成功，成为美国历史上与华盛顿齐名的最伟大的总统之一。他就是亚伯拉罕·林肯。

相比于林肯的人生挫折，我们工作中的小风小浪又算得了什么呢？行走于沙漠中的骆驼，最可怕的不是漫长的路程，而是心无绿洲；拼搏在海洋上的渔夫，最可怕的并非无边的风浪，而是胸无斗志。在职场中，面对重重困难与挫折，任何时候都要保持乐观、自信的心态，切莫因一时的失败而丧失信心，让自己涂上一层悲观的阴影。

雨后，一只蜘蛛艰难地向墙上已经被风吹雨打得支离破碎的网爬去，由于墙壁潮湿，它爬到一定高度就滑了下来，但它依旧一次次地往上爬，尽管一次次地往下掉。路边，有三个人经过时看到了这一幕。第一个人看到后，他叹了口气，伤感地说：“我的一生不就是那只蜘蛛吗？忙碌半生，而一事无成！”结果，他日渐消沉。第二个人看到了，他说：“这只蜘蛛真愚蠢，就不知道从旁边干燥的地方绕一下爬上去？我以后可不能像它那么愚蠢！”结果他变得聪明起来。第三个人看到了，他立刻被蜘蛛屡败屡战的精神所感动；结果，他变得坚强起来。

同是一件不如意的事，用什么样的心态去看，就会有什么样的结果。要让自己在职场上有所成就，就要学会以乐观的心态去看待失败，从中找到启发，找回自信，抛开悲观的阴影，从而从失败中走向成功。所谓“山重水复疑无路，柳暗花明又一村”，在职业生涯中，只要你的信念不倒，那山压也压不垮，雷打也打不倒。

升职细节

职场如战场，一个人在职场生涯中会面临很多失败和挫折，而这些负面的东西如果没有及时清除，就有可能在你心中留下一层阴影，像一副枷锁一样束缚着你的手脚，让你陷入悲观之中，丧失了斗志。只有解除阴影的桎梏，才会百折不挠地走向成功。

不要到处发泄你的牢骚 

在工作中，人们总会遇到一些不公平的事情，比如没有你工作好的同事被晋升了，而你还在原地踏步；或者许多同事加薪水，而你却在名单之外；或者你干的活多，工资却比别人低，这时候，你应该怎么办？是愤怒地辞职，还是找老板理论？但这些都不是理智的做法，在这时刻，你应该选择宽容，向老板和同事显示你的气度，这样不仅没有给老板带来麻烦，老板还会暗暗对你竖起大拇指。工作中总是有得有失，可能这一次加薪没有你，下一次就有你了。做人不应该过分地去计较得失，而应该一如既往地把自己的工作做好，因为金子总是会发光的，只有这样的员工才是老板最欣赏的。在职场中，面对不公平的境遇，最理想的办法是不断地充实自己和勤奋地工作，证明你自己的能力明显比别人高一筹，这样一来，老板会明白：你的确是一位优秀的员工，下次加薪或晋升的时候，自然会想起你来。

但是，能做到这一点的人并不多，许多人在公司把一点儿得失看得比什么都重要，为了一点儿芝麻大的利益争得头破血流，但是他们往往没有意识到，虽然他们得到了很少的一点儿东西，但是却失去了老板对他们的信任与赏识。

方洋和曹亮是同批聘进广州某公司的大学生，两人能力相当，都是给老板做助理工作，公司里需要一位人力资源部经理，但职位就一个，该给谁合适呢？老板尽管对两人的工作水平和业绩进行了反复比较，但还是拿捏不定，因为提了一个的结果就是得罪了另外一个。于是老板想先看看两个人的态度再定夺。老板叫来了方洋，将情况讲明，没想到方洋干脆爽快，说：“那就给曹亮吧，他工作更辛苦，年龄比我大一岁，我等下一次吧。”老板叫来了曹亮，曹亮沉默不语，最后实在要表态，他就说：“我觉得方洋不比我强，而且他还有些坏毛病……”

结果下来了，方洋当上了人力资源部经理，原因是老板觉得曹亮太计较功名。曹亮得知结果后，工作变得非常消极，在私底下说了很多抱怨老板和方洋的话，这些传到老板耳朵里，老板摇了摇头，就找个借口把曹亮开除了。

是的，牢骚满腹不但于事无补，还有损你的形象，在上司和同事心中，留下极坏的印象。或许有些人只是想发发牢骚，出出气而已，把自己的不满发泄出来，希望能博得别人的同情，以便从中寻找到安慰。但这样做，不但不能改变现状，不会催自己奋起，反而被“有心人”以此为把柄，把你的话举报给上司，自然就毁掉了你在公司的前程。

某君在公司受到排挤，春天时就愤愤地说：“老子到广东发展去，不受这窝囊气！”但第二天醒来，他又照常上班。夏天来了，职称没评上，他又火冒三丈，逢人就说：“还是广东好，靠本事吃饭！”秋天来了，分房子没他的份，他憋了一肚子火，冲到领导办公室里闹了一通。结果年终升迁，根本就没他的份，正在他又想去领导办公室闹一通时，一份通知传到他手里：他已经被解雇了。

在职场中，如果你要过得顺畅，就不要感情用事；职场中难免会有许多不公平的事，包含着各方利益在里面角逐，不可能完全按照一个公平的规则进行。所以说，如果你要想在职场上成功，不但要学会“自强不息”，而且还要懂得“厚德载物”，好好调节好自己的心态，宽容周围的一切、善待周围的一切；目光放长远一点，在每次失败中，好好反省自己，好好去挖掘别人获得成功的原因，然后默默地弥补自己的不足，如此一来，公司也会因为对你的亏欠而寻找机会去弥补，会在一个合适的机会对你晋升和奖励的。

升职细节

人往往很在意职场的公平，希望有一个合理的工作环境，但这往往是不可能的，因为不存在百分之分的职场公平。然而有些人眼睛里藏不了沙，一见到自己吃亏，就到处宣泄自己的不满，结果不但改变不了境遇，反而越来越糟……

工作激情助推晋升欲望 

在很多时候，你的工作热情，不但会极大地提高自身的工作业绩，而且很有可能会感染到你的工作团队，带动你的伙伴积极地投入工作，团队的工作效率因此而得以提升，业绩由此而得以创造，“升职”自然就在不远处向你招手。

英特尔公司的招聘官员曾在接受采访时表示：“从人力资源的角度来讲，我们愿招的‘英特尔人’，首先应该是一个非常富有激情的人：对公司有激情、对技术有激情、对工作有激情。可能在某个具体的岗位上，你也会觉得奇怪，怎么会招这样一个人？他在这行既涉猎不深，年龄又不大。实际上，他富有激情，与他谈话后，你会受其感染，愿意给他一次展示个人才华的机会。”可见，激情已经日益受到国际大公司的重视，激情不但可以提升工作业绩，而且还可以带来许多意想不到的成果。

生活中，伟大的创造，离开了激情是无法做出的，这也正是一切伟大事物激励人心之处。离开了激情，任何人都算不了什么；而有了激情，任何人都不可以小觑。确实，与其说成功取决于人的才能，不如说取决于人的激情。这个世界为那些富有激情的人大开绿灯，到生命终结的时候，他们依然热情不减当年。无论出现什么困难，无论前途看起来是多么的暗淡，他们都相信自己能够把心目中的宏图转化为现实。科学家、艺术家、音乐家、诗人、作家、英雄、人类文明的先行者、大企业的创造者——无论他们来自什么种族、什么地区，无论在什么时代，他们都有一个共同的特征——充满激情。

生命中最巨大的奖赏并不是来自财富的积累，而是由激情所带来的精神上的满足。当你兴致勃勃地工作，并努力让自己的老板和顾客满意时，你会发现自己原来这么有价值。激情是成功的灵魂，它使你保持清醒，使你全身所有的神经都处于兴奋状态，去迎战一切困难，去做你内心渴望做的事。一个职场人士如果不能从每天的工作中找到乐趣，仅仅是因为要生存而去从事工作，这样的人注定是要失败的。比尔·盖茨有句名言：“每天早晨醒来，一想到所从事的工作和所开发的技术将会给人类生活带来的巨大影响和变化，我就会无比兴奋和激动。”比尔·盖茨的这句话阐释了他对工作的激情，在他看来，一个成就事业的人，最重要的素质是对工作的激情。他的这种理念，成为微软文化的核心，像基石一样让微软王国在IT世界傲视群雄。

人也一样，一个保持激情的人，整天会陶醉于自己的工作之中，去探索生命的意义，去享受工作的喜悦。像牛顿数十年如一日，陶醉于物理学研究之中，甚至连饭没吃，他都忘了。这样的例子举不胜举，他们原本也是平常之人，就是在工作中找到了自己最爱做的事情，以至于每天融于工作中，而忘了外界的存在。在他们眼里，只有成就，只有实现自己的人生价值才是人生最有意义的事，而其他的功名、钱财对他们来说，都有如浮云。

这也正是平常人与伟人间的巨大区别，伟人因为偏执于成就，陶醉于自己的工作中，而让自己拥有无穷无尽的激情；而平常的工作者，他们的激情之所以这么短暂，是因为他们的功利性太强，他们工作的目的是为了赚钱和晋升，而不是因为工作本身。他们常常是违心地强迫自己去努力工作，以换取自己所要得到的一切，一旦工作中遇到挫折，或者他们的欲望得不到满足，他们也就对工作失去了兴趣，整天得过且过地混日子。

升职细节

人离不开激情的推动，一个原本富有能力的人，如果丧失激情，他的能力将会逐渐折旧，而一个富有激情，凡事主动、全力以赴的人，就算他现在还很平凡，但必定像一匹黑马一样，奔向职场的前沿，给自己一片艳阳天。

多付出才有回报的机会

成语“任劳任怨”用在职场的话，讲的就是一个人对于他的工作，尤其是分外的工作，对于上司和同事使唤时的一种态度。其实，大多数人在刚上班时，还是能够做到任劳任怨，对工作很少有任何推诿；自己有多大的能耐就尽多大的力；决不会“磨洋工”。

你刚上班时，一方面出于难得争取到这份工作的考虑，所以工作中格外卖力；另一方面是你还没有受到环境的影响，对周围一切都抱着非常友善的心态，所以对于任何工作，你都会很热心地去完成它们。上司交代的工作，不论多少，难度有多大，你都会义不容辞地以最快的速度去完成。对于有些工作，即使不是在自己的职责范围内的，你也会很热心地去做，例如看见办公室的地脏了，你会把它扫干净；地上有些纸屑，你会把它捡起来扔掉；看到同事办公桌上的电话响了，而对方不在，你会去把它接起来，等同事回来后，你再把消息转告给他。与此同时，对于同事的求助，你会很愉快地协助他们渡过难关；他们有事外出，让你替换一下他们的工作，你也会很热心地帮助他们。

这个时候，你脑海中没有“回报”的概念，就是想尽最大的努力去奉献自己，去善待周围的一切。自然，你的无私奉献也为自己创造了一个良好的工作环境，上司见你对工作这么热心负责，他会很赏识你；同事因为你的乐于助人，而跟你亲近起来，从而使你有一个良好的人缘环境。万事开头难，你任劳任怨的心态为自己开创了一个良好的人际环境。这固然难，但并不是最难，最难的是把任劳任怨进行到底。

肖辉在一家建材租赁公司工作，担任公司市场开发部副经理的职位，主要工作是去联系客户，开发市场。第一天上班时，老总主要让他熟悉业务，给了他一堆资料，让他了解公司的业务分布情况。他在看资料的过程中，发现资料非常乱，而且员工之间也没有什么明确的分工，一项业务常常由好几人经手；同时，他还发现员工间的关系并不和谐，互相冷冷的。凭他的直觉，他感觉到公司缺乏一套管理机制，于是就主动去找老板，果然公司连套规章制度都没有，大大小小的事都由老板来安排；所以老板不但累，而且企业效益也并不怎么好，于是肖辉主动请命：让他来建立一套规章制度。老板大喜过望，于是肖辉开始夜以继日地建立公司的财务制度、奖罚制度、卫生制度、行为规范、部门及员工间的权利与义务划分。十天后，肖辉筋疲力尽地把一本厚厚的公司规章制度送到老板手里，此后，公司才走上了规范化管理之路。

此外，肖辉还是个热心肠的人，他看到同事间关系很差，于是晚上常请他们一起喝酒，酒一喝，彼此间的话就多了，都把心里话说了出来，你给我道歉的，我给你道歉的，以前工作上的恩恩怨怨也就一笔勾销了，员工间关系空前的团结，自然肖辉也成了老板与同事最喜爱的对象。

工作中，谁都喜欢那种热心肠的人。平时任劳任怨，同事有求必应，这无疑让你成了上司心中最忠实、诚恳的员工，让你成为同事心中最亲近的伙伴。

因此，与其每天自私地工作着，还不如多贡献点自己的才智与汗水，不要老两眼盯着报酬去工作，公司给你什么样的待遇，你就出多大的力，别人干活少而拿工资多，你就抱怨，消极地工作；别人帮了你，你才帮别人，别人一旦没及时帮助你，你就怀恨在心，这些都是要不得的，只会让你在碌碌无为中将自己埋没掉。

道尼斯刚到公司的时候，职位低微，每天只能从事整理材料、替人打初稿等琐碎的工作。短短几年之后，他却成为了董事长的左膀右臂，担任其分公司的总裁。为什么他能升迁得这么快？秘密就在于他“每天多奉献一点点”。曾经有位记者在采访道尼斯先生时，询问其成功的秘诀。他平静而简短地道出了其中的缘由：“在为董事长先生工作之初，我就注意到：每天下班之后，所有的人都回家了，董事长先生仍然会留在办公室里继续工作到很晚。因此，我决定下班后也留在办公室里。是的，的确没有人要求我这样做，但我认为自己应该留下来，在必要时为董事长先生提供一些帮助。”“工作时，董事长先生经常找文件、打印材料，最初这些工作都是他自己亲自来做，很快，他就发现我随时在等待他的召唤，并且逐渐养成了招呼我的习惯……”

所以，在职场中，要想取得成功，就必须学会奉献自己，每天多做点，做好点。

付出多少，得到多少，这是一个众所周知的因果法则。也许你的投入无法立刻得到相应的汇报，不过不要泄气，应该一如既往地多付出一点，回报可能会在不经意间，以出人意料的方式出现，最常见的回报就是晋升和加薪。

升职细节

有些人抱着一副打工者的心态，对工作斤斤计较，常常看菜吃饭，量体裁衣，拿多少钱就做多少事，害怕多做事而让自己吃亏，这样无异于作茧自缚，固步自封。其实有能力不用反而会随时间而折旧，多奉献自己才能获得更多的回报。

炼就你强大的内心力量

到医院心理咨询门诊就诊的公务员比十年前增加了不少。以机关公务员为例，公务员一直被人们认为是金饭碗，这两年公务员报考也越来越热，但是别看公务员表面风光，他们的心理压力也不容忽视。

王君在单位里已经是个科级干部了，前不久，单位里有个处长升迁了，副处长顺理成章地当上处长，于是留下一个副处长的空缺。王君在心里衡量了三四天，他觉得无论从资历、业务能力还是跟领导的关系等方面来讲，他都是副处长的理想人选。周围的同事也都这样认为。

哪想到，公布副处长人选时，他傻了眼，是一个比他还年轻的同事。随后几天，王君表面上装作若无其事，但心里却波涛汹涌："凭什么他当副处长？我哪还有脸见人？"连续多少天，他的脑子里一直盘旋着这些念头。一个星期下来，他失眠了，而且很烦躁，动不动就对家人发火。在单位工作也提不起精神，对什么事情都感到很悲观。一个月下来，他的症状不断加剧，而且还出现了心慌、看到饭菜就恶心的症状。"我不会是得了啥绝症吧？"担心之余，他瞒着家人和同事，偷偷地来到医院的心理门诊。医生告诉他，这是患上了焦虑症，要尽快进行心理疏导，否则症状还会不断加重，甚至能引发抑郁症等重度精神疾病。

王君虽然是身处权力圈，但他的遭遇同样引起了我们职场人的重视。

已近不惑之年的鲍姐也是一名公务员，而且在单位里是骨干，掌管着财务大权，财务签字的事情都要由她经手。有一次，她的一份财务签字单据被合作单位退回到了她的领导办公室，原因是她的签字不规范，必须重签。领导把她喊了去，狠狠地批评了她一顿。从那以后，鲍姐就产生了恐惧症，只要是有别人在旁边，她就手发抖，没法正常签字。发展到后来，她由于害怕再出现被领导批评的事情，就不敢跟合作单位交往，甚至害怕参加社会活动。实在没有办法，她参加一些聚会时，也经常在现场心慌、手抖。

从医院心理门诊接诊的情况来看，这些年来，出现“心病”的公务员越来越多。现在接诊的这种病人每天达到100多人。公务员群体和学生、警察等群体一样，出现心理障碍的人不断增多。在到心理门诊就诊的人群中，公务员已经上升到第二位，仅列在学生之后。而在十年前，很少有公务员前来咨询就诊。其实还有很多公务员患了心理疾病而没有到医院接受治疗，不然，公务员占心理疾病患者的比重会更大。不少公务员害怕去看心理医生，怕被人知道而影响自己的升职，讳疾忌医。

为什么公务员的心理压力大？从目前接诊的情况来看，公务员的“心病”多数与升职压力、人际关系复杂有关。有些公务员多年得不到升迁，心理素质较差者就出现了抑郁症、焦虑症等心理障碍；有的公务员平时过多地考虑各方面的关系，在交往上患得患失，瞻前顾后，因此患上社交恐惧症，不愿或不敢跟别人过多地交往；而一些公务员面对循规蹈矩的工作程序，会感到压抑。

公务员“心病”只是一个特殊职场的投射，对每一个积极上进的职场人，在谋求升职、尚未升职之时，或多或少都会有类似的心病。

面对日益加剧的竞争，职场人也要经常减压。比如，找人倾诉自己心中的不快，使不良情绪得到发泄；不要苛求别人，尊重别人就是尊重自己，经常赞美别人，就会发现自己的生活更轻松快乐；要学会向别人求助，要善于求助；要学会妥协，妥协并不意味着放弃原则，明智的妥协是一种适当的交换；要学会在工作之余放松自己，打打球、听听音乐。

升职细节

内心强大的人不活在别人的眼光里。即使全世界的人误解了他，孤立了他，他也能够淡然而坚定地生活。所以，不要患得患失，在升职前，做最坏的打算，做最好的准备，瞄准目标，尽力而为。切记：于过程，积极进取；于结果，顺其自然。有时候，越是在战略上藐视升职，升职离你反而越近。

使命必达，用心做好工作

面对工作时，有人会产生这样一种疑问：尽心尽力去为企业做事值不值？非要这样做不可吗？当心中有这样的疑虑后，不要说不能用自己的行动为他人做出榜样，甚至在很多时候，对自己分内的工作都不会过多投入，凡事只求一个差不多就行了。一旦我们以这种态度去面对工作，工作激情将会慢慢消退，工作效率也会大幅度降低，从而使我们成为职场中不受欢迎的人，大大阻碍了自我的发展，无法实现自我的人生价值。

从我做起，以身作则，这是管理的最高境界，是企业得以长久发展，永葆基业常青的秘诀，同样也是企业员工从普通走向优秀、走向卓越的最基本的行为准则。一些在职场深受老板器重，拥有广阔发展前景的员工，无一例外都是对自己要求严格，从我做起，以身作则，用自己的行动为他人做出榜样的优秀员工。自发地把属于自己职责内的工作做好，与企业共命运。息息相关的责任是优秀员工表现出来的共同特质，因为优秀员工很清楚自己工作的意义和责任所在。凡是优秀的员工，从他们走上自己的工作岗位起，就能始终以这种精神状态投入到实际工作中。发生在郭强身上的事情可能会让你对此有所体会：

某机械制造厂的技术员郭强，主要负责该厂生产的某种机器的零部件加工。和他在同一个车间的大约有二三十名同事，做着和他一样的工作。郭强并没有像其他同事那样每天卡着点儿上下班，而是每天早上比其他的人早到10分钟左右，下午下班时，晚走上几分钟。他在其他同事还没有到来时，先检查一下机床，将机床启动预热；在下班后，他会在机床停止转动之后，把一些相关的物品收好，并且清洗和检查一遍机床。他所做的一切都不是车间规定和安排的，也没有人要求他那样做。同事中有人劝他不必这样，因为老板既看不到，更不会给郭强多开薪水。面对同事们这些“好意”的提醒，郭强没有多说什么，只是笑笑。

时间一天一天过去了，同事们感到奇怪的是，他们的机器不是在这儿出毛病便是在那儿有故障，而郭强的机器却很少出现这种情况；更让他们感到不解的是，他们每天都和郭强一样的工作，可是生产的产品数量和质量难以与郭强相比。这到底是怎么回事呢？其实一切都在于郭强在每天比其他人早到和晚走的几分钟里，细心保养好了自己的机床而已。

郭强所做的一切，车间主任和老板都看在眼里，他们在心里暗暗称赞这个小伙子，并且决定提拔他。不久之后，车间主任在每周一例行的全车间员工大会上，表扬了郭强，让全体员工向郭强学习，并且提升郭强为该车间的质检部主任。后来，在郭强的影响下，该车间的工作效率不但得到很大的提高，产品的合格率也较以前有了大幅提高。

由此可见，一个员工自发、主动地承担责任，不但能将自己的工作做得更好，获得老板和上司的器重，从而打开通往成功之门的钥匙；而且还能通过自己的言行深深地影响到周围的人，从而形成一种积极向上的整体氛围，让自己在这种良好的氛围中不断进步。

升职细节

现实中，许多人都是抱着打工者的心态去工作，老板给多少钱就做多少事，把自己跟公司割离开来，而不愿自发、主动去做，这样老板也会以打工者的方式来对待你，从而葬送自己在公司的前途。所以，对待工作要像对待自己的事一样，用心去完成。

过硬的心理素质是升职加速器 

作为一名职场人士，希望晋升顺利，不仅仅要在做事做人上注意细节，还要注意职场“政治”高手们的招术细节，把这些细节放到大的背景中去识别和理解其中真正的意图，并做出恰当的反应，接招还招。要做到这些，就需要过硬的心理素质。

在《水浒传》中，宋江初上梁山时，寨主晁盖焚起一炉香，要把头把交椅让给宋江，说我们兄弟几个人的命都是你救的，没有你就没有梁山的今天。宋江推辞道：“仁兄，论年龄，兄长也大10岁，宋江若坐了，岂不自羞。”于是再三推辞，晁盖才坐了第一位。两人一番相让显得情深义重，其实是两位老大在高手过招。

宋江固然对晁盖等人有救命之恩，但晁盖等人劫法场又救了宋江的命，双方已经扯平了。再者雷横等人也救过晁盖的命，怎不见晁盖主动让位呢？真正的原因是宋江上山还率领25位头领同来，晁盖方只有11位头领，形势同于当年火并王伦，宋江已显强宾压主之势，形势比人强；为了妥善处理这个问题，晁盖才虚晃一招试探宋江的水平。宋江能写下“敢笑黄巢不丈夫”，又怎么会是甘居人下之人？但他也是明白人，初上梁山就夺位不是他的风格，何况晁盖刚从江州救回自己的命，先不说夺得成夺不成还是个问题，就算夺成了，自己的名声也要受很大伤害；反正第二把交椅肯定是逃不了的，来日方长吧！于是宋江推辞的理由就很有趣：他不说自己能力不行，或者威望不够，或者新到组织不能做这种不道义的事，而是说自己年纪小，晁盖大自己10岁，所以您老应该坐老大的位置。要是年纪大就可以当老大，那么黑道也就不叫黑道了。宋江的让也是一种姿态，让的理由也跟晁盖一样奇特，但已表明心迹。晁盖的目的是达到坐上老大的位置，宋江则顺理成章地坐了老二的位置。

类似的场景与语言，在小说中还有很多，不注意就会将其中玄机轻轻放过。只有注意《水浒传》中的众多细节，才能明白为什么宋江一个没有武功、出身都低微的小吏，可以被江湖爱戴，可以做梁山老大。在这里我们也不能不对宋江过硬的心理素质感佩三分。换个角度看，当我们面临宋江那样的上司时，我们要用足够的细心，把握上司真实的意图，适时抓住转瞬即逝的机会。

刘宁进入某家大型民营集团担任财务秘书的工作好几年了。这家集团各下属企业老总们，大都年轻，而且基本都是这几年从普通员工提拔上来的。刘宁也希望这种好运能落到自己头上，因此工作积极，表现出色。一次，集团几大老总开会，总裁进入会议室之前，回头看了看刘宁，说："你也来，做个会议记录。"刘宁心里一阵激动，这是他第一次参加最高级别的会议，看来自己也具备一定的资历了！会议一开始，几个老总便就某个投资项目出现的问题开始争论，刘宁虽然不清楚事情的前因后果，但凭多年的工作经验，每个老总力求表达的要求，他是心里有点谱的。这时，几个老总截然不同的意见使会议陷入僵局，总裁忽然一偏头，对刘宁说："刘宁，你说说你的看法。你随便说，我们随便听听。"

听到总裁这句话，刘宁只觉得脑子嗡的一声，差一点没昏过去。他不明白总裁为什么要问他这样一个局外人，目的是什么？何况自己甚至不明白会议讨论的主要议题是什么。在大家的目光中，他嗫嗫嚅嚅地说："还是再听听几位老总的意见吧，你们大家都是实战经验丰富的专家，看法比我专业得多。"总裁看了他一下，开始阐述自己的意见。

刘宁偷偷抹了一下汗，庆幸自己说话得体，自这次老总会议之后，他再也没机会参加这种高层会议，更不用说提升。他始终不明白，自己有热情、有能力，为什么却不得志？其实问题的关键在于他的心理资质不行。

升职细节

在职场中，良好的心理资质是任何一个职场人士都必须具备的通用资质，这种资质体现在一个人对心理细节问题的关注与处理方面；不注意心理活动的细节，就很容易出现不良情绪，或者做错事，而让自己在职场升职中受挫。注意心理活动的细节不仅仅是指时刻注意自己，更包括你仔细观察职场高手们的细节。越是高手，语言行为越显得自然天成，不刻意留心，是很容易忽略的。

第八章

工作讲究方法，成功晋升还需掌握细节之道

谋求升迁是每一个渴望生活得到改善的人的共同目标，然而自古以来官职唯有具德才者任之。这是不争的事实，但也不可一概而论，观察中也不凡是有德有才的人都得到了晋升。原因是，要获得成功晋升还需要掌握一些必要的技巧细节才成。

扬长避短，发挥自己的优势 

“东施效颦”的典故对中国人并不陌生，人们都知道绝世美女的邻居东施奇丑无比。她发现西施心疼病发作时捧着胸口，皱着眉头走路的样子非常好看。于是她跟着效仿起来，并总是在村子里来回转悠，生怕人看不到她“漂亮”的模样，谁知适得其反，她非但没有得到乡亲们的称赞，大人们见了都关门躲在屋里，小孩子则用砖头瓦块来投她。

这是为什么？因为东施没有认识到自己的短处，反而遭到乡人们的厌恶。世界上的每一个人都是独一无二的，各有所长，也各有所短。因此，人不仅要知道自己的长处，还要懂得在工作中进行充分发挥。职场中，很多人没有意识到这一点，工作不能扬长避短，结果得不到预期的效果。

战国时期，齐国有位名叫无盐的女子，相貌奇丑，可是她却发下誓词：非王侯不嫁。乡邻无不讥笑她：“也不拿镜子照照自己长得什么模样，还非王侯不嫁，真是癞蛤蟆想吃天鹅肉，做白日美梦，她要能嫁给个常人就算她天上掉下的福气了。”无盐眼见快近三十了，却没一个媒人肯为她说婆家，主要是因为她相貌丑陋，另外也听她发的誓词，倒想看看她如何找个王侯做夫君。

有一天，无盐离开家，独自来到京城临淄的王宫门外。她对门卫说自己要见齐王，理由是自己前来自荐当王妃的。门卫以为她神经不正常，不肯通报，反而把她往一边轰，不让她靠近宫门。正这时，有位大臣正要进宫见齐王议事，发现此事，于是向齐王当成一件趣事说了出来。

齐宣王很是纳闷，于是命人把无盐带入宫来。齐王说，你既然敢闯宫，想必有过人的才能，不妨展示出来，让我见识见识。无盐说自己会说隐语，隐语与现代谜语有些相似。齐宣王平日也好玩隐语的游戏，于是就让她当场表演出来。只见无盐张目四望，咧齿四次，将手往四周挥了四下，又拍了四下大腿，然后口中高喊：“危险啊！”一连喊了四声。

当场的人见了都不明白是什么意思，齐宣王也未能猜得出，于是就向无盐请教。

无盐解释说：“我张目四望就是看看大王周围有无警报传来；将牙齿咧四下，就是希望大王能够广纳谏言；挥手四次就是帮大王驱逐身边的那些奸佞小人；拍大腿四下，就是劝大王快些把建筑的那些游玩用的宫楼亭台拆除；我喊四声‘危险’是因为有四件足可使大王亡国的事情。”

齐宣王听了脸色顿变，他发现眼前这个丑女子并非寻常女子可比，立刻对她刮目相看，就问她有哪四件危及国家安全的事。无盐说：“第一，齐国西面是楚国，楚国强胜，对齐国虎视眈眈，欲有吞齐之意；第二，由于大王为一己之乐，不惜劳财害民，筑建各种游玩场所，大兴土木，导致天下百姓怨声载道，民声沸腾；第三，大王喜听阿谀奉承，以致大王身边都是些善拍马奉迎的小人，而那些忠诚直言的良臣都只得退归山林；第四，大王成日沉迷于酒色，醉生梦死，不作长远的打算，就会看不到周身隐伏的危险。”

齐宣王想哪曾有人对自己说过这等高见，宫中妃嫔虽美貌超群，却无一人有这等的远见卓识。齐宣王当即就把无盐纳为王后，择日举行庆典。无盐终于实现了自己的誓词，令世人称赞不已，而齐宣王在无盐的协助下，齐国也逐渐呈现出一派繁荣昌盛的景象。

无盐的成功就在于她能避己之短，扬己之长。世界上本来可以有很多优秀的人出现，但是大多数人不能扬长避短，导致自己不能为社会为人类做出更大的贡献。那些诺贝尔奖获得者为什么能取得辉煌硕果，做出斐然成绩，原因就是他们能扬长避短，把自己的优势最大限度地发挥出来。扬长避短就是顺势而为，弃长执短无异于背道而驰，南辕北辙。

人的智能发展并不均衡，有强点也有弱点，当你找到智能的最强点，智慧的火花迸发出来，就会取得惊人成绩。因此，一定要懂得避短扬长，充分发挥优势，这样才会事半功倍，取得超常业绩。

升职细节

做任何事都应如此，充分发挥长处，避开短处，使长处得以发挥，使短处得以克制，这样的人不管从事什么样的职业都会有所作为。因此，要想表现出优秀的自己，需要你把优势充分发挥出来。

改变一下思路，就会柳暗花明

有个科学家做过这样一个实验，他把几只蜜蜂放在瓶子里，使瓶底向着阳光，蜜蜂一次又一次地朝着瓶底飞撞过去，企图接近光源，尽管一次又一次地碰壁，可是却从没想改变方向。接下来，科学家把蜜蜂放出去，换了几只苍蝇，依旧让瓶底向光。苍蝇们在里面并不是朝着一个方向飞，它们或向上或向下，也不管是背光还是向光，结果不到几分钟时间，苍蝇们一个个地都飞离了瓶子。看来，有时横冲直撞比坐以待毙要强得多。在解决问题时，不要把思维固定在一个方向上，不妨换个角度换个方向，就会有意想不到的效果。所以凡事不要钻牛角尖，撞了南墙要回头，才能有出路。

玛·迪梅普莱是法国著名的女高音歌唱家，她拥有一座私人园林，园林景色宜人，种满了各种花草树木。

可是这位女主人却有着一件头痛的事，原来每到周末，城里的人们就驾车来此，采花摘果，甚至还在草地上搭帐篷，进行野营野餐，等他们离去时，园林就被弄得肮脏不堪。管家为了避免让这种事情再发展下去，便在园林周围的篱笆及矮墙上，挂了数块“游人勿要入内”的牌子，但无济于事，人们对牌子熟视无睹，肆意进入园内进行破坏和践踏。管家无可奈何，迪梅普莱得到管家的报告，忽然想了个主意，他便吩咐管家在园林的各个路口立上牌子，上面写着：进入园林，小心毒蛇，最近医院距此驾车半小时即到。从此以后再也无人进入园林。

在工作中，很多人都习惯顺着想问题，总喜欢就事论事。所以常常有些并不复杂的问题，被搞得很复杂。面对问题，只看到事物的表面现象，其实从事物表象的反面入手，进行思考，那么思路就会一下子变得宽阔起来。

宋神宗年间，越州（今浙江绍兴）一带发生了历年罕有的蝗灾。蝗虫把田地的庄稼全部吃光。当时赵汴刚被朝廷任命为越州知州。他面临着严峻地救灾问题。一时间，越州市场上的米价比往常高出数倍。越州官员们纷纷来找赵汴商量如何救灾。按照以往惯例，官府就要贴出告示，压制粮价的上涨。赵汴从官员们口中得知附近的州县都已贴出告示，压制米价上涨。越州官员们希望赵汴尽快贴出告示，抑制米价上涨，否则米价这样一天天地上涨，就会引起众怒，甚至会发生造反的事端。赵汴听着大家的议论，感觉只一味用贴告示的办法压制米价未必是良策。

过了好大一会儿，他有了主意，并很镇定地对大家说："我现在有了救灾办法，你们赶紧贴出告示，但不是抑制米价，而是宣布米价可以自由上涨。"这些僚属们一听还以为自己听错了，瞠目结舌，不明其故。大家还想问个明白，可是赵汴却胸有成竹地叫他们按着自己说的去办。官员们没敢提意见的，但心想，越州百姓可倒霉了。这项举措跟附近州县正好相反，附近州县都严禁米价上涨，如果查出违令者，严惩不贷。当这些米商得知越州贴出自由上涨米价的告示，于是闻风而至，纷纷来到越州卖米。

刚开始的几天，米价确实涨了不少，可是随着米商的增多，而百姓又见米如此贵，便看着就是不买。米商们见无人肯买，于是就一天一天地往下降价。他们心里也是着急，因为米自远方运来，当然不肯再运回，而别处又限制米价，眼见着米商越来越多，为了及早脱手，只有采取降价的办法。这时，越州的米价虽比附近州县偏高，但百姓可以用钱买到米，而附近州县却很难买到米。

这次大灾中，越州的百姓饿死的最少，因此受到朝廷的嘉奖。越州的官员无不佩服赵汴这个办法高明。赵汴就是打破了人们常有的思维。看来透过事物的表现，掌握事物的发展规律，就能获得理想的效果。赵汴得知附近州县限制米价上涨，他则来个反其道而行之。宣布米价可自由上涨，引来大量米商，粮食增多，导致供大于求，米商间就得实行竞争，不得不降价。由此使百姓吃到了便宜的米，顺利度过灾荒。

循规蹈矩未必能出效果，会让我们前功尽弃。换个思维的角度，就会发现条条大路通罗马。所以遇事不要钻牛角尖，此路不能行彼路。有时面对一个问题，依常法行不通时，可以采用别的方法。改变一下思路，常会出现柳暗花明，使事情发生转机。

升职细节

很多人做工作时常受思维定势的束缚，习惯于从原有的、固定的角度来对待问题。只有善于转换视角，运用发散思维，逆向思维等方法，从多重的角度去思考，从多方位来观察事物，那就很容易解决问题。如果光用固定的方式来思考问题，那么就会被问题的表面所迷惑，而只有善于突破常规，换个角度考虑问题，那么问题也许就会变得简单多了。

发挥创造力，打破陈规旧习

做事情时，我们常受到陈规旧习的束缚和困扰，而这些条条框框使我们的行动受到极大的限制和约束。你永远也难以超越从前，使自己永远处于原地踏步的境地。有一故事说的是一个人想要穿过一片沼泽地，他看到地上有人踏过的脚印，心里想，别人在这里走过，一定能行得通。起初几步，的确很顺利，脚下的路很踏实，他便大着胆子，毫不谨慎，步子迈得也很大，结果一脚踏空，陷入烂泥里。工作中，很多人都愿意顺着别人的脚步走路，可是这样非但走不出新意，而且还有可能掉入陷阱。世上的路不是走的人越多就越平坦顺利。

有这样一个故事：

一艘远洋海轮在漫无边际的大海上触礁，船上八名船员拼力逃到附近的孤岛上面，但他们面临着更糟的情况：岛上除了石头还是石头，根本找不到可充饥的食物，也没有水源。他们跟外界失去了联系，只期望有船路过这里才有生还的可能。但是烈日炎炎，整个岛上没有避荫之处，他们受着饥渴的煎熬，嗓子就像着火一般。四周都是海水，但没一个人敢喝，因为海水味苦，又涩又咸，不但不能解渴，喝下去情况反而更糟。时日一天天地过去，到了五天头上，船员陆续渴死，当剩下最后一名船员时，他忽然想，反正都是死，不如痛痛快快地喝个饱再去死。

他来到岛边，拼命地喝了起来，喝足后就躺下睡着了。他醒来时，意外地发现自己并没死去，很是奇异，这样，他靠喝岛边的水度过了两天，终于等来了船只。他获救了，后来，经专家化验，靠近岛附近的海水实际上是地下泉涌出的、可供人饮用的淡水。

看来，有时经验并不能帮助人，而且还会害人，它会束缚人，使人不敢越雷池半步，然而，有时面对难用常法解决的难题时，就要勇于打破经验的束缚，这样才有可能向前走进，甚至会出现“山重水复疑无路，柳暗花明又一村”的惊喜景象。

美国有位珠宝商新进了一批绿宝石，因为购进量大，老板担心短期卖不出去，影响资金周转，于是他就采用了以往惯用的手法：削价出售。以薄利达到多销的目的。但事情并不如所期望的那样顺利，牌子挂了出去，来店购买的顾客还是寥寥无几。老板深思不得其解，干着急也是没办法。最后他甚至还想再次降价，但利润就更薄了。正当他犹豫不决时，因外地来电，邀他去协商一笔生意。老板也想不了那么多了，他告诉店内主管，再次按原价的二分之一下调。

老板走后，店主管认为再次降价还是不会引顾客上门，如此精美的宝石怎么就无人识货？他忽发奇想，既然如此，何不来个涨价销售？他私作主张，把绿宝石的价格上调至原价的二分之一。牌子挂出后，马上进来几位顾客，对绿宝石赞赏不已，认为货真价实，是难得的精品。这样一来，宝石竟出人意料地在一个星斯内售空。老板回来后听到这个消息，惊喜望外。店主管的这一招打破以往的削价惯例，反其道而行之的办法深得老板佩服，于是老板重赏了店主管。

陈规旧习很容易束缚人的思维，而这样一直走下去的人，永远不会呼吸到新鲜的空气，也不可能给解决问题找到切实可行的办法。

升职细节

用发展的眼光看待问题，勇于打破陈规旧习，就能摆脱困境，走上新生之路。

遵循事物发展规律

有这样一则寓言，说的是一条勇敢的鱼，它为了体现自身生命的价值，想要游到高原去。它凭着自己顽强地拼搏精神，躲过了渔民们撒下的渔网，也逃过无数次被大鱼吞食的厄运，它穿过山涧，从无数个石罅中挤过，最后它闯过无数的难关，终于游上了高原。它受到大家的热烈欢呼，称赞它是自古以来唯一的大英雄。但当它朝着欢迎它的同类们摆着尾巴，想要回应时，却已经身体难支，力竭而死，最终被冰冻成一座雕塑。它逆行了那么远，毫无疑问，它是勇敢的，可是因为它没有遵从自然规律，背道而行，迎接它的只有死亡。

有这样一则寓言：

一位农夫看到春天天气风调雨顺，认为今年收成一定很好，可是到了夏天，天上根本没掉几个雨滴，收成自然比预想的要差很多；有时当他为麦子遭灾而万分苦恼时，他的果树却硕果累累。农夫每年都祈求丰收，可是所获总不如预想的那样丰厚。于是他就抱怨天神不会安排晴雨天气，如果自己是天神的话，一定能使得天下农夫都有好收成。他希望天神能够让自己来控制天气。天神答应他。

农夫高兴地马上要雨，雨果然来了，他叫停，雨马上就停了。农夫马上高兴地劳作起来。他耕完田播下种之后，就命令天气下雨。雨马上就落了下来，一直下到他喊停为止。太阳出来了，晒暖了田土。几天后，地里就钻出嫩嫩的芽。这表面看来一切都和预想的那样十分顺利。农夫很高兴，他不断地命令天气或是下雨或是停。当看到秧苗快被晒得枯萎时，他就命令降雨。因为急着回家，他竟然忘了把雨停下。

一年下来，其他人家都和往年一样收获了粮食，可是这个农夫为了操纵天气，弄得精力疲惫，不是嫌阳光太强就是嫌雨水太多，结果一无所获。他感觉自己无力再控制天气了，于是就把这种能力还给了天神。

任何事物都有其内在的发展规律，尽管这种规律有时很难让人摸清，甚至跟表象显示的大不相同，但只要勤于发现，多动脑筋，就一定能抓住可乘之机，让自己大展身手。

升职细节

工作中有些人往往自以为是，做事从不考虑客观规律问题，其结果只能以失败告终。

他山之石，可以攻玉

有个男孩在玩具沙箱里玩，沙箱里有各种各样的玩具：小汽车、塑料桶、手枪、飞机等，小男孩正玩的时候，发现沙子里面有个岩石，对于大人来说，一手就能抓起，可是对小男孩来说则显得无比“巨大”。小男孩费了好大劲儿才把它从沙子里面弄出来，接下来，就企图把它滚到箱外，他手脚并用，用手推，用肩扛，每当把岩石弄到中途时，就挺不住劲，结果岩石又滚落下来。当他最后使劲儿推时，眼看快到沙箱边缘时，但实在支撑不住，岩石滚了下来，把小男孩绊个跟头，他哇哇地哭着。

小男孩的这一切都让在一旁看书的父亲看到了，他走过来问：“孩子，你是否用尽了力气？”小男孩点了点头，说：“爸爸，我确实是用尽了力气。”父亲温和地说：“孩子，你并没用尽力气，因为你还没求我给你帮忙呢。”父亲来到沙箱旁，只一弯腰，就把岩石取了出来。小男孩脸上露出喜悦的笑容。

这个小故事告诉人们，一个人的力量是有限的。当你一个人解决不了问题时，想办法获取别人的帮助。因为他们也是你获取力量的资源。

做事要学会将别人的智慧和长处为我所用。俗话说，山外有山，人外有人。一个人的能力和智慧毕竟是有限的，因此，做某些事情时，就显得势单力薄，难以成事。每个人都有自己的优势和劣势，要学会取长补短，善于吸取别人的长处。懂得将别人的智慧为己所用，办起事来就会事半功倍，一帆风顺。

谁都知道《三国演义》中的刘备，文不如诸葛亮，武不比关羽、张飞、赵云，可是他却借助这些人的力量和智慧创建了蜀国大业。可见借外力来助自己成事，不失为明智之举。

纵观故今中外历史，很多重大的成功决策无不得益于众人的智慧和力量。成功者都有这样一个信条：变人之力为己力。你一定要知道，在这个世界上并不是只有你孤零零的一个人，当自己能力不及时，要想到借用他人之力，运用别人的学识、智慧、经验、钱财，如果对方是位名人，他的社会知名度也是可利用的一种外力。例如：

美国纽约有位首饰商人，虽然技巧高超，但竞争对手如同林立，所以经营成效甚微。一天，有位全国知名度很高的女明星来到他这个店里，女明星有颗蓝钻石，希望他能镶一枚绝世惊俗的戒指。首饰商灵机一动，何不借明星的名气来宣扬自己的手艺。于是他就在钻戒上下了大功夫。因为传统镶戒指的方法很容易使宝石从戒指上丢落下来，而且大部分的宝石被包着，显示不出宝石的名贵。这位首饰商摒弃了传统镶钻戒的办法，他用内锁法使宝石底部跟金属紧密连接，使宝石90%的面积都暴露在外。

女明星戴着这枚钻戒，在她的生日宴会上，出尽风头，参加宴会的人们都被她戴的这颗华光夺目的蓝宝石戒指给吸引了，纷纷向她打听是哪一家首饰店给做的。这名首饰商自此声名大噪，那些贵妇、名门小姐们都愿花重金，请他为自己做首饰，这名首饰商终于在同行中如鹤立鸡群般，成为纽约首饰行业的老大。

一个人如果能发现别人身上有自己所不及的特长和才能，懂得将其为己所用，那么你也就找到了成功的力量。

有时，一件事情的完成只凭自己是很难完成的。这时，借助外力就会使事情快捷地完成。

中国古代兵法三十六计中有“借梯登楼”这一计，其含义就是要想达到成事的目的，就需要借助别人的力量。

升职细节

能让自己事业成功的人，就懂得善于跟比自己还要有才干的人进行合作，这样就能取长补短，把事情完美地完成。

让优秀成为一种习惯

每个人都羡慕成功人士的优秀，觉得他们的为人处事，言行举止都那么到位，常抱怨自己缺陷太多，显得处处不是。其实优秀是一种习惯，人每天的行为都是由习惯在主使，人都是按照日积月累形成的习惯来为人处事。

有一个故事：父子俩住山上，每天都要赶牛车下山卖柴。老父较有经验，坐镇驾车，山路崎岖，弯道特多，儿子眼神较好，总是在要转弯时提醒道：“爹，转弯啦！”有一次父亲因病没有下山，儿子一人驾车。到了弯道，牛怎么也不肯转弯，儿子用尽各种方法，下车又推又拉，用青草诱之，牛一动不动。到底是怎么回事？儿子百思不得其解。最后只有一个办法了，他左右看看无人，贴近牛的耳朵大声叫道：“爹，转弯啦！”牛应声而动。牛用条件反射的方式活着，而人则以习惯生活。一个成功的人懂得如何培养好的习惯来代替坏的习惯，当好的习惯积累多了，自然会有一个好的人生。人出生的时候，除了脾气会因为天性而有所不同，其它的东西基本都是后天形成的，是工作环境和自律的结果。所以，我们的一言一行都是日积月累养成的习惯。习惯能改变一个人，可以让一个人从平凡到优秀，也可以让一个人从优秀到平凡。

如果一个人每天被良好的习惯主导，他一定会很有成就，而一个人如果每天驱使在坏习惯下，他会逐渐走向没落。一个人形成一个好的习惯很难，而要积成恶习，则非常容易。许多人都有这样的体验：工作一段时间后，会发现自己有了很大的变化；原本你是个很有激情的人，做事很积极的人，但面对枯燥而无前途的工作，你会逐渐变得消极、懒惰起来；早上躺在床上懒得起来，上班懒懒散散，工作潦草应付；下午一下班就急切回家消遣，从此过起了朝九晚五的生活，让懒惰成了习惯。

一个人的成败往往由他的习惯所主宰，如果一个人由良好的习惯主导，他会变得很有激情，事业也会一帆风顺；而一个人如果被恶性的习惯所控制，他会逐渐变得消极和颓废。习惯对环境的影响比较大，在一个不太健康的环境中，如果一个人不懂得自律，有可能从优秀变得很堕落；而如果能认清环境与自我，找到自己的目标，朝一个良好的方向持续努力，又能从人生低谷中走向优秀。当你找到自己的兴趣点，或者认清了自己身上的缺陷，或者刻意让自己向成功人士学习；当持续强化自己的行为，并养成一种习惯后，自然就成了一个优秀的人。一个人从优秀到懒惰很容易，而要消除陋习，形成良好的习惯往往比较困难，这需要你用心持续强化自己的一些良好的行为，刻意去改变自己。

有位做保险营销的年轻朋友，待人处事很热情，但有一种毛手毛脚、不注意小节的坏习惯，也因此留下不少遗憾。一次约客户签完保单，忘了带相关资料不说，临走时又把笔帽丢在了人家客厅的茶几上。客户对他这种丢三落四、毛毛草草的作风很不放心，结果签单的事也泡汤了。他对此事很懊悔，自责因小失大。

法国著名微生物学家巴基思德有句名言：机遇偏爱有准备的头脑。于是，这位员工开始下功夫，走访了周围许多有经验的营销人员，把“准备”二字分类细化。外出见客户的准备项目就分了客户信息准备、展业资料准备、技术准备、心理准备4大类20多项，每次出发前都一一核对完之后再出门。有人问他，不怕麻烦吗？他说：优秀是一种习惯，我下决心要养成好的习惯。

许多优秀人士的一些良好习惯，比如工作很细心，工作很有计划，生活很有规律，这些都不是天生的，而是他们刻意要求自己养成的一种习惯。阻碍你成功的一个最大敌人就是惰性，许多人内心都有一种放纵、散漫的欲望，不喜欢受一些行为的约束，这也是许多人不能让优秀成为习惯，而让惰性主导的关键所在。一个人如果要想成功，那你必须让优秀习惯成为你的主宰，但优秀从来就不是一蹴而就的事情，而需要你假以时日地磨练才会真正形成。有时候可能刚开始不习惯这么做，那也要会“装”，要持续的、不间断地“装”，装的时间长了就会让一些好的行为得到强化，也就形成了习惯。

升职细节

人们常认为优秀是天生的，上天赋予给你了，你才能拥有。其实，优秀是一种习惯，反复要求自己正确的行为就成了习惯，所以成功的人善于将自己一些好的行为强化下来，演变成自己的一种良好习惯。

苦干不如巧干，坚决不瞎干

为什么自己勤奋的如同老黄牛一般却得不到领导的赏识？这个问题也是职场上千千万万个“杜拉拉们”所面临的困惑。

世界著名的成功学大师拿破仑·希尔曾经写过《思考致富》一书，为什么是“思考致富”而不是“努力致富”呢？他是这样解释的：最努力工作的人，最终绝不会富有。如果你想变得富有，就需要拥有聪明的脑袋，进行独立的思考，而不是盲从他人。

对于这一点，惠普前首席执行官高建华就深有感触地说：“惠普这样的跨国公司不提倡员工们整天努力拼命地工作，而是提倡员工们聪明地工作，希望员工们在工作中能开动脑筋，想出更好的办法去解决问题、完成工作，从而提高商品质量和工作效率。”

在老板的世界里，时间就是金钱，绩效就是生命，工作绩效远比废寝忘食更重要。因为勤奋努力并不一定就能获得好业绩。而对于一名杰出的员工来说，仅有努力是不够的，还要懂得思考，懂得不断改进自己的工作方法，坚决不干“瞎活”，以最有效的方式在最短的时间里完成任务。这才是所有老板所希望的。

“只问耕耘，不问收获”的工作方式，在今天早已行不通了。因为越是“只问耕耘”的人，就越是没有出头之日。现实生活中有多少才华出众、踏实肯干的人却得不到领导的重视和提拔。

勤勤恳恳、埋头苦干的敬业精神很值得提倡，但必须注意效率，注意工作方法。现实生活中，有很多人不能不说他工作认真、兢兢业业，但忙忙碌碌一辈子就是没干出多少成绩，不仅没有得到领导的提拔，反而在领导和同事中留下了“笨”的印象。

拼命苦干是领导喜欢看到的，但领导更喜欢巧干而效率高的下属。不妨设想一下，领导有同一项任务，交给甲下属需要一个月才能完成，交给乙可能两周时间就会完成，那么领导在用人时首先考虑的就可能是乙而不是甲，所以苦干并不等于蛮干，必须善于动脑子想办法，提高工作效率。

升职细节

身在职场中的我们必须明白“巧干胜于蛮干，聪明胜于拼命”的道理，并将它作为指导我们工作的基本原则。要知道，仅有勤奋还不够，更重要的是，我们要学会聪明地工作，培养自己的核心竞争力，进而变得不可代替。

让细节为自己加分

一个铁钉与一个国家看似没有什么关系，但正是这样的小错误却酿成了国家的败亡。

在竞争日益激烈的今天，一个人也好，一家企业也罢，要想少走弯路，就不能忽略任何一个细小的错误。也许一个马蹄钉在你看来是微不足道的，但最后带来的结果可能是极为严重的。在职场上也是如此，一件看起来微不足道的小事，或者是一个毫不起眼的变化，却能改变你在职场上的胜负。所以，我们在工作中千万不要忽略每一个小细节。

在《杜拉拉升职记》中，杜拉拉担任广州办行政主管不久，就碰到了玫瑰这样苛刻的上司，杜拉拉为了摸清玫瑰的办事风格，于是就给北京办行政主管王蔷打电话，假借横向联络，试探她是如何与玫瑰工作的。结果王蔷早就对玫瑰不满，并且与玫瑰一直闹得很僵。所以就隔三差五地向杜拉拉诉说玫瑰给她制造的郁闷，还怂恿杜拉拉和她一起越级报告搞垮玫瑰。但杜拉拉找王蔷，只是企图找到一个与玫瑰相处的游戏规则，并非是想联手把玫瑰干掉，于是她想劝劝王蔷。

幸好海伦及时提醒她：“玫瑰每个月都要看计费系统出来的通话清单，她很细心的，一看分机表，可能就会注意到你和王蔷的通话时间很长。”拉拉这时才意识到，自己差点就因为这个细节断送了自己的前程，之后，她就再也不和王蔷进行这样危险的沟通了。

一个优秀的员工，不仅不会在细节上失分，相反还会在细节上为自己加分。所以，要想成为胜者，着眼大处之外，还要关注小处。只有培养注重细节的好习惯，办事从细微之处着手，这样才能少出纰漏，多出成效，从而在通往事业成功的道路上稳操胜券。

有人说，大丈夫应该做大事，不拘小节，但每件大事情都是由 N 个小事情组成的。况且，工作之中无小事。一个真正想成就大事的人，是从来不小看小事的，他会过细地做工作，从而获得更多的发展机遇。所以我们在今后的工作中也要“拘小节”。

升职细节

注重细节，要精心做好事情的每一处细节。通常一件事上存在着很多细节，一个细节解决不好，就可能是“千里长堤，溃于蚁穴”。1% 的错误会带来 100% 的失败。因此，对渴望成就人生的人来说，做好每一件细小的事情都是至关重要的。因为很多时候，成功或者失败，就看你够不够细心。一家企业也好，一个人也罢，因为一个细小的环节出了差错，就可能与成功失之交臂；而越是在细微之处着手，就越有可能使你与成功结伴同行。

抓住核心业务不放

那些称得上是职场精英的高手们，无一不是掌握公司核心技能的人，也大多在公司最重要的部门任职。如果杜拉拉当初坚持走销售这条路子，而不是行政，或许她会有更好的发展前途。

在竞争激烈的现代职场上，不光是求职的人在担心自己的将来，就连已经在职的人也担心自己在公司里被逐渐边缘化，进而丢了饭碗。

从杜拉拉的故事中，我们同时了解到，要想彻底消除这种担忧，上班族就一定要紧紧抓住公司里的核心业务这条主线发展自己，最起码要保证自己不和核心业务这条主线相脱节。唯有如此，才能避免被淘汰出局的命运，也才能保住自己在职场中的竞争优势。

每个企业的核心业务部门虽然不尽相同，但它们无一例外是公司最重要的部门，关系着整个公司的兴衰和存亡。而在这些关键部门任职的员工，升职加薪的几率更大，个人发展的空间也更加广阔。

王熙凤刚嫁入贾府时，也只是贾府众多孙媳妇中的一个。后来，她之所以能够脱颖而出，得到大老板贾母的器重，是因为她深谙“紧挨着核心业务这棵大树来发展，才不会被边缘化甚至扫地出门”的道理。毋庸置疑，贾府的核心业务部门当然是财政部门了。因为贾府这个庞大机构的运转一时一刻也离不了银两，而掌管银两开支的人必然会得到器重。明白了这一点，王熙凤就开始行动了。

王熙凤凭借她精明的处世方式，首先赢得了大家的喜爱和支持；她又看准时机，适当展露自己管理财务的才能，获得了贾母的信任和赏识，从而一步步地掌握了贾府的财政大权。

升职细节

如果你能够进入企业中的这个核心部门，或者依附这个核心业务线来发展，那么就会最大限度地避免被边缘化，相反还会成为公司里不可或缺的关键性人才。

遇困难，多找办法，别找借口

《周易》中写道：“天行健，君子以自强不息。”就是说，天道运行强健不息，君子也应该积极奋发向上，永不停息才对。人在面对挫折、打击、磨难时，应该沉着应对，不能被这些困难所压倒。一个真正想成就一番事业的人，不会为一时的成败所困扰。很多时候，打倒你的不是挫折，而是你面对挫折时所持的态度。

人的一生中，不可能什么事情都是一帆风顺的，总会遇到各种各样、大大小小的困难和挫折。在社会经济日新月异、市场竞争几近惨烈的现代社会中，谁要想轻轻松松、毫无压力地把工作做好，成为行业中的佼佼者，那无异于痴人说梦。

假如你是一个企业的老板，你心目中的最佳员工是什么样？是在遇到困难时只想往后躲、推诿责任的员工，还是那些将公司的事当做自己的事、积极想办法解决困难的员工？

一项对美国多个大公司CEO的调查表明，CEO们最欣赏的，就是那些主动要求做某项新工作、接受新挑战的员工。无论能否做好，至少这些员工比那些只会被动接受工作的员工更令人欣赏，因为他们有勇气、有信心，而且会从尝试中学习到更多的经验，增长更多的才干。承担的工作越富有挑战性，工作就越有效率。承担艰巨的任务是锻炼自己能力难得的机会，长此以往，你的能力和经验会迅速提升。在完成这些艰巨任务的过程中，你可能会感到一些痛苦，但痛苦却会让你变得更加成熟。

郭良刚到深圳一家机械装备公司做业务员，因为还在试用期，所以，还没有机会承揽多少业务。总经理从某些渠道得知，西部地区某小城需要他们公司的机械设备产品，就有意选派人员前往。大家都知道这项任务绝非美差，当地的生活条件艰苦不说，工作上还很难出成绩，于是，大家纷纷找理由推诿，有的说自己手上的案子要跟进，有的说家里有事不能离开。郭良向来有不服输的性格，就主动揽下了这项艰巨的任务。

到了那儿，郭良才发现，当地的情况比想象中的还要糟糕，在小城出差的日子并不如意，真令人有度日如年的感觉。更让郭良灰心的是，在该城联系的几家工厂，都没有采购他们的产品，虽然郭良尽了最大的努力，但只有一家签了初步合作的协议。

回到单位后，因为郭良敢于接受高难度的工作任务，不推三阻四，老总并没有责怪他。恰恰相反，还对郭良的工作给予了肯定，认为他有进取心，责任能力强，敢于接受挑战。试用期一过，郭良就顺利地转为正式员工。这以后，郭良工作上更加积极，公司也对他青睐有加。很快，郭良就能独当一面，被公司任命为一家分公司的经理。

不要拿“我没干过”之类的话当做借口，工作本身就是一个学习过程。不怕干不了，就怕不去干。不敢去尝试的员工，永远也开创不了新天地，只能在自己的狭小世界中徘徊。那些喜欢找借口的员工，往往将自己的失败归咎于工作的困难和对手的强大。在遇到困难和挫折的时候，不是积极地去想办法克服，而是找各种各样的借口为自己的懒惰和灰心找理由。

不要难字当头，喋喋不休，让人见到你就觉得“又来了一个问题”。除了自己，没有任何人可以使你沮丧消沉。战胜不了自己的消极心态，就等于剥夺了个人成功的机会，最终使自己一事无成。要知道，勇于向“不可能完成”的工作挑战，才是你获得成功的基础。

在企业发展的过程中，总会不可避免地遭遇到各种问题的困扰，企业迫切需要的是那种能及时解决问题的人才。企业聘用一个人，给他一个职位，给他与这个职位相应的权力，目的是为了让他完成与这个职位相对应的工作，而不是让他在这个职位上“休养生息”。

1998年4月，海尔集团在全公司范围内掀起了向洗衣机本部住宅设施事业部卫浴分厂厂长魏小娥学习的活动，学习她“认真解决每一个问题的精神”。

1997年8月，为了发展海尔整体卫浴设施的生产，魏小娥被派往日本，学习世界上最先进的整体卫生间生产技术。在学习期间，魏小娥注意到，日本产品的合格率为98%。

“为什么不把合格率提高到100%？”魏小娥问日本的技术人员。“100%？你觉得可能吗?”日本人反问。

作为一个海尔人，魏小娥的标准是100%，即“要么不干，要干就要争第一”。她拼命地利用每一分每一秒的时间学习，3个月后，她带着先进的技术知识和赶超日本人的信念回到了海尔。

时隔半年，日本模具专家宫川先生来华访问，见到了“徒弟”魏小娥，此时她已是卫浴分厂的厂长。面对着一尘不染的生产现场、操作熟练的员工和100%合格的产品，他惊呆了，反过来向徒弟请教问题。

“有几个问题曾使我绞尽脑汁地想办法解决，但最终没有成功。日本卫浴产品的现场脏乱不堪，我们一直想做得更好一些，但难度太大了。你们是怎样做到现场清洁的？100%的合格率是我们连想都不敢想的，对我们来说，2%的废品率、5%的不良品率是天经地义，你们又是怎样提高产品合格率的呢?”

“用心。”魏小娥简单的回答又让宫川先生大吃一惊。用心，看似简单，其实不简单。

从日本学习回国后，魏小娥重点抓卫浴分厂的模具质量工作。无论是工作日还是节假日，魏小娥紧绷的质量之弦从未放松过。

一天，魏小娥很晚才下班回家，吃饭时她仍然在想着怎样解决“毛边”的问题。突然，她眼睛一亮：女儿正在用卷笔刀削铅笔，铅笔的粉末都落在一个小盒内。魏小娥豁然开朗，顾不上吃饭，在灯下画起了图纸。

第二天，一个专门收集毛边的“废料盒”诞生了，压出板材后清理下来的毛边直接落入盒内，避免了落在工作现场或原料上，也就有效地解决了板材的黑点问题。试模前一天，魏小娥在原料中发现了一根头发，这无疑是操作工在工作时无意间落入的。一根头发丝就是废品的“定时炸弹”，万一混进原料中就会出现废品。魏小娥马上给操作工统一制作了白衣、白帽，并要求大家统一剪短发。又一个可能出现2%废品的原因被消灭在萌芽之中。

2%的责任得到了100%的落实，2%的可能被一一杜绝。终于，100%，这个被日本人认为是“不可能”的产品合格率被魏小娥完成了。

善于寻找方法去解决工作中的问题和困难，是一个人决胜职场的根本，更是一个企业保持旺盛竞争力的保障。企业永远对那些主动寻找方法挑战困难的员工格外垂青，这样的人才是企业的“福音”。

工作中遇到林林总总的问题时，不要幻想逃避，更不要依赖他人，而要敢于面对和迎接。外界的挫折和困难无处不在，成功的机会与这些挫折和困难相随，你面临的最大问题既不是困难过于强大，也不是机会之神不眷顾，而是你自己的怯懦和退缩。

很多人都害怕工作中遇到问题，唯恐有问题影响工作进度和质量。其实，天下没有解决不了的问题，只是暂时还没有找到方法。现在的时代已经不是只要肯出力就能做好工作的时代了。公司聘用员工时看中的不是员工的双手，而是员工的大脑，是希望员工能积极主动地思考，运用其判断力为企业带来最大的收益。

当然，具体分工还有轻与重之分。有的人做的工作对于整个工作来说举足轻重，他们的收益比团队的其他人高一些，但他们的工作相对要复杂些、辛苦些。他们所承担的风险和获得的收益总是成正比的，需要付出的努力多、承担的风险大的工作自然就会有较高的回报。

升职细节

职场之中，很多人虽然颇有才学，具备种种获得老板赏识的能力，但是却有个致命的弱点：缺乏挑战的勇气，没有创意，只做固定的工作，不断模仿他人，不求自我创新、自我突破，并认为多做多错、少做少错，只愿做职场中谨小慎微的“安全专家”。对不时出现的那些异常困难的工作，不敢主动发起“进攻”。高难度的工作或许蕴藏着失败的可能，但是敢于挑战的精神是值得肯定的。公司领导决不会盲目批评和责备，而会清楚地看到你的努力。

努力增加晋升的几率

解决问题需要确定一种最好、最有效的方法。其实，晋升也是要解决的一个问题，也需要好的方法和途径，比如：选择一个合适的单位、合适的部门、合适的上司、合适的同事等等，都有利于实现自己的晋升愿望。

(1) 选择合适的单位。

正如员工个人一样，每家公司都有自己的“气质”。要是可能的话，尽量选公司文化和自己的个性比较相投者。

假如你是个不拘小节的人，在IBM或大银行做事，一定不能顺心，因为你必须穿得无懈可击，而且严守公司的规定。所以，最好找一家完全不规定员工装束的公司，像硅谷的电脑公司认为，规定员工的着装简直是在浪费时间。有些激进的公司甚至不反对他们的程序设计师穿着浴袍上班，他们唯一在意的是员工能否把工作做好。因此，现在有许多公司都拟定了弹性上下班时间，甚至工作地点也能随心所欲。他们只希望员工能如期完成工作，其他的一概自由。然而，还是有许多传统的公司执著于严谨的纪律规范，以及分明的等级制度。如果你想和高级主管商谈，一定得先打个电话安排时间，随意进出他的办公室是绝对不允许的。

只有选择了与你自己“气质”相似的单位，你才能较快地得到上司及同事的承认。但万一你进入了一家与你“气质”不同的单位，如果你仍存在晋升的奢望的话，出路只有一条：努力去适应这个公司。

（2）选择提拔机会较多的部门。

在单位部门的选择上，应当选择到那些提拔机会较多的部门工作。例如，过去生产部门提了不少的干部，因为在许多企业，生产曾一度是中心工作。后来，研发部门、人事部门出了不少优秀的干部，因为这两个部门选人的起点都很高，平庸之辈一般是进不来的。

（3）选择开明的上司。

对于同时走上工作岗位的大学生来说，他们的起点基本一样。但是几年之后，他们就在职务的晋升上拉开了距离。有的晋升快，有的晋升慢，有的没有得到晋升。晋升快的人在谈起他们的进步时，会把上司的帮助和提携放在首位。晋升慢的人，也往往对自己的上司流露出一种哀怨的情绪。所以，选准上司对获得晋升是十分重要的。

一般来说，上司是不能由自己选择的，但是，你可以创造条件去接近心目中认定的比较理想的上司，并疏远那些不理想的上司。选择上司时，不仅需要看上司的思想意识、他们对部下的关心程度及提携部下的能力等，还要看你自己的意愿和想法以及你的兴趣。有一些人在工作中追求的是职务的晋升，有的则是追求比较安定的环境，有的是追求比较高的经济收人，还有的是为了事业的充实，也有的是图名声。目的的不同，对上司的要求不同，选择上司的标准当然就不一样。比如说有一种是年轻有为者，才华学识都在平常人之上，在前程上被人普遍看好的上司。这些人积极上进，对集体荣誉看得很重。跟着这种上司干，除了受累，在个人利益方面可能什么也得不到。但是，一旦他们被提升，不仅会给你空出位置，而且还有利于你今后的进步。一方面，他日益增大的权力更有利于对你的提携；另一方面，他的积极奋进的斗志和由此带来的成功对你的晋升非常有利。

（4）选择善解人意同事。

在选择你的同事时，应该选择心地善良，水平比你稍低的人为好。心地善良的人不会加害于你，不会在你提升的关键时刻给你脚下使绊，让你栽跟头。水平低一些可以保持他们对你的尊敬和信服，显示你的高明之处。如果你选择的同事处处比你强，而且又具有强烈的晋升欲望和竞争性，那么，在他们没有得到提拔之前，你就得永远步其后尘。倘若你要越过他去，则是极其困难的。如果你们水平相当，而且谁也不想相让，最后的结果必然是两败俱伤。

升职细节

如果要保证自己设定的晋升计划能顺利实现的话，光靠低头拉车不知抬头看路不行，只有有所选择，才能保证有效突破；在职场选择中，公司、部门、上司、同事这四者太重要了，一旦选错了，对你的职场前途将产生致命的影响。

今天的事今天完成

在新世纪的今天，商业的节奏，正以令人眩目的速度快速运转着。为了生存，几乎所有的老板都变成了“急性子”，他们恨不得一分钟掰成两分钟用。在这钟情况下，你千万不要自作聪明，随意改变工作期限，把昨天就该完成的工作拖到今天，期望工作的完成期限按照你的计划而后延。你应该要谨记工作期限，尽可能让手中的工作消化在昨天。

某公司老板赴海外公干，在该老板起程的那天早晨，各部门主管前来送行。有人问其中一个部门主管：“你负责的文件打好了没有？”对方道：“今早四时，我熬不住睡觉去了。反正我负责的文件是用英文写的，老板看不懂英文，在飞机上不可能复读一遍。待他上飞机后，我回公司把文件打好，再以电讯传去就可以了。”

转眼之间，老板驾到。第一件事就问这位主管："你负责预备的这份文件和数据呢?"这位主管按他的想法回答了老板。老板闻言，脸色大变："怎么会这样！我已计划好利用在飞机上的时间，与同行的外籍顾问研究一下自己的报告和数据，别浪费坐飞机的时间呢！"

"把今天的工作完成在今天"的要求虽然有些苛刻，但你必须做到。要知道，让老板白花时间等你的工作结果，比浪费金钱更叫他心痛；因为那一分钟内能想到的业务计划，可能价值连城。在工作中，如果你一而再、再而三地让老板等待，你在他心中的地位就会越来越低。

然而，在工作中，我们常常看见有的人办事拖拉，总是想"等明天"，老板交代的事情他总是推三阻四，不到事到临头决不肯开始用心去做，这样的行为是很让老板反感的。

从许多方面来看，罗伯特·弟尔是个好的部门经理，特别是与他的雇员的关系相处的非常好，但人们发现他那拖拖拉拉的习惯常叫人感到愤怒。即使是一件非常小的事情，他也总是拖到明天。他的两个下属有时在他的办公室外埋怨说："他知道的那点事谁不知道，本来应该做决定了，可这家伙又让我们重新干一遍。"弟尔先生不是天生的优柔寡断，只是他养成了一种总喜欢把事情推到明天的习惯。特别是他遇到不高兴的事时，更是如此。他把这种坏习惯带到了办公室，办公效率自然不会高。

什么事情都拖，等待时机的到来，这是不对的，因为机不可失，失不再来。弟尔把报告、书信和文件都堆在桌子上，连他自己都不知道这些东西究竟在这里放了多长时间。他这种拖拖拉拉的习惯终于让他倒霉了，因为当他看到老板要他看的信件时，已经迟了好几天，结果这下算是在"太岁头上动土"，被新任的总裁给解雇了。

一个人一旦养成了拖拉的习惯，就会对他的职业生涯负面影响很大。没有哪个上司喜欢工作拖拉的下属，如果他分配某个任务给你，却一等几天都没结果，他对你的看法就可想而知了，如果由于你的拖拉而耽误了他的事情，打乱了他的工作计划，那你就更遭殃了，可能直接影响到你在公司日后的发展前途。另外，一旦养成了拖拉的工作习惯，虽然第一天比较舒服，等着第二天来完成，而第二天又有许多新任务，于是又把更多的任务推向后天……就像滚雪球一样，越滚越大，直压得你喘不过气来。以后就开始染上了工作恐惧证，每天愁眉苦脸，压力重重，上班就像下地狱一样，说到这，有一个笑话与此很类似：

有一个女人特别懒，每天起来都不肯梳头，三年过去了，头发又脏又长，像个鸡窝似的。一个好心人实在看不过去，就跟她说愿意帮她梳头发。有人帮忙，懒女人当然乐意了，于是坐在镜子前，等待着对方的梳理。由于懒女人的长头发粘在了一起，所以一梳子梳下去，让懒女人痛得直咬牙，抱怨说："幸亏以前没梳头发，要不每天都得痛死!"

笑话固然好笑，但在职场中，却又有许多人不经意地成了那位"懒女人"，他们喜欢把工作一拖再拖，等任务堆积如山的时候，就会每天都众事缠身，苦不堪言。如果你把当天的事当天完成，那么留给明天的，只有一些新任务，而无需老债新债一起算了。每天把当天的事当天处理掉，不但能从工作中获得一种喜悦，而且无事一身轻，不必整天挂念着心中的一堆事；晚上下班回家后，也大可放纵地度过，不必为明天的工作操劳。等好好休息了一晚后，以全新的精神面貌去处理明天的新任务，自然就得心应手，游刃有余，也能让你的老板看到你干练的一面。

升职细节

许多人在惰性的主导下，做事拖拖拉拉，今天推明天，明天推后天，最后不了了之，最后让工作堆积如山，把自己压得喘不过气来，而且还会耽误许多要事，成为老板的重点责骂对象。工作的最佳完成期是今天，今天的事今天完成，才会"日清日高"……

细化目标，实现远大抱负

过高的目标会让人望而却步，但明确的小目标却可以轻松实现，将总目标分解成若干个小目标，那么就会取得最终的胜利。试想，如果你把目标定在终点线上的那面旗帜上，四十多公里的赛程，估计你跑到十几公里时就疲惫不堪了，因为会被前面那段遥远的路程给吓倒了。

在职场中，职业目标是人们对未来的远景展现，有了它，人们才能拥有足够的工作动力。如果目标设定得太远大，太令人难以触碰，那么任何人都难免会因此而急躁不安，有的人甚至会心灰意冷，怀疑自己的能力，认为自己可能根本就没有能力实现目标。

《杜拉拉升职记》的主人公杜拉拉和大多数人的区别就在于，大多数人目标定得很高，但完成得很差；而杜拉拉不但目标定得很高，完成得也非常出色。为什么她能够做到？

其实，这一切都在于她懂得将自己的目标进行分解。

首先她将自己的总目标分成若干个小目标，然后再一步步地逐个实现。比如，当她面对一件棘手的事情时，首先看到的不是最终的结果，而是把能够达到这个结果的几个关键点找出来，然后一个一个地搞定它们。搞定一个，就离最终结果近了一步，从而也增加一些成就感和自信心，并且白己也不会感到很累。

因此，有了远大的目标，还要懂得把目标细化分割，逐步实现，只有这样，人们的信心才会在不断地实现一个个的小目标中得到鼓舞，人们才不会因为为了目标奋斗了太久得不到回报而气馁和消沉。因此，每一个身在职场的人，想要实现一番大的成就没有错，但是在明确了自己的终极目标之后，还要有循序渐进地实现目标的耐心和定力，太过急功近利，结果只会一事无成。

生活中，很多人有远大的目标，但不知怎样去实现它，结果忙碌一生却一事无成；还有一些人，他们却懂得将目标一点点分解，虽然每次实现的只是总目标的一部分，但一次又一次的积累，最终获取了圆满的成功。

歌德曾经说过："向着某一天终于要到达的那个终极目标迈步还不够，还要把每一步骤看成目标，使它作为步骤而起作用。"可见，人不仅要有目标，还要善于将目标分解。容易实现的目标可以产生更大的动力，更能激起人们实现它的信心和决心。

总之，人生的目标可以设定的高远一些，但最重要的是，要将这个大目标分解成一个个可以实现的小目标。那么，你就很容易实现最终的目标，获得巨大的成功。

升职细节

人一旦有了明确的目标，就能将自己的行为与目标不断地加以对照，进而清楚地知道自己的行进进度和与目标之间的距离，人们行动的动机就会得到加强，就会自觉地克服困难，努力地实现每一个目标，最终达到目标。

第九章

把工作做到最好，让细节执行到完美

有时单位中不一定有很多事非得等到领导要求你去做，而是自己主动去做。只要认定那是你要做的事，就应立刻采取行动。事实上，每位老板心中都对员工有强烈的期望，那就是：不要只做我告诉你的事，运用你的判断力，为公司的利益，去做需要做的事。这一点每个员工都应该知道。不过，很少有老板清楚明白地说明过。

多做职责“分外”的事

职场中没有“分外”的工作，要想登上成功之梯，你必须永远保持主动率先的精神，这种额外的工作可以使你对本行业拥有一种宽广的眼界，与此同时获得更多的机会。要知道，超过别人所期望你做的，更容易如愿以偿。所有事业成功的人和工作平庸的人之间最本质的差别在于，成功者将工作当作一种储备，多多益善，而工作平庸的人则死守职责，对职责外的工作置若罔闻。

人与人之间只有很小的差异，但是这种很小的差异却造成了巨大的差异！很小的差异就是所具备的心态是积极的还是消极的，巨大的差异就是成功和失败。中国有位著名的企业家也说过：“除非你愿意在工作中超过一般人的平均水平，否则你便不具备在高层工作的能力。”

社会在进步，公司在扩展，个人的职责范围也会跟着扩大。不要总拿“这不是我职任内的工作”为由来推脱责任，当额外的工作分摊到你头上时，这也可能是一种机遇。

卡洛·道尼斯刚开始在世界著名汽车制造商杜兰特手下工作时，职务低微，但很快他就被杜兰特先生当作左膀右臂，担任其下属一家公司的总经理。他之所以能升迁如此迅速，原因就是他多做了一点职责外的事。他说：“刚为杜兰特先生工作时，我就注意到，每天所有的人下班后，都回家了，杜兰特先生每天会留在办公室里继续工作到很晚。为此，我决定下班后也留在公司里。是的，确实没有人要求我这样做，但我觉得自己应该留下来，在杜兰特先生需要时为他提供一些帮助。

“工作时杜兰特先生常会找文件、打印材料，以前这些事都是他自己亲自来做。很快，他就发现我时刻在等待他的吩咐，久而久之逐渐养成召唤我的习惯。”

在当今的商业社会，传统的对待职业的态度，已经越来越不适应了，只做到恪守职责已远远不够。那些事事待命而行、满足于完成交付给自己的任务的员工，将会在工作竞争中越来越力不从心。只有那些像卡洛. 道尼斯这样积极、主动，全身心投入工作中的员工，才是雇主、企业真正需要的人。

无论你的想法是什么，目标有多么远大，要实现它，你必须干得比其他人更多。不要像机器一样只做分配给自己的工作。一些看起来似乎是很平凡的事，你默默的多做一些，多承担些责任，多为公司和老板分担一些，公司和老板自然会给你更多的发展机会。

比尔是一家银行的普通员工，他的工作还算过得去，不出大错，没有顾客投诉；也不偷懒，但他从不多干一点点活。他的同事觉得他还不错：能完成工作，与大家和睦相处。但是每当有额外的需要时，他从不自告奋勇；而且单位有了什么额外的工作时，他就理直气壮地讨价还价，要不就是要求加班费或提高报酬。他也不像其他出纳一样，为缩短顾客排队时间或实施新的顾客奖励而献计献策。他总是认为："我只是个小小的银行出纳，我为什么要做那么多？我只要做好自己的事就可以了。"

在他看来，工作等同于赚钱，如果工作量已超出分内，就得另外收费，因为他认为自己与老板之间仅止于契约关系，即我出卖劳力、脑力，你付钱，是没有其他内涵的。因此，直到退休，他仍然是一名普通的银行员工，拿着和当年一样的薪水。

社会在发展，公司在成长，个人的职责范围也在随之扩大。不要总以这不是我分内的工作为由来逃避责任，推卸责任。当额外的工作降临到自己头上时，我们也不妨视为一种机遇。因此，抱怨分外的工作，不是有气度和有职业精神的表现。一个勇于负重，任劳任怨，被老板器重的员工，不仅体现在认真做好本职工作上，也体现为愿意接受额外的工作，能够主动为上司分忧解难。因为额外工作对公司来说往往是紧急而重要的，尽心尽力地完成它是敬业精神的良好体现。

如果你想成功，除了努力做好本职工作以外，你还要经常去做一些分外的事。因为只有这样，你才能时刻保持斗志，才能在工作中不断地锻炼、充实自己，才能引起别人的注意。假如有别的同事，把一些本来不应归你负责的工作交给你，或者你的上司在你已经忙得不可开交之时又吩咐你做另一件事，要尽量开心地接受，从而引起老板的注意。

在实际工作中，我们应该多做一些分外的工作，说不定这些额外地付出就是你走向成功的开始。但遗憾的是，大部分人都觉得只要尽职尽责完成老板分配的任务就可以了，尤其是对于那些刚刚踏入社会的年轻人来说更是如此。

罗健是一家IT公司的销售部经理。一天，他到一家销售公司联系一款最新的打印设备的销售事宜，因为是一款定位为大众化的新品，并且厂家即将开展大规模的广告宣传，为争取更大的市场份额，对经销商的让利幅度也非常大。罗健决定在媒体大量宣传报道之前同一些信誉与关系都比较好的经销商敲定首批的订量。不巧的是，同他一直保持密切业务关系的那家公司的老板不在。当他提起即将推出的新品时，一位负责接待他的员工冷冷地说："老板不在！我们可做不了主！"

罗健继续把厂家准备如何做该款的宣传，需要经销商如何配合进行渠道开拓的设想向这位接待人员讲解，试图得到他的理解和回应，但是，令他失望的是，那个销售人员根本不听他的解释，只用非常简单的一句话搪塞："老板不在！"

罗健没有任何办法，只好悻悻地走了出来。他来到有业务联系的第二家公司。不巧的是. 这家公司的老板也不在。虽然很失望，罗健还是想试一试，看能否说服接待他的人。

接待他的是一位新来不久的女员工，不仅面容姣好，惹人怜爱，工作也特别有热情。当得知罗健是来自一家著名的IT公司的销售经理的时候，她立即表现出了一个公司员工应有的热情，马上倒了一杯水给罗健，还主动介绍了自己的情况。

罗健向她说明了来意，她以自己刚刚学到的营销知识，敏锐地感觉到这是一个不错的商机，无论如何也不能因为老板不在就让它白白溜走。她主动要求第二天就为他们公司送货，其他具体事宜等老板回来后再由老板定夺。

结果很清楚，第二家公司的员工在老板不在的时候，女员工的热情等于为公司谈成了一桩生意，这款产品在当地市场上只有它一家经营，不到一个月就销售了近3000台，为老板净赚了6万多元。而第一家公司的员工却因为老板不在，丧失了很好的商机。

罗健后来把这件事告诉了第二家公司的老板，老板当然非常高兴，对他招聘的这名新员工很是满意，不仅在公司全员大会上表扬了她，并且对她进行了奖励，鼓励她继续把公司的事情当成自己的事情做。

对于第一家公司那个员工的行为，罗健没有告诉他们的老板，怕他因此惩罚甚至开除那个员工，虽然这并不关员工的事，老板既然没有授权，员工当然可以不管，但是公司的业务不能因为老板不在而搁置下来。

当然，如果追查起来，责任不在员工，员工完全可以借老板不在推脱一切责任。但是，一个优秀的员工永远不会缺乏主动工作的精神，他永远都会保持自动自发的精神，他们懂得为自己负责，更懂得要为老板负责，为公司负责。

如果你是一名货运管理员，也许可以在发货清单上发现一个与自己的职责无关的未被发现的错误；如果你是一个过磅员，也许可以质疑并纠正磅秤的刻度错误，以免公司遭受损失；如果你是一名邮差，除了保证信件能及时准确到达，也许可以做一些超出职责范围的事情……这些工作也许是专业技术人员的职责，但是如果你做了，就等于播下了成功的种子。

在我们周围有很多人只做自己分内的工作，并将分内分外用明确的界线划得很清楚，或多做一点就要图报酬，殊不知这对自己工作能力的提高是一个很大的障碍，久而久之上司就会对你失去好感。

著名的房地产经纪人戴约瑟最初是因为自愿替一个同事做一笔生意，于是便升为一个售货员。事情是这样的：

14 岁的时候，戴约瑟觉得要做一个售货员是一件不可能的事，而这是他极想做的事。有一天下午，芝加哥来了一个大主顾。这天正是 7 月 3 日，这位主顾必须于 7 月 5 日动身前往欧洲，但他在动身之前需要订一批货。这要等到第二天才能办好，但第二天正是国庆日，当然是放假的日子，不过店家答应第二天有一个店员来照料。

普通订货的手续是主顾先把各色货样看过，然后选定他所想要的货，售货员再把所订的一卷一卷的货单拿出来检查一遍。但是这次却叫一个年轻的店员牺牲假日来取货，该青年却推托说他的父亲非常爱国，绝不肯叫他把国庆日这样卖掉了。这当然是一种推托之词，他真正的原因是想看球赛。

“我告诉那个店员说我愿意代替他做，结果我升职了。到 17 岁的时候，我便是一个售货员了。”

如果你的某位同事性情懒惰，你便可以利用这种可以多做事的机会，这可以产生一种意想不到的结果。千万不要一心想比别人还要懒些，或是向他埋怨，像这样便会让你的机会跑掉。有许多成功的人都是因为除派定的工作之外还做许多别的事，并因此得到不少经验；他们做同事的工作，不要报酬，所花的时间在办公之外，又常常是别人或上级职员不知道的。

大概在 40 多年前，在底特律一个春天的傍晚，有一个青年进入底特律与克利夫兰轮船公司的行李房里，向一个爱尔兰人自告奋勇提供帮忙，以至于弄得那个爱尔兰人莫名其妙。那爱尔兰人说道：“你说你要帮助我，但是不要钱？”

此时那个青年已经把衣服脱下来，好像老手的样子，丢在箱子旁边。他笑着答说："我是新来的导游，我是来看看这条航线的行李是怎样处理的。"

"但是，伙计！"那个爱尔兰人更觉得惊讶地说，"现在已过了六点，你休息的时候应是五点半，而公司方面在上班以外的时间是不会给你钱的，无论你把手弄得怎样脏。"

"噢！那不要紧。"那个青年说，"现在的事是出在我自己身上的。我现在是想除了与乘客接洽之外，再学一点儿别的东西，而你这里就是一处开始学习的好地方。"

"那么，如果你一定要帮助我，你就来帮我吧！"那爱尔兰人最后说，"不过我觉得恐怕你是太寂寞了。像这样好的春天的晚上，大多数的年轻人是想出去玩玩的。"

但是他并不寂寞。这就是他如何得到教育，最后使他升为底特律与克利夫兰航业公司的总经理的原因。

很多时候，分外的工作对于员工来说是一种考验，能够把它做好，也是能力的体现。大多数情况下，即使你没有被正式告知要对某事负责，你也应该努力做好它，即使你把事情搞砸了，只要你敢于承担责任，那么你就是一个优秀的人，职位和报酬也会接踵而至。

但是要注意，这样做额外的工作，必须是以一种热忱而有趣的精神去做，而后才有成效的。成功的人并不是希望获得称赞，而是因工作本身有趣才这么做的。对待工作的态度比工作本身还重要些。希望你要多做些，但是要带着笑脸去做。

升职细节

付出多少，得到多少。也许你的投入无法立刻得到相应的回报，但不要气馁，只要你坚持付出，回报可能会在不经意间以出人意料的方式出现——晋升或者加薪。

主动找事做，而非等事做 

当今的商业社会与以往大不相同，雇主与雇员、企业与职工的关系也发生了变化。老板不是只需要会干活的机器，员工也不是只需要能挣钱就行的岗位。激烈的竞争、紧张的节奏、众多的变数，都要求员工不能坐以待毙，要主动给自己找事做。

一家大公司的老板的体会是这样的，他说：“我们这一行最迫切需要的，就是想办法增加‘能想又能做的人’。我们的生产与行销体系中，没有一件事是不能改进的，也就是说都可以做得更好。我可没有说目前大家做得不好，大家确实很努力。然而像所有发展的大公司一样，我们也很需要新产品、新市场以及新的办事程序，这就要靠积极主动又能干的人来推进。”

永远主动找事做，而非等事做。这是衡量一个员工主动性的唯一尺码，也是一个想要成事的员工必备的素质。作为一名有思想有抱负的职场人士，许多时候，由于经验的缺乏和知识储备的欠缺，很容易被工作中的困难绊住手脚，这就需要平日里主动去学习去充电。或许你现在所学习的东西尚无用武之地，但是有朝一日它会助你一臂之力。

苏勇是某公司市场部经理，在开拓市场方面他一直有自己独特的方式，公司的新产品因为他销售战术的独树一帜而逐一打入市场。有一次，策划部小于开玩笑说：“苏经理，你要再这么能干，干脆把我们策划部也归到你旗下得了！”大家哈哈一笑了事。说者无心，听者有意。苏勇倒不是要大包大揽，而是想到市场跟策划本身就不可分割，开拓市场本身也是公关策划活动，自己要是在策划这方面稍微留心，也许能在市场开拓中大有裨益呢。说干就干，他从图书馆借来相关书籍，一边看一边在现实工作中应用并寻求验证。理论与实践的结合让他更快地熟悉了这一行，而这一切他做得不动声色。

在一次新产品上市研讨会上，策划部经理和大多数人的意见相左，老板也觉得他有些偏激，没想到他竟然一气之下辞职走人。大家被晾在会议室里面面相觑，老板也很生气。可是产品上市迫在眉睫，到哪里去现抓一个策划部经理呢？这时，苏勇站起来走到演示板前说："或许，我可以试试。可能我的创意不是特别好，仅供大家参考吧！"包括老板在内的所有人都愣了，你一个市场部经理怎么能这样不负责任呢？但情急之下也只能病急乱投医了，最后老板让他说说自己的想法。苏勇拿着笔在演示板上把自己的想法和盘托出，很快同事们就被吸引了进去，等他一句"我的意思基本就是这样"之后，大家才从演示板上回到现实中来并齐声称好。事实证明，他的创意不但得到了公司的认可，更为产品的销路打开了通道。产品发布会之后，苏勇被提升为市场策划总监。同事们都以为他是"创意偶得知"，只有他自己知道这是早有准备的结果。

这就是主动做事的员工的结果。苏勇的职场经历告诉我们，机遇只给有准备的人。不要等到机会来了才大呼"如果……"，如果每个人都可以假想成立的话，那还有谁不成功呢？像苏勇这种自我充电就是为自己的事业铺路。

现代社会竞争激烈，无论是企业还是个人都必须在激烈的环境中求生存。工作守则已经发生了改变：不仅要做听话的好员工，更要做善于动脑筋、敢于创新，能够积极主动地站在企业立场上做事情的好员工。因此，企业要求员工能够主动提高自己，能够更多地注意工作中的细节，能把自己的能量极大地发挥出来。换句话说，也就是要更多地为公司着想。一旦我们明白了这个道理，往日枯燥乏味的工作立刻变得生动有趣起来。我们越是专注自己的工作，我们学到的东西就越多，我们的工作就完成得越出色。

成功者做事不需要任何人来督导，失败者则只做老板吩咐的不得不做的事。与上面的例子相反的是，有的人只认准了自己的所学专业，认为自己专业范围内的事才是自己的发挥领域，对于其他未知的知识不闻不问。一个清华大学毕业的高材生，受聘于某传媒广告公司后，第一天报到时他就对经理一再强调自己的专业学得如何好，而且立志于在本专业要有所建树，还希望经理要重视他的专业和专长。令他没想到的是，经理先让他到企划部实践学习，然后根据公司的具体情况进行调整。这位年轻人认为企划不是自己的本行，而且也不是自己想要做的工作，无法充分发挥自己的专长，于是在企划部每天混水摸鱼，没过两个月就被炒鱿鱼了。也许公司经理只是想借机观察他的学习能力，发掘他的内在潜质，可他只强调自己的专业，轻视了别的工作，从而失去了展示才华的舞台，这是人学生的悲哀。

还有一种我们常见的人就是：俯首甘为孺子牛型的员工。他们对公司的忠诚和任劳任怨无可厚非，但一个不争的事实是他们的价值是十分有限的，他们已经失去了主动性和创造性，对于一些新鲜的事物唯恐避之不及。在关键时刻，更不能出来独当一面，力挽狂澜，拯救公司于水火之中就更不用提了。他们凭借着自己的老资格在办公室里倚老卖老，最本能的反应就是随时听候老板的命令，老板让他往东他绝不往西，甚至不考虑对错，这种行为显然是盲目的。而这种“寄生虫”式的员工早已不能适应现代企业的要求，因为不能为企业创造价值和带来更大的利润，他们也将是被最先淘汰掉的。

从雇佣关系方面讲，现在已经没有铁饭碗了，更不要指望进了某个单位就等于单位要对你负责到底了。当然，现代员工也没有人会一辈子选择一个公司。那些事事等着别人催促，只限于完成任务的员工，将会越来越力不从心；那些能自己管理、领导自己的员工，才是雇主、企业到处寻找的人。

一个想要成功的员工，他需要机会学习、增加知识、培养技能。他们的危机意识很强，他深知提高个人适应市场的能力和自身的价值，才是工作的最佳保障。而工作中一个很好的学习途径就是主动做事，从做事中发现自己的不足从而提高自己。如果他能够运用个人的最佳判断和努力主动出击，同时他的创造力得到了公司的尊重和市场的承认，那他由此得到的锻炼和提升也是他一生能够不断适应市场变化的宝贵财富。

升职细节

作为一名好员工应该永远主动找事做，而非等事做，应该以饱满的激情、富有创造性的探索、高度的敬业精神全身心地投入到工作中。饱满向上的激情会时刻鞭策着你向着目标而努力，而富有创造性的探索则指导着你始终运用最佳的判断和努力，把需要做的事做好。这是一种工作态度，也是一种事业追求，只有拥有强烈的事业心和责任心的人，才能充分发挥个人的主观能动性，去积极追求、积极探索，从而超越自我、实现自我。

做事不做表面，一定要做透

联想集团的董事长柳传志说：“做一件事情不能仅把表面做完了，还要做透。就像种果树，把树种了，摘了俩果子就走了，还有满树的果子。一定要把树上的果子全摇下来——把应该得到的东西全得来。”

俄国作家列夫·托尔斯泰说过：“如果你要做某件事，那就把它做好，如果你不会或不愿做它，那最好不要去做。”

有一天，台湾著名作家刘墉和女儿一起浇花。女儿很快就浇完了，准备出去玩，刘墉叫住了她，问：“你看爸爸浇的花和你浇的有什么不一样？”

女儿看了看，觉得没有什么不一样。

于是，刘墉将女儿浇的花和自己浇的花都连根拔了起来。女儿一看，原来，爸爸浇的水都浸透到了根部，而自己浇的水只是将表面的土淋湿了。

刘墉语重心长地教育女儿，做事不能做表面功夫，一定要做彻底，做到“根”上。

刘墉交给女儿一个浇花的任务，但是他女儿没有做彻底。做事情要保证成效，一切以“做成事”为最终目的。一名员工如果懂得了这一点，就会积极想办法，既看过程又看结果——不仅要把事“做”了，还要把事“做成”。

“做事”到“做成事”之间还有很大的差距。做事并不难，人人都在做，天天都在做，我们一天忙到晚，但真正做成的事并不多，从“做事”到“做成事”，反映了一个人做事的态度和追求，多数人都有能够“做事”的态度，却少有“做成事”的不懈追求。

其实，做事情和浇花一样，如果只是随随便便地做事，不用心，不细致，不注重结果，敷衍了事，做了跟没做一样，那就等于在浪费时间。只做事，而没有做成事，这样的现象并不少见。

对于职场的人来讲，更需要的不是所谓的目标、前景、宏伟韬略，而是彻底的工作作风。因为在我们身边，总是有那些目标远大、前途一片光明的人最终走向失败。或许这些人习惯怨天尤人。其实这些人真正埋怨的人应该是自己。这些人应该检讨自己的工作是否做好，是否做得彻底。

没有彻底的工作作风，即使前面的工作做得再多，也有可能会走向失败。2003年美国哥伦比亚航天飞机在即将返回地面前十几分钟在美国得克萨斯州坠毁，航天飞机上7名宇航员全部遇难。调查委员会最终确定泡沫隔绝材料存在的缺陷是发生事故的主要原因。同时也调查清楚了，美国航天局没有对哥伦比亚号航天飞机容易受损的部位及时地进行检查和更换。

工作做得彻底是走向成功的必然之路。为什么西点军校的毕业生总是受到人们的尊重？不仅仅是因为学校的名气大，更是因为这所学校的人善于将工作做得彻底。

把工作做彻底，就是要向既定目标出发。彻底工作最直观的衡量标准就是是否达到预定目标，如果达到了，工作可能就做得彻底了。如果没有达到，工作做得一定不彻底。而要想达到彻底的工作状态，就必须全力以赴，坚持到底，不能只做表面功夫糊弄人。

把工作做彻底，就是注重细节制胜。彻底的工作应该是一个接近完美的状态。而想要接近这个完美的状态，就必须做好工作的细节，力求细节制胜。因为细节总是在关键的时候起到关键性的作用。工作中，我们在把握好方向的前提下，注重细节，把工作做彻底，才不会给工作留下遗憾。

升职细节

把工作做彻底，就是不要为自己找借口。人一旦有了借口，就会主动停下脚步，不再往前跨越一步。工作亦是如此，如果一旦给自己找到不彻底工作的借口，就无法要求自己彻底下去。因此要想把工作做彻底，最好的办法就是拒绝任何借口，一心一意去完成工作。

做小事要细心，做大事要小心

世界上的许多大公司，把对小事的认真态度作为考察员工的一个重要依据。而有卓越天赋的员工，常常做小事时就发挥了耀眼的光华，得到了伯乐的赏识，登上了更大舞台，从而开始了一段叱咤风云的职场路。

这样的故事比比皆是，我们放眼成功做成大事的卓越人物，都会发现他们有一个共同的特点——从基础性甚至被一般人认为卑微的工作起步，从而做出了不凡的成绩。

不管你觉得自己多有水平，要先把眼下的事情做好。这是一个细节制胜的时代，对于自己的工作无论大小，都要了解得非常透彻，数据应该非常准确，只有细心，细心，再细心，这样才能脚踏实地完成宏伟的目标。

重庆龙湖地产开发有限公司的董事长吴亚军与深圳万科集团的总裁王石是朋友。1995年，吴亚军开始组建龙湖地产，王石便派出自己的高管林少洲前去帮助吴亚军。

吴亚军热情地请林少洲去龙湖集团的样板房里参观。到了门口，一行人脱了鞋子，换上棉拖鞋，到室内参观。说实在的，那个时候的龙湖集团还没有走上规范化道路，作为房产设计专家的林少洲一眼就看出了样板房存在的诸多失误。林少洲看得细，指导也细。他甚至认为，把这样的房子作为样板房，龙湖没有希望了。可是，在离开的时候，一个细节彻底改变了林少洲的看法。原来，他们刚刚脱在门口的皮鞋，全被工作人员调了一个方向。

林少洲被这个细节感动得心里热乎乎的。他问吴亚军这是怎么一回事儿。吴亚军说："客人进来的时候，鞋子向里，客人走的时候，鞋子向外！这就是我们龙湖的理念，一切事情都要换位思考，都要站在客人的角度去想！"

林少洲听了，禁不住大吃一惊。他感叹说："你这个鞋子哲学不简单呀！就凭这个经营理念，你一定能够成功！"

龙湖南苑上市后，其售房宣传单上，不是王婆卖瓜，吹嘘自己的房子如何如何好，而是把龙湖南苑的设计缺陷以及两公里内的环境不足写出来，供业主参考。吴亚军的这一做法，立即引起了业内人士地嘲笑，说吴亚军是“生胚子”“不熟的瓜”，就连龙湖集团的高管也对吴亚军的营销策略产生异议。吴亚军解释说：“这就像我们待客的时候帮助客人调转鞋子的方向一样，要站在业主的角度思考问题。业主买房，最想知道的是什么？是房子的缺陷！至于房子的优点，你不说，人家也会看到的！”

吴亚军说服了自己的部下，龙湖南苑开始出售了。开始的时候，光顾的人很少，可是，不到两个月，看房的人突然多了起来。结果，房子还没有建好，就已经全部售完。

龙湖南苑投入使用后，有业主建议，说小区沿湖的栏杆隔断了小区的景观美，不利于人与水、人与景的融合。吴亚军听后，立即找专家论证，其正确性得到了专家的证实。吴亚军决定拆除这些造价不菲的栏杆，改建为台阶。有些董事提出异议，认为拆除太可惜。吴亚军说：“咱们是搞地产开发的，一定要用业主的眼光来看问题。对的，我们就坚持；错的，我们就改正！”在吴亚军的坚持下，这项改造工程最终得到了落实。

吴亚军的鞋子哲学不仅用于做生意，而且用于打造自己的团队。为了能够留住人才，她常常换位思考，努力伏下身子，与员工平起平坐。她不让员工喊她董事长或者吴总，而是让员工直呼她的名字，或者喊她吴姐。她的办公室很小，只有十余平方米，与其他管理层没有什么两样。公司上市后，她拿出了2. 35%的股份，无偿分给了自己的员工。这样，就大大拉近了自己与员工们的距离，增强了团队的凝聚力和战斗力。

年末岁尾，龙湖公司每年都要举行职工联欢会。会上，公司领导要抽出幸运员工，并向幸运员工赠送礼物。有一年，吴亚军从外地出差回来，就直接到了联欢会现场。到了抽奖的时候，才想起没有给员工准备礼物。吴亚军马上换位思考，想到幸运职工的尴尬和失望。她犹豫了一会儿，摘下自己脖子上的项链，送给那位被抽中的物业管理员。会场上，沉静了几秒钟后，响起了雷鸣般的掌声！

吴亚军的鞋子哲学使吴亚军在国内房地产界迅速崛起，并很快成为全国同行中的佼佼者。2010年，46岁的吴亚军以净资产39亿美元的身价荣登《福布斯》全球富豪榜，成为中国大陆新的女首富。吴亚军与往届的女首富不同的是：吴亚军没有继承任何遗产，完全是靠自己努力得来的。

不是每一个人都有机会一开始就做大事的，对于刚刚走上工作岗位的大学生，每天做的事情都看似平凡、琐碎。做报表，发传真，整理资料，似乎与想象中的工作相差甚远，与旧时的理想背道而驰。久而久之，倦怠丛生，感时伤怀，对于小事采取了拖沓的态度，不再认真，不再细心对待。但是小事做不好，何谈大事？

只有细心地做好每件小事，在小事中不断积累经验，培养踏实果断的工作作风，才能在做小事中提高自己的工作水平。在做小事当中就可以看出一个人的工作能力和作风。大事不是天上掉下来的，只有做好小事，在小事中不断积累，当做大事的机会出现时，方能有所准备，有的放矢。

新东方教育集团董事长俞敏洪说过这样一段话：“大事业往往也要从小事情一步步做起来。没有做小事打下的牢固的基础，大事业是难以一步登天的。创大业者往往都是从小事做起的。真正做大事的人，必须具备以下三个做事特点：一是愿意从小事做起，知道做小事是成大事的必经之路；二是胸中要有目标，知道把所做的小事积累起来最终的结果是什么；三是要有一种精神，能够为了将来的目标自始至终把小事做好。”

“动必三省，言必再思”，所言所行应权衡利弊，周密计划，切不可轻率盲动，草率行事，否则等待他的将是失败的命运。这就是做大事要小心的具体做法。做大事必须谨慎小心，谨慎小心绝不等于畏首畏尾，胆怯退缩。它是把言行构建在认真调查研究和周密思考基础上的。

行谨则能坚其志，言谨则能崇其德。《礼记》所说：愚蒙人是话都信；通达人步步谨慎。做大事应当深思熟虑，要知道，走错一步，永难补救，所以大胆还得小心。鸟三顾而后飞，人三思而后行。凡事三思而行，跑得太快是会滑倒的。

升职细节

适当的疑虑是智者的明灯，是防患于未然的良方。没有谨慎的态度，智慧再多也无济于事。事实上，除了谨慎小心，人没有其他保护自己的力量。生活中的教训告诉我们：在第一个钉子没有钉牢之前，不要钉第二个。在任何时候，我们不要不经考虑而贸然采取行动。出门办事我们也要追求三稳：身稳、手稳、口稳。切记：得意之事不可再做，便宜之处不可再住。德国有句谚语说得好：慎行者可以治理国家，而使国家新生或毁灭的是狂热者。交好运时要谦逊，倒霉时要谨慎。俗话说：谨慎能捕千秋蝉，小心驶得万年船。意思是说做事要小心谨慎，才能平安无事。

只要肯做事，会得到重用

做事情，我们不要有功利心。其实不要有功利心是现在的年轻人最缺乏的。

一个有功利心的人往往会很浮躁，浮躁的人往往等不起，如同挖井一般，这里挖挖，那里挖挖，最后到哪里也挖不出水。工作也是一样，好不容易工作了两年，因为等不了，就又换个地方，又要重新开始。一个人要做的事情是不断地积累积累再积累，积累够了，自然就有你兑现价值的那一天。我们要做的首先是沉住气，学会等待，其次是要抓住机会。有很多时候我们需要等待，需要耐得住寂寞，等待属于你的那一刻。

没有功利心，还表现在做事情上不急功近利，许多人看到领导在的时候，就拼命表现，领导不在的时候就偷懒。这种投机取巧的人可能会被领导一时看重，但是因为没有民意支持，所以很难为大家所接受。

现在很多领导，尤其是业务型的领导，他需要你给他的是建议，而太有功利心的人会导致在考虑问题的时候很短视，重视个人利益、短期利益，无法形成太长期的看法，最终也很难有所成就。

现在是一个讲效率的时代，没有一个单位能够在效率低下的状况下得到发展。所以，单位必然会让那些工作不努力的人下岗。无论你在什么性质的单位工作，你都不要抱着侥幸心理，认为大家都是这样，能混一天算一天。到头来，你还是难以逃脱被裁员的命运。

在职场中，经常听到这样的人抱怨说："才给两千元月薪，不值得我拿出一万元的才干去表现，等你给我一万元的时候，我自然会上心。"可是两千元的活你都干不好，又凭什么让人相信你有月薪一万元的实力呢？所谓人在做，天在看，你在两千元的岗位上的努力总会被欣赏你的领导看在眼里，只要人家有适合你的岗位空缺出来，都会首先来邀请你转岗。

能不能尽快挣到一万元，不在于资历熬到就水到渠成，而在于你在挣两千元的时候，有没有表现出值一万元的职业风范？因为等你靠磨洋工熬到目标的时候，挣到手的一万元可能已经不值当初的一万元了。

有两个IT工程师，同时进的公司，一个人觉得该公司给的待遇一般，才六千多元，不值得他加班加点地卖命，于是每天上班准点来，下班准点走，凡是公司内部的IT维护需求他就打官腔走流程，让人家网上先填表申报，系统认可后转到他这里再去给人家维修，不管人家的问题是不是紧急、会不会影响到公司业务，反正他就是公事公办，谁也找不出他毛病，却也没人说他好，于是他一口气做了十年的IT工程师，期间换过几家公司，薪酬虽然通货膨胀也过了万，却称不上实质性的飞跃，因为他的职务到现在还只是IT工程师，工作职能多少年都没有什么大变化，因为没有公司愿意为这样一个标准化的职位多花高于市场价一分钱。而另一个工程师就不一样，他会根据事情的轻重缓急来安排维护的顺序，凡是会对公司的业务产生影响的网络问题，他都会第一时间去维修，并且一边维修，一边让对方尽快申报走流程，维修的时候，还会顺便了解一下那个部门的业务和IT支持需求，在每周的IT支持报告里都会更新自己的内部服务方案。作为维修后跟踪，他还会申请定期参加各部门的例会，了解人家的业务动向，还时不时地在人家的会议上汇报自己近期的IT支持工作，每次IT部的工作反馈调查中，他都能得到最高的评分。后来客户服务部欣赏他的服务意识，邀请他转岗去做客服经理，实现了他第一次转型，增加了他的客户服务经验；后来因为他在那个岗位上的出色表现，又获得了转去公司大客户部做高级客户经理的机会，后来短短8年间，他就辗转做到了该公司事业部的总经理，薪酬现在应该是他那位IT工程师同事的六七倍了。

所以说，即使你现在只挣两千元，也要马上拿出一万元的范儿来，表现出让人侧目的职业态度，努力去了解挣一万元的人都需要具备哪些素质和能力，然后时刻参照他们的标准去要求自己，并在关键时刻勇于接受超出两千元职责的挑战，然后努力把事情做好。很快你会听到某个领导说，某某其实可以做更重要的事。

工作中，活干得比别人多，你觉得吃亏；钱拿得比别人少，你觉得吃亏；经常加班加点，你觉得吃亏……其实，没必要这样计较，吃亏不是灾难，不是失败，吃亏也是一种生活哲学。现在吃点儿小亏，为成功铺就道路，也许在未来的某个时刻，你的机运突然就来了。

能吃亏是做人的一种境界，是处事的一种睿智。

在工作中并不是多做事或多帮别人干点儿活就是吃亏。如果领导让你加加班、赶赶任务，别以为自己吃了大亏，反而应该感到庆幸，因为领导只叫了你，而没叫其他人，说明他信任你、赏识你。吃亏是一种奉献，你奉献得越多，得到的回报也就越多于加班，就是这样的一种吃亏。

其实有些时候不是等领导安排你做事，而是要自己找机会接触这些事情，在一个团队里，领导肯定会重用能力好的人来帮他做事，除非团队本来人手不够，才会叫你去锻炼一下。再者，你又不是领导的什么关系户，他凭什么要叫一个不怎么专业的人去做呢，如果你感觉到很惭愧，那么你就主动出击，不要等别人来叫你做什么。

升职细节

你要是能做到比别人多付出一分努力，就意味着比别人多积累一分资本，就比别人多一次成功的机会。

敢于向“不可能完成的工作”挑战

工作中不可能一帆风顺，都会遇到一定的困难。工作也不可能像休闲度假那样轻松愉快，它也有很多的艰辛。在通向成功之路的转折点，通常是由挫折和困难组成的。认识到这一点，我们就不必对困难产生畏惧心理，而应该把它看做对自己的考验和磨练。也许，你不一定能解决所有的困难，但在克服这些困难的过程中，自己在经验、心态、能力等方面会有所提升。对于年轻人来讲，特别是刚刚毕业的人，大都期望工作轻松一些，待遇能好一些，但实际上，辛苦的工作更能让你成长。

大李毕业后进入一家知名的广告公司，在实习阶段，工作强度大得超乎大李的想象。当时是夏季最酷热的时候，正好赶上公司举办的几次大型公关活动。那段日子里，大李天天晚上都要加班至十一二点，而且十几天连轴转。无论是体力还是脑力支出，都已经接近了人的极限，几乎达到了令人崩溃的边缘。

但是，通过这一段时间的锻炼，大李感到收获颇多。虽然留了不少汗，承担的责任更多了，但是自己的能力得到了施展，内心也更坚强了。

工作并不是越简单越好，那些难度大、富有挑战性的工作往往能让我们得到更多有益的东西。不敢向高难度的工作挑战，这是对自己潜能的画地为牢，只能使自己的潜能化为有限的成就。

某专业人力资源公司研究表明，新人在第一年中承担的工作越富有挑战性，他们的工作就越有效率、越有成绩，即使到了五、六年以后也是如此。对新人来讲，得到一份富有挑战性的、激动人心的工作，在工作的过程中，可以最大限度地发挥自己的专长，锻炼自己的能力，才能为以后稳定的收入奠定基础。

不要视艰巨的工作为洪水猛兽，更不能退避三舍，要明白，这是锻炼自己能力的难得机会。领导交给一个人的工作越来越多，他承担的责任就会越大，他的进步也就越来越快。这样，这个人才有能力去处理更加艰巨的工作。

当领导交给你一项颇具难度的任务时，你应该主动承担，而不能想着怎样寻找借口来推脱，甚至认为这是领导在故意为难自己。领导有时安排一些有难度、有挑战性的工作，自有一番深意，一方面是想看一下员工的能力如何，另一方面，也是想考察一下员工对工作的责任心。

当领导将最困难、最有挑战性的工作交付与你，这恰恰是他对你最大的信任。正因为领导看好你，所以才有这样的安排。如果你能领会到领导的这番良苦用心，就应该全力以赴，投入极大的热情，以优异的成绩回馈领导的信任，不辜负领导的期望，领导自然会对你格外看重。

当你完成了一件“不可能完成”的任务时，老板肯定会对你的工作能力留下深刻的印象。当你完成高难度的工作越来越多时，领导会分派给你更多富有挑战性的工作。如果你把任务完成很很好，那你的能力自然会赢得领导的认可，必然会在领导内心的天平上加重自己提升的砝码。

在解决问题的过程中，可能要承受比别人更多的压力，承担比别人更大的风险，要经受比别人更严酷的考验，甚至会令人感到痛苦不堪。但痛苦却能使你的能力和经验迅速得到提升，同时让你的心态变得更加成熟。当一个人身陷困境的命运关口，往往最能激发自己的潜能，迸发出全身的干劲，甚至做出连自己都吃惊的成就来，也使得自己的信心大大增强。

有时候，工作中一切都风平浪静，可以悠哉游哉了。半年过去，你却发现自己一无所获，毫无建树，其实，这对自己的成长并不是一件好事。如果只是做一些没有难度的工作，长此以往，虽然很轻松，但是却不能锻炼自己的能力。相反的，当你接受高难度的任务后，你才能把自己的才华都最大限度地挖掘出来，自己也能得到成长。

当你尽了自己最大的努力，可能做得不是很圆满，领导也不会怪罪于你，只会欣赏你这种敢于接受挑战的勇气。不论事情成败与否，你这种迎难而上的精神一定会得到大家的认同和钦佩。

如果别人告诉你，那是不可能做到的，这时，你一定要注意，也许这就是你脱颖而出的机会。松下幸之助说过："工作就是不断发现问题，最终解决问题的一个过程。晋升之门将永远为那些随时随地解决问题的人敞开着。"

人的一生做什么事，都不可能是一帆风顺的，都有酸甜苦辣。重要的是，经一事长一智。就是说，经历了一件事情后，要从中汲取教训，增强自己处理相似问题的能力，这样自己才能不断地进步。世上没有不劳而获的事业，没有谁可以不经受磨难就能轻而易举获得成功！因此，对于"成功人士"，我们可以这样重新定义："所谓成功人士，就是经常成功地跟自己过不去的人士。"

人生不如意事十之八九，如果事事太顺，将来肯定会摔大跟头的。只有经历了人生的磨难，才懂得去珍惜现有生活，才会明白世事，才会读懂人生。

升职细节

敢于向"不可能完成的工作"挑战的"职场勇士"和事事求安稳的"职场懦夫"，这两种人在职场的前景是截然不同的，甚至是天壤之别。有些人虽然具备一定的工作能力，但是，对工作却畏首畏尾，缺乏挑战困难的勇气和胆识。这样的人，终其一生，也只能甘于平庸。

主动补位，做公司需要的事

在企业中，职能的闲置或重叠，分工没有落实好，都会导致缺位、错位的现象。有时做一件事需要得到他人的协助，如果分工没有明确，别人可协助也可不协助，那么要做的这件事就很难做了。在工作中，如果有一名员工缺位，那么就很有可能带来等待、停滞等现象，这样就会在很大程度上降低工作效率。

在沃尔玛，不论是总裁还是经理，繁忙时所有人都是店员。美国人平时很忙，购物人数有限，而一到公休日、节假日，人们便涌进购物中心。这时，几乎所有的沃尔玛店面都感觉人手不够，这时，沃尔玛从运营总监、财务总监、人力资源经理及各部门主管、办公室秘书，都换下笔挺的西装，投入繁忙的商场之中，去做收银员、搬运工、上货员、迎宾员……

每个公司都会出现一些无人负责的事情，这时就需要员工有一种补位意识，多做一些事情。做的事情越多，你的地位越重要，掌握的个人资源和工作资源也就越多，情形对自己就越有利。

另外，要把握住工作中的机遇，我们不能被动等待上级指示任务，而应当积极思考，发现工作中的漏洞，想他人所未想，这样你才能随时应对可能发生的问题，为自己的成长赢得机遇。当今的市场竞争十分激烈，企业即使分工十分明确，也可能会有一些意料之外的情况发生，出现一些无人负责的工作。以什么样的态度对待这些工作，可以判断出员工的主人翁精神和责任感。有的员工认为这些事和自己的工作职责无关，即使是一件随手可以做好的小事也不屑为之。而有的员工则能够把这些事看做是锻炼自己的机会，主动去做，并且能够脚踏实地做好。最终，前者仍然平庸，后者却早已赢得成功的机会，成为公司领导的得力干将。

升职细节

其实，很多组织做事效率不高，很大程度上就是因为个别人的缺位造成的，一旦某个环节出现脱位，那么企业的效率自然就上不去。所以，企业要提高效率，降低生产成本，需要每一名员工的积极补位。只有在工作中具有积极补位的意识，才可以避免一些无谓的浪费，提高企业的效率，创造更多的利润。

你要比老板想的更多

“不要只做我告诉你的事，有些事情你可以自己做主。”这是公司领导对一名员工的“终极期望”，也是每一名员工需要时刻牢记并努力践行的一种动力。

一个人最可怕的是什么？是知识贫乏、没有特长吗？不是，是缺乏积极主动的心态。一个消极被动的人，工作对他来说只能算是一个养家糊口的工具，当不再为生计所迫时甚至会成为一种负担、一种逃避，他们当然也不可能做到工作本身所要求的那么多、那么好，因为他们不可能把自己全部的热情和智能投入到工作中去。他们就像一架机器一样，只能机械地执行着一些程序，主动、创造性地去工作从来不属于他们。

而那些成功者告诉我们，无论事情简单还是复杂，无论这个工作自己是否感兴趣，他们都会主动去寻求解决的办法，而不会选择逃避。这也是他们能够成功的原因之一。一个人只有对自己的工作尽心尽责，并主动完成任务，才能在事业上取得成就。主动，就是不用别人告诉你，你就能自觉出色地完成任务。主动要求承担更多的工作是一个优秀员工必备的素质，而主动也会给自己赢得更多的机会。

如果你有自己系鞋带的能力，你就有上天摘星星的机会！一个人对待生活、工作的态度的好坏是决定他能否做好事情的关键。对于老板来说，那些能够准确掌握自己的指令，并主动加上本身的智能和才干，把指令内容做得比预期还要好的人，才是他们真正要找的人。当然，这种人的主动只是体现在老板指令的基础之上的，多少带有被动的痕迹。在竞争激烈的现代职场，这样做已经显得不够了，更进一步的要求是，不等老板的交代，便主动去做自己的事情，并且还能出色地完成任务。这也是保住和巩固自己位置的好办法——永远保持主动率先的精神。

张燕是老总的秘书，都说“伴君如伴虎”，一点不假。老总高兴的时候夸两句，不高兴的时候挨骂也是必然的。所以作为老总身边的工作人员要时时刻刻注意将事情安排周密。拿一件小事来说，有一次张燕陪老总去谈客户，请示要不要把合同带上，老总说只是初次见面签合同还早着呢，带了也没用。张燕一想也对，但是离开办公室的最后一秒钟，她还是把事先准备好的合同和所有可能用到的资料装进了文件夹。席间，客户不停地问这问那，甚至提及了打款事宜，看苗头很有意愿。老总在心里一个劲儿后悔没带文件合同，这时张燕微笑着从包里取出文件资料让客户更明细地了解公司产品，客户看了很满意。张燕又不失时机追问一句：“阴总，如果您对我们公司的一切都还满意的话，今天我们就可以签订合同，这样您还可以享受我们最后一天的优惠价格，而且像您这样的客户我们一定也会让您享受周到的售后服务。”经过一番言语交涉，客户同意签合同，这时张燕从文件夹中把合同书拿出来端放在客户面前，客户大笔一挥签下了两份合同书。

事后，老总开玩笑地说：“小张啊，你可不是个听话的员工啊。不过你这种不听话应该作为案例在全公司提倡，哈哈哈……从下个月起，要财务部给你加三成薪水。”

老板喜欢具有主动率先精神的员工，欣赏有进取心的职员。这已经是一个不争的事实了。进取心是一种极为珍贵的美德，它促使一个人去做他应该做的事，而不是接到老板的吩咐后，以一种被动的状态，不得已才去做。具有强烈进取心的员工，总是积极主动地去做好本职工作。因此在他们的眼中，工作不再是苦差事，而是能够带给自己更多的乐趣，甚至会成为一种非常有趣的游戏。

没有人能保证自己的成功，只有自己；也没有人能阻挠自己的成功，只有自己。也就是说，我们需要对自己的工作负责。对我们自己的工作，我们应该树立一种主人翁意识，并学会用这种意识来指导自己的行动，更积极主动地负起责任来。简而言之，我们需要把注意力放在哪些工作是需要做的，而不是消极等待老板吩咐我们该做什么。那些只知机械完成工作的“应声虫”，老板又怎会把他置于晋升考虑的范围之内呢！

搜索一下，你就会发现每一位成功人士以及那些得到老板赏识的员工，都是那些主动、自发、认认真真、兢兢业业地做好本职工作的人。他们很早就明白，什么事情都要自己主动争取，而不是被动地等待。

企业的事就是自己的事

一个优秀员工必须具备以企业为家的心灵美德。从某种意义上讲，有主人翁的责任感，就是主动以不同的方式为企业做出贡献。因此，不做有损于企业利益的事，积极为公司创造更多利润，主动为公司寻找开源节流的渠道，这些都应该是自动自发的事，也是每个员工义不容辞的责任。

一个大学毕业生李明，来到深圳后，一直没有找到工作。当口袋里的钱所剩无几时，他只好来到一个建筑工地上找到包工头做体力劳动。老板说："我这里目前没有适合你的工作，如果愿意的话，倒可以在我的工地上干一段小工，每天给你30元钱。"为了度过这段艰难时期，李明同意了。

第二天，老板给他分配了任务，就是把木工钉模时落在地上的钉子捡起来。每天李明除吃饭的半个小时外，一刻也不歇，每天捡了不到1千克钉子。几天下来，李明暗暗算了一笔账，发现老板这样做十分不合算，根本达不到"节流"的目的。李明决定和老板谈一谈这个问题。

"老板，恕我直言，企业需要效益，表面看来，拾回落下的钉子是一件合情合理的事，但实质上它给您带来的只是负值。我老老实实捡了几天钉子，每天最多不超过1千克。这种钉子的市场价是每千克5元，这样算下来，我一天能制造20多元的价值，而您却给我30元的工资。这不仅对您是损失，对我也不公平。如果现在您算透了这笔账打算辞退我，请您直说。"

没想到，老板竟哈哈大笑起来，说："好小伙子，你过关了！我手头上正缺一名核算员，捡钉子这笔账其实我也会算，我知道你也都算出来了。我一直就等着你过来告诉我，如果一个月后你仍然不来找我，你就会被辞退。企业需要效益，更需要像你这样忠心耿耿、责任心强，一心为公司谋利益的人才，我希望你留下。”

当你因为忠诚，主动对企业和老板负责，老板就因此而对你承担一份义务，加倍地厚待你，正如一位成功者所说：“自身价值的创造和实现依赖于忠诚。”在所有老板的心目中，“谁能把企业的事当作自己的事，谁就是对企业忠心的，谁就是有责任感，并诚实可靠的。”本着这种认识，老板一旦发现你露出不忠诚的端倪，那么任凭你有惊世之才，他也不会信任你，更不会给你发展的空间。

对于企业来说，工作中事无巨细，每一件小事都应该认真对待。把每一件简单的事做好就是不简单，把每一件平凡的事做好就是不平凡！试想，一个连小事都不愿干、干不好的员工，一个对于企业损失熟视无睹的员工，怎么能担当起企业兴旺发达的重任呢。作为优秀的员工既要有胸怀远大的理想，又要认真地干好每一件小事。善于从一点一滴做起，从工作中的小事做起，处处发挥模范带头作用，真正做到“平时能看得出来，关键时能站出来”。

在我们的工作实践中，有许许多多小事，做好一件小事并不难，每一件小事都做好，其实并不容易。

有一次，某公司的客服人员贾永需要处理一个关于会议通知的电话记录，因此在接到一位客户电话时推说自己现在很忙，稍后再给对方回复电话，等他把手里的事情处理完了之后却不回客户的电话。后来客户对公司进行投诉，并投诉说客服人员有时将业务处的电话张冠李戴，对客户的咨询造成了很大的不便。这件事情使得客户很不满意，对公司的声誉造成了很坏的影响。

这些小事说明贾永的工作还没用心。由此可见，要做好每一件小事，还要经常磨砺自己，提高业务素质，培养良好的工作作风，做个老实的人、负责的人、乐于奉献的人。

周开应聘到一家培训机构，这家公司一直处于亏损状态，公司包括老总只有三个人。周开想，我既然来到了这个公司，就要为公司服务，只要大家努力，就一定可以使公司从困境中解脱出来。这种强烈的责任感、归属感使他主动找到老总，两人通过商量，觉得首先应该改变经营方向，因为一个培训机构的生命力在于其不断创新的企业需求。他们决定从原先单一的即兴演讲培训课题上增加几个企业迫切需求的课题。结果新课题推出后，很受企业欢迎，公司也很快扭转了亏损局面。现在已发展成了30多人的知名培训机构，而周开也成为了这30多人的领导。

付出总有回报，即使自己是一名普通的员工，也应该有主人翁意识，要知道大家同在一条船上，企业的生死存亡与每个人的利益息息相关。只有把企业的事当作自己的事来做，才能做到事必躬亲，兢兢业业，也才能对企业真正负起责任来。

升职细节

真正把企业的事当作自己的事来做的人，总是能自动自发地工作。哪怕那不属于他们的职责范围，他们都会把自己的想法付诸实施。

永远超越老板的期待

在你的心目中，企业占据着一种什么样的位置？老板在你心目中又是以何种形象存在的？有的人会说，这跟工作有什么关系？当然有关系，而且关系很大。如果你没能把企业当作家业来对待，那你不可能像保守自己的秘密一样来保守企业的秘密；你也不可能把企业的事情当作自己的事情来认真对待；你更不可能以企业为家，时时处处为企业着想。这些都是对企业的责任感。

那些责任感不强的泥瓦工和木匠，即使工作也只是砂石木料的杂乱堆积；那些责任感不强的医科学生不愿花更多的时间学好技术，他们一心只想着怎么样从病人身上弄到钱，结果是草菅人命；那些责任感不强的财务人员，由于自身点滴的疏忽，却给公司带来灾难性的损失……对工作，你有深深的责任感吗？你能成为企业需要的人吗？

在西方国家，有句谚语说：“你看见主动自觉的人了吗？他必定站在君王的身边。”的确，自觉的人才更容易得到赏识，走向成功。

老板不可能给每一个人安排具体的工作，他的精力要用在思考企业的战略上。他的战略一旦确定下来，他的经理们就应该主动制定工作规划，将战略落到实处。而基层员工则应该根据工作规划，主动制订详细的实施方案，将战略进一步细分。只有层层落实，战略才不至于流于形式。很多企业失败，不是因为没有战略，或者战略不完善，而是因为缺少一批将战略落到实处的人，缺少自觉执行的员工。

优秀员工与普通员工的区别就在于，当别人都在静待老板的指令和吩咐时，优秀员工已经发挥自己的主观能动性，出色地完成了任务。任何时候，他们永远比别人更自觉。他们不仅能圆满地完成自己的任务，还会忠心耿耿地为老板考虑，提出尽可能多的建议和信息，他们也会因此得到提升和赏识。他们比别人自觉一点，相应地也就拥有更多的机会。

没有人能保证你成功，只有你自己；也没有人能阻挠你成功，只有你自己。在工作上主动自觉的员工，会勇于负责，有独立思考的能力。他们不会像机器一样，按照别人的吩咐去机械地完成工作，他们往往能够发挥创意，出色地完成任务。反之，则墨守成规，裹足不前，凡事只求符合公司的规则。他们会告诉自己，老板没有让我做的事，我又何必插手呢？又没有额外的奖励！显然这两种截然不同的想法会导致不同的工作表现和工作结果。只有那些能够做到主动自觉的员工，才更容易从工作中得到更多的回报。

卢森特是一家超级市场新近才招聘来的最基层员工，他只是一个不起眼的包装工，看不出他的工作有什么前景。如果要差遣什么人的话，他大概就是第一个被考虑的对象了。但是，令人意料不到的是，杰克很快成了老板眼中有价值的员工。

首先，他告诉载货部门的头儿："我没事的时候可以来这里帮忙，多了解一下你们部门工作的情形。"然后，他就花些时间在那里帮忙做些分外工作。之后，他跟畜产部门经理说："我希望有空时可以来这里向你学习，了解你们包肉和保存的过程。"过了一阵子之后，他又分别到烘焙、安全、管理、清洁甚至信用部门帮忙。

3个月后，卢森特几乎在公司所有部门都帮忙过了，一旦某部门有人要请假，自然而然地会想到请杰克去顶替。

几个月以后，恰逢经济不景气，老板只好请一些人离开。有些人认为卢森特这类人肯定要被裁掉，可是卢森特却被老板留了下来。一年以后，超市生意好转，有个经理的职位空缺，老板又毫不犹豫地想到了卢森特。

卢森特的经历告诉我们：工作中要脚踏实地，一步一个脚印，不断学习和增强自己的能力和经验，创造的成果永远超过老板的期待，你最终就能得到更多。

升职细节

在工作和生活中，有些人总是抱着付出更少、得到较多的思想行事。如果他们能够花点时间，仔细考虑一番，就会发现，工作和人生的因果法则是多劳多得、少劳少得，没有不劳而获的。你带给老板多少成果，老板就会给你相应的回报。一名真正优秀的员工，不但能做好老板交代的事情，而且可以超越老板的期待。如果你总能带给老板惊喜，老板必然会对你另眼相看。

全力以赴地去做事 

无论是在个人的生活层面还是在职业到事业生涯上的表现，我们随时都需要100%的投入才能够有望杰出。光是投入89%、93%，甚至98%，都无法令人惊叹，顶多只能够做到差强人意而仅仅完成工作中规定的任务，并不是一个能够激励人心的目标，如果你想要别人注意到你的努力，那你可得努力超越自己，达到令大家惊叹的地步才行。

“不管做什么事情，都要全力以赴。”罗素·H. 康威尔说，“成功的秘诀无他，不过是凡事都自我要求达到极致的表现而已。”

成功的人绝对不会以平庸的表现自满，而且他们不管做什么事情，必然都会全力以赴、追求完美。

约翰·伍登也有类似的名言，“成功，就是知道自己已经倾注全力，达到自己能够达到的最极致的境界”。

法国著名小说家巴尔扎克有时因为写一页小说，会花上一星期的时间，而一些现代的写作者，还在那里惊讶巴尔扎克的声誉是从哪里来的。许多人做了一些粗劣的工作，借口是时间不够，其实按照各人日常的生活，都有着充分的时间，都可以做出最好的工作。如果养成了做事务求完美、善始善终的习惯，人的一辈子必会感到尤穷的满足。而这一点正是成功者和失败者的分水岭。成功者无论做什么，都力求达到最佳境地，丝毫不会放松；成功者无论做什么职业，都不会轻率疏忽。

在美国某个城市，有一位先生搭了一部出租车要到某个目的地。这位乘客上了车，发现这辆车不只是外观光鲜亮丽而已，司机先生服装整齐，车内的布置亦十分典雅。

车子一发动，司机很热心的问车内的温度是否适合？又问他要不要听音乐或是收音机？

车上还有早报及当期的杂志，前面是一个小冰箱，冰箱中的果汁及可乐如果有需要，也可以自行取用，如果想喝热咖啡，保温瓶内有热咖啡。这些特殊的服务，让这位上班族大吃一惊，他不禁望了一下这位司机，司机先生愉悦的表情就像车窗外和煦的阳光。不一会儿，司机先生对乘客说：“前面路段可能会塞车，这个时候高速公路反而不会塞车，我们走高速公路好吗？”

在乘客同意后，这位司机体贴地说：“我是一个无所不聊的人，如果您想聊天，除了政治及宗教外，我什么都可以聊。如果您想休息或看风景，那我就会静静的开车，不打扰您了。”从一上车到此刻，这位常搭出租车的乘客就充满了惊奇，他也不禁问这位前方的驾驶：“你是从什么时候开始这种服务方式的？”这位专业的司机说：“从我觉醒的那一刻开始。”司机继续说他那段觉醒的过程。他一直一如往常，经常抱怨工作辛苦，人生没有意义。但在不经意间，他听到广播节目里正在谈一些人生的态度，大意是你相信什么，就会得到什么，如果你觉得日子不顺心，那么所有发生的事都会让你觉得倒霉；相反，如果今天你觉得是幸运的一天，那么今天每次所碰到的人，都可能是你的贵人。就从那一刻开始，他开始了一种新的生活方式，目的地到了，司机下了车，绕到后面帮乘客开车门，并递上名片，说声：“希望下次有机会再为你服务。”

结果，这位出租车司机的生意没有受到不景气的影响，他很少会空车在这个城市里兜转，他的客人总是会事先预定好他的车。他的改变，不只是创造了更好的收入，而且更从工作中得到自尊。他真的从平庸中走了出来，并且走向了优秀。

这种竭尽全力、追求完美的工作态度，能创造出最大的价值。全心全意、追求完美，正是敬业精神的基础。一个人无论从事何种职业，都应该全心全意、尽职尽责，这不仅是工作的原则，也是生活的原则。

不论你的工资是高还是低，你都应该保持这种良好的工作作风。能让工作变得完美的人，需要极高的品质。高品质不是从天上掉下来的，而是人们保持高昂的信心，诚心诚意的努力，投人心血智慧以及技能后所得到的结果。它代表的是众多选择当中的明智抉择，因此，你做出抉择之后，就会倾注全力达到这样的标准。

这时，才能、环境、幸运、遗传以及个性都不那么重要，重要的是你打算凭借着自己的所有达到什么样的境界，怎样达到这样的境界。

24 岁的海军军官卡特，应召去见海曼·李特弗将军。在谈话中，将军非常特别地让他挑选任何他愿意谈的话题。当他好好发挥完之后，将军就总问他一些问题，结果每每将他问得直冒冷汗。终于他开始明白：自认为懂得很多的那些东西，其实懂得很少。结束谈话时，将军问他在海军学校学习成绩怎样。他立即自豪地说："将军，在 820 人的一个班中，我名列 59 名。"

将军皱了眉头，问："你全力以赴了吗?"

"没有。"他坦率地说："我并不总是全力以赴的。"

"为什么不全力以赴呢?"将军大声质问，瞪了他许久。

此话如当头棒喝，给卡特以终生的影响。此后，他事事全力以赴，后来最终成为美国总统。

伟大人物对使命全力以赴可以谱写历史，普通员工对工作全力以赴则可以改变自己的人生。在工作中应该严格要求自己，能做到最好，就不能允许自己只做到一般；能完成 100%，就不能只完成 99%，能尽到 100% 的心，就不要只尽到 99% 的心。

有一家餐馆是专门做炸薯条的，经理迈克道出他成功的秘诀。他说他成功的关键是全力以赴把一切做到 100% 的完美，不管是复杂的主菜，还是简单的附餐。他说："如果你做法式炸薯条，就把它做成世界上最好的法式炸薯条。"他接着说："在我每次煎汉堡时，便会想到，如果点这个汉堡的人可以吃到一个精心制作的汉堡，他就会高兴。所以我要好好煎每一个汉堡，使吃汉堡的人能感受到我带给他们的快乐。因此煎汉堡是我将自己的快乐传染给别人一种使命，我必须愉快地认真地做好它。"

迈克回答让许多不解的人十分感动，他们将这件事告诉了周围的同事、朋友和亲人，一传十、十传百，越来越多的人来这家店吃汉堡，同时也很想看看“快乐煎汉堡的人”。总公司很快知道了这件事，派专人到这家店考察，结果有感于迈克这种热情积极的工作态度，重点对他进行了培养，并很快升他作了分区经理。

迈克把做好每一个汉堡、让顾客吃得开心，当作自己工作的使命。那么对他而言，这自然是一件很有意义的工作，他工作着也就是快乐着，他工作的快乐也是他人生的快乐。

拒绝平庸、追求完美要求我们首先从自己做起，从现在做起，从一点一滴做起。努力把自己的本职工作做得比昨天更好，把团队的业绩做得比以前更好，把公司的经营做得一年比一年更好。追求完美就不允许等待。

无数成功的经验告诉我们：世界上没有做不成的事，只有做不成事的人。作为一个优秀的员工，凡是别人已经做到的事，我们即使面临的困难再大，也一定要做得更好：凡是别人认为做不到的事，我们即使遇到挫折，也要继续拼搏直至取得成功；凡是别人还没有想到的事，我们不仅应该想到，而且一定要敢为人先，迅速行动。

升职细节

追求完美就要有刻苦敬业、不达目的不罢休的精神以及有过人的精力。我们每一个员工都应该超越自己，拒绝平庸。所以我们要有突破传统、尝试新事物和解决困难的勇气，还要有胆识承受压力。